智能结构与相控阵雷达

唐宝富　张轶群　周金柱　著

科学出版社

北　京

内 容 简 介

智能结构技术和相控阵雷达都是当今蓬勃发展的前沿技术。将智能结构技术应用于相控阵雷达，提高其环境适应性和服役可靠性，是雷达结构技术研究的一个重要方向。本书重点阐述相控阵雷达天线变形的感知、机械补偿和电补偿的理论与试验研究成果，并介绍相控阵雷达的智能环境控制和结构健康监测技术，对智能结构技术在相控阵雷达上的应用做了初步探索。

本书可供智能结构、雷达系统及相关领域的科研和工程技术人员参考，也可作为高等院校相关专业师生的参考书。

图书在版编目(CIP)数据

智能结构与相控阵雷达 / 唐宝富，张铁群，周金柱著. —北京：科学出版社，2022.10

ISBN 978-7-03-073275-0

Ⅰ. ①智… Ⅱ. ①唐… ②张… ③周… Ⅲ. ①智能结构-应用-相控阵雷达 Ⅳ. ①TN958.92

中国版本图书馆CIP数据核字(2022)第181532号

责任编辑：刘宝莉 / 责任校对：任苗苗
责任印制：吴兆东 / 封面设计：蓝正设计

科 学 出 版 社 出版
北京东黄城根北街16号
邮政编码: 100717
http://www.sciencep.com
北京中科印刷有限公司 印刷
科学出版社发行 各地新华书店经销
*
2022年10月第 一 版 开本：720×1000 1/16
2022年10月第一次印刷 印张：16 3/4
字数：338 000

定价：128.00 元

（如有印装质量问题，我社负责调换）

前　　言

“自主”是未来武器装备发展的重要趋势和颠覆性技术，赋予材料和结构更多的功能，并能够根据环境和需求智能调节，形成自主、自适应和能量自给等能力，从而引起平台、系统、部件乃至器件等不同层次效能上的革命性提升，满足未来武器装备小型化、多功能化、无人化和智能化的发展需求。

雷达自 20 世纪 30 年代问世以来，就成为现代战争不可或缺的探测感知装备，其技术发展迅速，已从当初的机械扫描雷达发展到当今的相控阵雷达。用电控的方式代替天线转动来实现雷达波束扫描是雷达技术革命性的进步，使雷达能对付多目标，反应时间短，跟踪空中高速机动目标的能力强，信号处理方便，控制灵活。在 21 世纪，随着科技的不断发展和现代信息战争的需求，有源相控阵体制已成为雷达产品的主流，由于有源组件直接与阵列单元相连，收、发位置前置(降低了系统的损耗)，成千上万个发射源合成的总功率可达十几兆瓦至几十兆瓦。多个独立的 T/R(收/发)组件和阵列单元形成独立的系统，提高了信噪比和辐射功率，也提高了系统的可靠性(或称冗余度)；可在射频上形成自适应波束，提高了抗干扰能力。性能提升的同时，也使相控阵雷达成为非常复杂的电子装备。

伴随电子元器件和微组装技术的不断发展，相控阵雷达的集成度越来越高，并逐步实现结构与功能的一体化设计。同时，在隐身目标、导弹防御、深空探测以及高机动性需求的牵引下，相控阵雷达向结构轻薄、大口径、模块化、可折叠等方向发展。另外，雷达通常工作在太阳照射、风、冰雪、振动、冲击、盐雾、湿度等服役环境中，随机、时变的动态环境载荷会引起结构变形，进而影响性能；太阳照射、盐雾、湿度等环境因素影响阵面的材料物性参数，使得物性参数随服役时间呈现一定的退化和时变性，进而导致服役期间性能演变；大温差环境会影响天线阵面的精度，引起电性能的变化。

因此，传统的依靠结构刚度冗余来保障电性能精度要求的方法难以满足设计要求，将传感器、作动器及微电子处理控制芯片与主体结构材料集成为一个整体的智能结构是解决大型相控阵雷达天线轻薄化带来的刚度分布控制问题的可行方法。通过机械、热、光、化学、电、磁等作用，提取结构的信息，并经处理后形成控制激励，改变结构的形状、运动、受力状态等。传感器网络与执行单元的控制可与相控阵雷达波束控制融合，利用数字化相控阵中前移到天线阵面上的信号处理端(即数字 T/R 组件)和数字波束合成，使天线阵面能同时实现结构调整和实时电补偿，以满足电性能要求。智能结构不仅具有承载载荷的能力，还具有识别、分析、处理及控制等多种功能，并能进行数据的传输和多种参数的监测，包括应变、损伤、温度、压力、声音、光波等，从而使结构材料本身具有自检测、自诊断、自修复、自衰减等能力，可以实现雷达小环境自适应控制，大幅提升雷达的环境适应性，保证服役期间性能可控。

本书内容是基于国家自然科学基金重大项目“功能形面的可靠服役机理及性能保障技术”(51490664)的研究成果，从基础研究和工程设计的角度，介绍智能结构技术在相控阵雷达结构变形的测量与补偿、雷达环境控制和结构健康监测方面的应用研究情况。本书力求将基础研究和工程设计结合起来，列举了一些设计实例，具有较强的实用性。

感谢中国电子科技集团公司第十四研究所徐文华工程师和王金伟博士对本书第 3、5、6 章内容撰写素材的整理，也感谢西安电子科技大学机电工程学院项目组研究生对本书内容中试验测试的帮助。

由于作者水平有限，书中难免存在不足之处，敬请读者批评和指正。

目　　录

前言
第1章　绪论……1
1.1　智能结构……1
1.1.1　智能材料……2
1.1.2　智能结构控制……11
1.1.3　智能结构的应用与发展……13
1.2　相控阵雷达……18
1.2.1　相控阵雷达原理……18
1.2.2　典型的相控阵雷达介绍……20
1.3　相控阵雷达结构……26
1.3.1　相控阵雷达结构组成……27
1.3.2　相控阵雷达结构对电性能的影响……34
1.3.3　相控阵雷达结构的“六性”设计和健康管理……38
1.4　智能结构在相控阵雷达中的应用……43
参考文献……44
第2章　相控阵天线变形的感知……46
2.1　天线变形测量……47
2.1.1　非接触式测量……47
2.1.2　接触式测量……49
2.1.3　天线变形测量的问题……51
2.2　天线阵面变形的重构方程……52
2.3　面向阵面变形重构的传感器布局……54
2.3.1　传感器布局的研究现状……54
2.3.2　两步序列应变传感器布局方法……56
2.4　传感器布局优化的试验对比……62
2.4.1　悬臂梁的布局优化结果……62
2.4.2　试验平台的布局优化结果……66
2.5　结构变形重构的测试结果……71
2.5.1　智能蒙皮天线的测试结果……71
2.5.2　相控阵天线试验平台的测试结果……80

2.6　本章小结……84
参考文献……84
第 3 章　天线变形的机械补偿……87
3.1　机械补偿原理……88
3.2　机械补偿作动器……90
3.2.1　作动器的种类与特性……90
3.2.2　作动器布局优化……96
3.3　精细调整和控制……99
3.3.1　天线阵面与作动器动力学建模……99
3.3.2　天线阵面与作动器的协调控制和轨迹规划……111
3.4　天线变形机械补偿应用验证……115
3.4.1　天线阵面与单个 Stewart 并联机构的应用验证……115
3.4.2　天线阵面与多个 Stewart 并联机构的应用验证……122
3.4.3　轻薄天线阵面与自适应结构的应用……126
3.5　本章小结……128
参考文献……128
第 4 章　天线变形的电补偿……130
4.1　电补偿方法……131
4.1.1　电补偿的基本原理……131
4.1.2　相位补偿算法……133
4.1.3　幅相补偿算法……134
4.1.4　考虑刚柔位移的电补偿……137
4.2　相控阵天线试验平台的验证……139
4.2.1　相控阵天线试验平台……139
4.2.2　试验方案……140
4.2.3　试验结果……142
4.3　智能蒙皮天线的应用验证……155
4.3.1　应变-电磁耦合模型……156
4.3.2　智能蒙皮天线样机系统……158
4.3.3　智能蒙皮天线的电补偿试验……169
4.3.4　智能蒙皮天线的电补偿试验结果……170
4.4　本章小结……177
参考文献……177
第 5 章　智能环境控制……180
5.1　环境危害因素……180

5.2　环境控制……187
5.2.1　温度控制……187
5.2.2　湿度控制……192
5.2.3　灰尘控制……200
5.2.4　漏水漏液控制……205
5.2.5　盐雾控制……209
5.2.6　主动减振……212
5.2.7　冰雪控制……217
5.3　智能环境控制技术综合应用……221
5.3.1　智能环境控制系统总体设计……221
5.3.2　智能环境控制系统功能模块设计与实现……222
参考文献……231
第6章　雷达结构健康监测……233
6.1　健康监测系统……234
6.2　传感器信息采集与传输……236
6.2.1　传感器分类与选型……236
6.2.2　传感器组网与传输……239
6.3　雷达结构的损伤和故障识别……240
6.3.1　金属材料结构件的损伤识别……240
6.3.2　复合材料结构件的损伤识别……241
6.3.3　伺服系统的故障识别……243
6.3.4　冷却系统的故障识别……244
6.4　故障诊断、决策和预警方法……245
6.4.1　故障诊断与预测方法研究……245
6.4.2　基于数据驱动的故障诊断与预测方法……246
6.5　雷达结构健康监测工程应用……248
6.5.1　雷达结构安全监测应用研究……248
6.5.2　伺服系统健康监测应用研究……254
6.5.3　冷却系统状态监测应用研究……256
6.6　本章小结……257
参考文献……258

第1章 绪 论

1.1 智能结构

智能结构是指包含集成于母体结构中的传感、驱动系统的主动结构，能够自主对外界或内部变化的具体特征进行判断、辨识，并自动采取最优控制方法的结构。如图 1.1 所示，广义的智能结构可分为以下几个层次：最简单的形式是在结构中添加传感器与作动器，具备简单的在线监测功能(可应结构)或按预置算法改变物理状态(自适应结构)，可称为智能结构的雏形；将传感器和作动器结合，形成能主动控制结构特性的闭环反馈系统，称为受控结构；随着微电子技术与集成技术的发展，将传感器、作动器嵌入母体结构，实现控制结构高度集成和一体化，称为主动结构；智能结构的最高层次是具备在线学习和智能逻辑判断能力，让产品具有自感知、自监测，乃至自诊断、自修复的功能，实现产品对复杂环境和恶劣工况的自适应，极大地提高相关设备或装备的可靠性、安全性和环境适应性，并降低被动防护或强化设计的成本[1]。

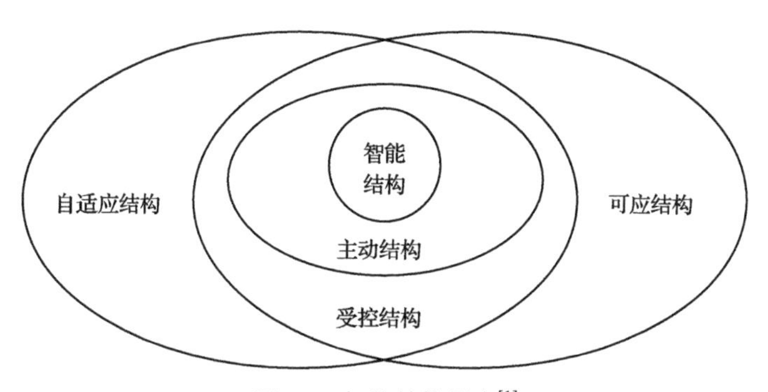

图 1.1 智能结构层次[1]

如图 1.2 所示，智能结构同时包含传感器、作动器和控制器三个要素，具备自主辨识和分布控制功能[1]。传感器能够实时传递各个关注点的应力、应变、加速度、温湿度等物理信号，并将之转化为控制器能够辨识的数字信号；控制器根据传感信息和预置的控制算法，向作动器发出动作指令，使其对外界和内部的状态变化做出合理的反应，以保障母体结构的基本功能。

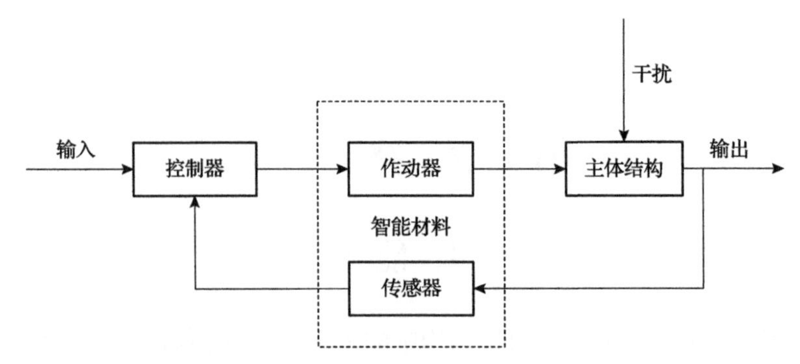

图 1.2　智能结构工作原理图[1]

航空航天工程研究需求推动了智能结构的研究和发展：一是大型柔性太空结构形状与振动控制；二是飞机结构自主状态检测诊断。特别是为了提高飞机的耐久性，保证其刚强度和安全性要求，美国军方在 20 世纪 70 年代末就提出了飞机完整性计划(Aircraft Structural Integrity Program，ASIP)，第一次将结构状态监测系统引入实践。目前，智能结构已经在飞机、轨道交通、桥梁建筑等领域广泛应用，并逐渐向工程机械装备、复杂机电装备等领域扩展。同时，随着新型智能材料的开发及现代控制理论和微电子技术的进步，智能结构在集成化、智能化、网络化方面均有不同程度的进展，进一步提高了其应用价值。智能结构应用大部分仍局限在受控结构或主动结构的层次，智能结构的最高层次还很少应用，但随着人工智能、物联网、大数据等技术的发展，具备自主学习和矫正能力的智能结构将越来越多地进入实际应用。

智能结构的研究可以概括为三大关键技术方向：一是智能材料的开发，包括传感材料和致动材料，这是智能结构研究的基础，高灵敏度、高线性度、大频宽的材料能够大幅简化系统设计，提高智能结构性能；二是智能结构控制方法的研究，将智能材料对外界物理变化的感知、相应的控制策略以及作动能力结合，才能满足智能结构自诊断、自修复、自适应的要求；三是智能材料的集成技术，主要是通过内埋或表面黏接等封装方式实现构件与传感/致动的一体化，并充分考虑智能集成结构的可靠性、环境适应性开展针对性设计，实现智能结构的工程化应用。

1.1.1　智能材料

智能材料是研究智能结构的基础。根据其在工作时发挥作用的不同，可以分为两大类[2]：一类是能把外界物理量变化转化为可检测的光电信号的材料，可以用来制成传感器以感知外界环境以及自身工作状态的变化，如光纤应变传感器；另一类是能在信号驱动下产生合适的变形、温变、刚度变化等响应的材料，如电致伸缩材料、磁致伸缩材料等，该类材料常用于作动器。压电材料既可做传感器，也可做作动器，是应用最广泛的一种智能材料。

1. 压电材料

压电材料是能实现机械能-电能转换的智能材料。正/逆压电效应反映的是一种机电耦合效应，基于这两种效应，机械能和电能可以相互转换，如图1.3所示[2]。利用正压电效应，压电材料可用作传感器；利用逆压电效应，压电材料可用作作动器。

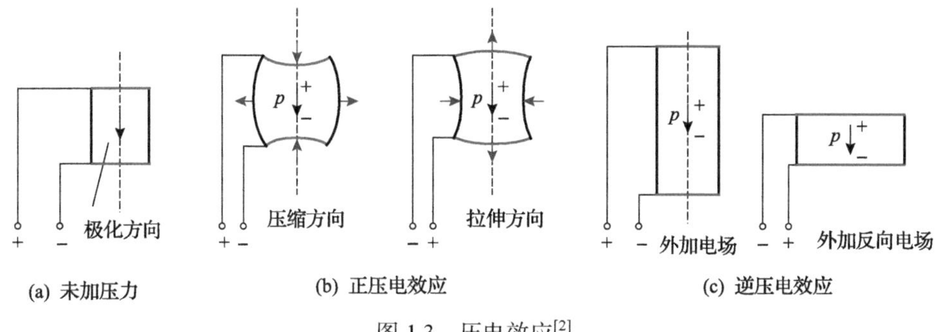

图1.3　压电效应[2]

压电材料可分为压电晶体、压电聚合物和压电陶瓷三种，其优缺点和具体应用如表1.1所示[2]。

表1.1　压电材料优缺点和具体应用[2]

材料类型	优点	缺点	应用	常见材料
压电晶体	稳定性好，机械强度高	压电常数低，介电常数低	压电振荡器、压电滤波器等	石英
压电聚合物	柔性、轻质、韧性高，温度稳定性好、声阻抗和机械阻抗低	压电常数低，工作温度低，制备成本相对较高	超声换能器、微重力作动器、柔性传感器、超声传感器等	聚偏氟乙烯(PVDF)
压电陶瓷	压电常数高、耦合系数高、介电常数高、耐高温、制备技术相对成熟	脆性、密度大，部分含有毒性	耐极端环境传感器、振动控制、降低噪声、大位移作动器等	锆钛酸铅(PZT)、$BaTiO_3$、$LiNbO_3$

注：聚偏氟乙烯(poly(vinylidene fluoride), PVDF)；锆钛酸铅($Pb(Zr_{11x}Ti_x)O_3$, PZT)。

2. 光纤应变传感器

与传统的电测类传感材料相比，光纤应变传感器具有体积小、质量轻、精度高、抗电磁干扰等优点，在土木工程等领域的结构监测中得到广泛应用。根据测量原理的不同，光纤应变传感器可以分为光强测量式和干涉测量式两种。由于干涉测量式光纤损耗小、精度高，理论上仅需要一根光纤就能完成检测任务，因此其应用潜力最大。现有四种最具潜质的干涉测量式光纤传感器可用于智能结构，它们是 Fabry-Perot 光纤传感器、双模光纤传感器、偏振光纤传感器和光纤光栅传感器。前三种均是基于光的双路干涉现象的不同应用。如图 1.4(a) 所示[3]，Fabry-Perot 光纤传感器是利用两面互相平行且垂直于光纤轴线的镜子构成传感区域，当固定在基准上的镜端随主体结构产生位移时，空腔波模频率随即改变。这种传感器常用于温度、应变以及复合材料中的超声压力等领域。如图 1.4(b) 所示，双模光纤传感器是将单模光纤劈开，使导入光纤和导出光纤产生位移，激活横向模量。当基体产生应变时，横向光分布就会发生非线性变化。偏振光纤传感器结构与 Fabry-Perot 光纤传感器类似，也采用镜化末端进行测量，但这种传感器需要使用特殊的偏振保持光纤，依靠单模光纤中光的偏振态变化来测量基体应变。

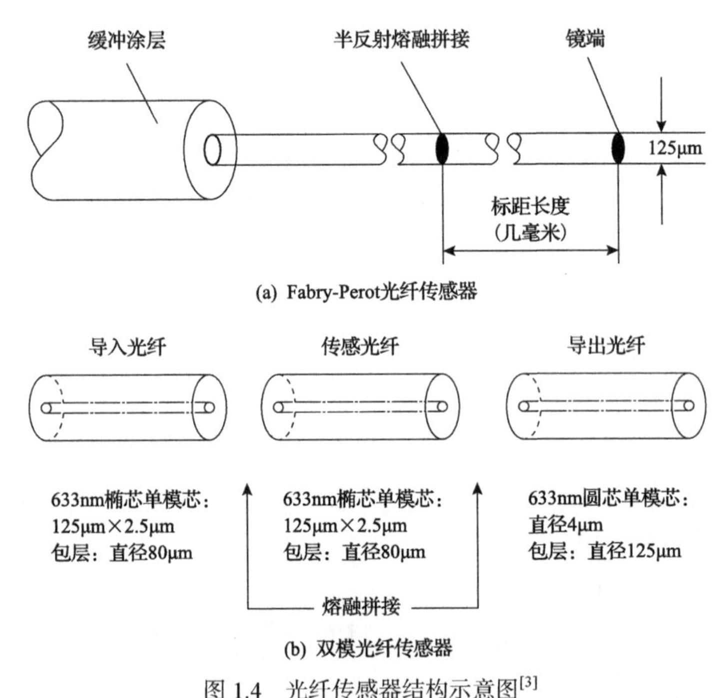

图 1.4　光纤传感器结构示意图[3]

光纤光栅传感器的原理如图 1.5 所示，光纤内部嵌入的光栅是一种周期调制结构，当宽谱光在光栅中传播时，仅有特定波长的光才能被反射。当基体结构发生变形时，光栅栅距、纤体折射率等随之变化，导致光栅反射的波长产生漂移。通过检测这种波长漂移，就可以获得待测应变。光纤光栅对应变的传感特性系数基本上是与材料特性相关的常数，从而保证了传感器具有良好的线性输出。此外，光纤光栅传感器生产费用低、可靠性高，其材料与几何特性可兼容多种诊断应用，且可将大量传感器串联集成在一根光纤上，易于在复杂结构中布置广域分布的传感器阵列。因此，光纤光栅传感器在智能结构中应用的潜力最大。

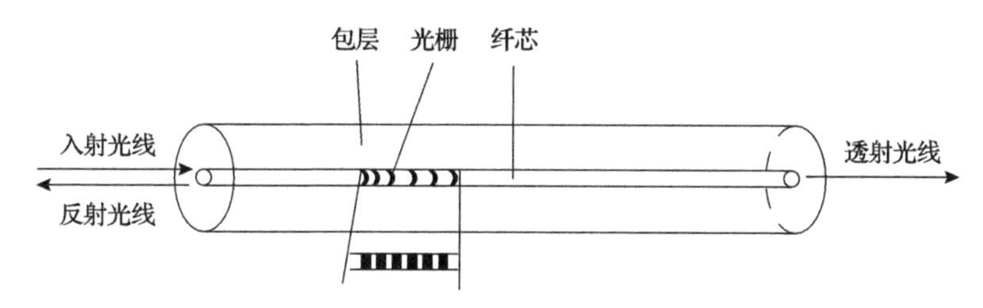

图 1.5 光纤光栅传感器原理示意图

3. 形状记忆材料

形状记忆材料是指具有一定初始形状的材料经变形并固化成另一种形状后，通过热、光、电等物理刺激或化学刺激的处理又可恢复成初始形状的一种材料，可集传感机构、驱动机构和执行机构为一体，成为智能材料的重要组成部分。形状记忆材料主要包括形状记忆合金和形状记忆高分子材料。

形状记忆合金抗疲劳性能和延展性能优异，并且在高温环境下，其性能相对普通合金更好。在航空等领域，形状记忆合金已进入工程应用，如波音公司在777-300ER飞机发动机上采用形状记忆合金来降低引擎噪声，如图1.6所示。

图 1.6 波音 777-300ER 飞机发动机利用形状记忆合金降噪

形状记忆高分子材料有可恢复率高、质量轻、加工成本低、耐腐蚀等优于形状记忆合金的特点，常用于变型机翼蒙皮材料。

4. 电致伸缩材料

电致伸缩材料一般为多晶材料，材料中的部分电畴在外电场作用下，感应极化作用会发生转动，进而导致材料的伸长或缩短。与压电材料相比，电致伸缩材料具有很小的迟滞损失，电致伸缩作动器的迟滞损失在2%以内，而压电作动器的迟滞损失可高达15%。同时其最大的一个优点表现为在同样的电压驱动下，可以获得更大的位移伸长量，而在压力作用下特性参数变化较小[4]。因此，电致伸缩材料在航空航天、人工肌肉、仿生机器人等方面有广泛的应用。

5. 磁致伸缩材料

磁致伸缩材料是实现机械能-磁能转换的智能材料，以磁致伸缩材料为基础的传感器具有分辨率高、体积小、伸缩系数大、机电耦合系数大、承受压力大等优点。基于以上优点，磁致伸缩材料在声学、微控制、减振等领域应用广泛，特别可用于制造智能结构中的驱动器，如图1.7所示[4]。

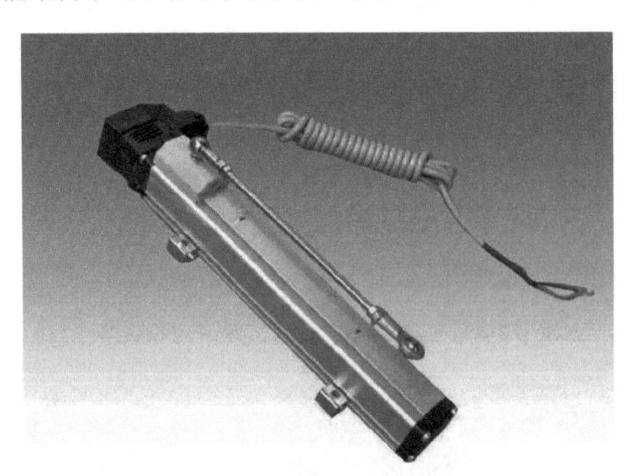

图1.7　磁致伸缩作动器[4]

6. 电流变体

电流变体可以在电流驱动下，改变其自身的剪切强度，实现液固之间连续、迅速、可逆的转变，具有明显的电流变效应。其响应时间短，过程可控且易于调节，是一种新型的智能材料，在主动减振、作动执行等方面具有广泛的应用价值。图1.8为基于电流变体的阻尼器。

图 1.8 基于电流变体的阻尼器

7. 磁流变体

与电流变体类似，磁流变体能在外部磁场驱动下改变自身的材料特性。在无外磁场作用时，磁流变体是低黏度液体，可以自由流动；当外加磁场作用时，材料的力学性质将迅速改变，其黏度随磁场的增大而增加，并逐渐呈现出类固体性质，且这种变化是可逆的，当外磁场消失后，仍变为流动液体。磁流变体的转化过程速度快、耗能小、易于控制，因此基于磁流变体设计的阻尼器已在汽车、建筑、航空、机械等领域广泛应用。图 1.9 为车用磁流变阻尼器。

图 1.9 车用磁流变阻尼器

8. 智能复合材料

1) 压电复合材料

压电复合材料是由热塑性聚合物和无机压电材料组成的复合材料。基于复合材料的特性，其声阻抗、密度、压电常数比无机压电材料低，但是其压电常数高，具有很好的柔韧性和加工性能，易与声阻抗不同的材料匹配，在传感、测量、医疗等领域广泛应用。图 1.10 为常见的压电复合材料[2]。

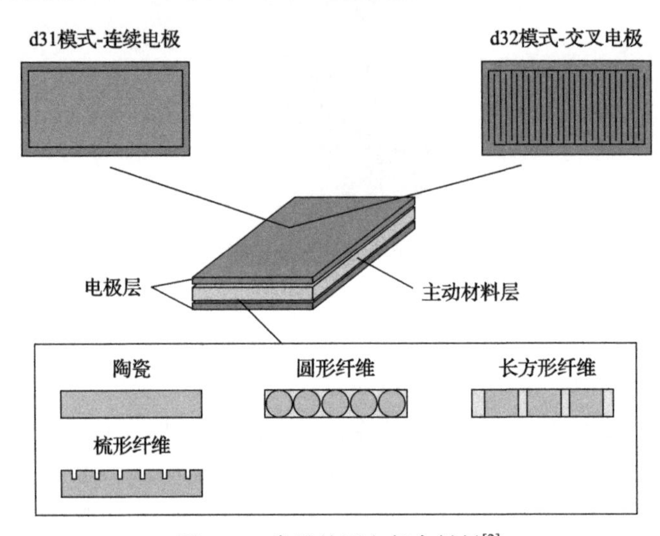

图 1.10　常见的压电复合材料[2]

2) 铁电/铁磁复合材料

铁电/铁磁复合材料是一种具有磁电转换功能的新材料，它由铁电相材料与铁磁相材料复合而成，通过两相材料的乘积效应实现磁电转换。常见的铁电/铁磁复合材料有 Terfenol-D/PZT、Terfenol-D/PVDF 等。铁电/铁磁复合材料已在微波领域、宽波段磁探测、磁电传感器、高压输电监测等领域广泛应用。

3) 自愈合复合材料

自愈合复合材料主要有三维脉管网络、微胶囊和中空纤维等自愈合复合材料。

三维脉管网络材料主要针对复合材料易分层的缺点，在多层复合材料中散布含有修复剂的三维脉管。当脉管受到挤压或损坏时可释放修复剂，进而修复受损处的微小裂缝，如图 1.11 所示[2]。

微胶囊自愈合技术是将包覆有愈合剂的微胶囊与催化剂一起植入基体材料中。与三维脉管网络材料类似，微胶囊在基体材料产生微裂纹时破裂，囊内愈合剂可通过微裂纹的虹吸作用到达裂纹面，利用与基体中催化剂合成的反应物达到填充、修复裂纹的目的，如图 1.12 所示[2]。

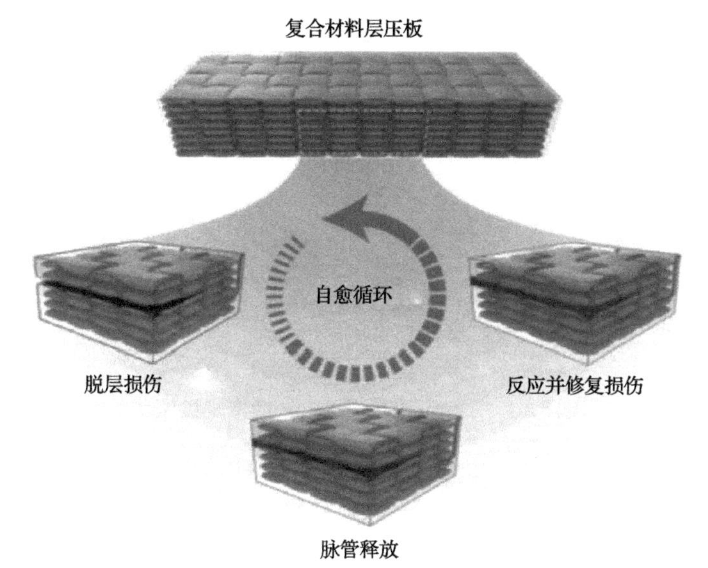

图 1.11 纤维基增强复合材料的自愈过程[2]

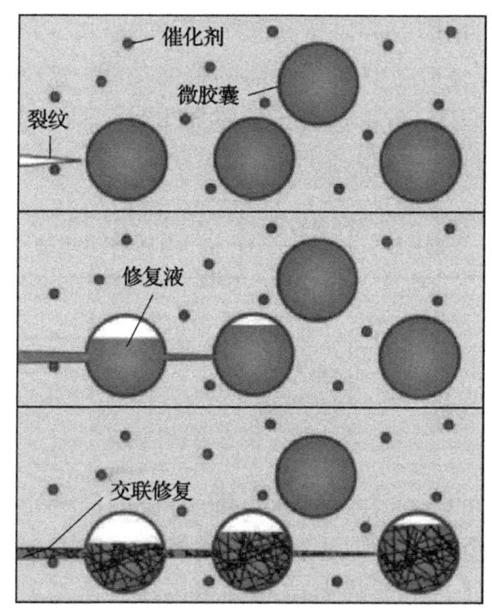

图 1.12 微胶囊自愈合机理[2]

中空纤维自修复方法的修复机理如图 1.13 所示[2]。将中空纤维预埋在基体中，纤维内含有类似黏接剂的未固化树脂和固化剂流体，当材料发生冲击破坏时，通过释放空心纤维内的修复剂黏接裂纹实现损伤区域自修复。

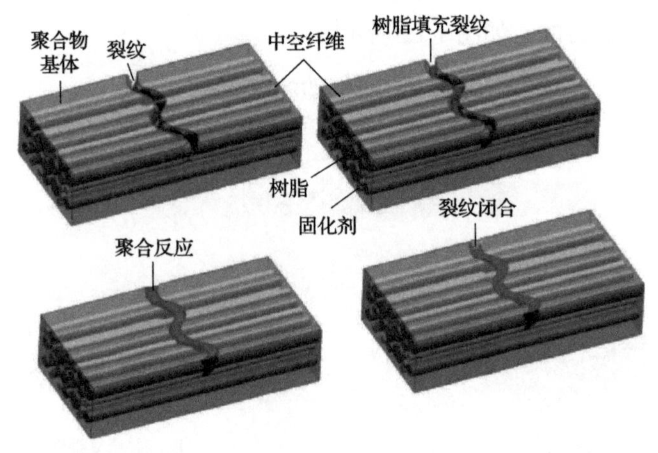

图 1.13　中空纤维自修复方法的修复机理[2]

智能材料均具有特殊的本构关系，能够实现不同种类物理作用和应激信号之间的转换，如力-电转换、力-光转换。除自愈合材料外，其他材料均需将应激信号转化为控制器或计算机可读的数字信号，或将数字信号转化为驱动材料的可感信号，才能实现对结构的监测或控制。对于需要输出较大驱动功率的作动器或感知微弱信号的传感器，辅助电源设备和网络也是必不可少的。如图 1.14 所示，由智能材料制造的敏感元件并不具备传感器的全部功能。这些用于信号传递、转换、放大的电子设备，其体积、重量远大于传感器本身，难以集成，从而成为智能结构高集成化和多传感器融合的瓶颈。

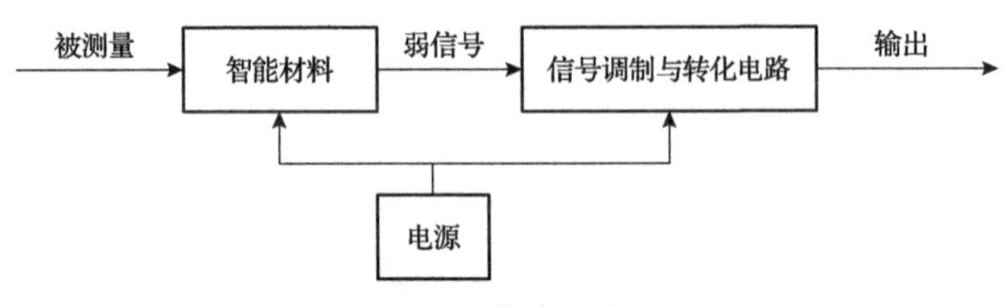

图 1.14　传感器结构

随着微机电系统(microelectromechanical system, MEMS)技术的进步，传感器微型化、集成化和系统化已经成为传感技术发展的趋势。很多新型传感器可以将敏感元件、转换元件乃至无线通信部件集成在一个芯片或一个封装里，有的传感器芯片还集成了具备热电转换或光电转换能力的微能源部件，使传感器不需要外部电源就可独立工作。这些高度集成的传感器芯片极大地增加了传感器布置的自由度，降低了智能结构集成的难度，如汽车和智能建筑领域都大量使用了多种高集成传感器。尤其是物联网技术的兴起，极大地推动了无线传感网络的发展。通过无线网络互联通信，微型传感器节点可以随机或特定布置在工作环境中，形成分布自治系统获取周围环境信息，相互协同完成特定任务。未来的智能结构可以通过这种离散型高分布度的传感器网络获取结构自身或环境的完备信息，并在自身实现多传感器融合监测，这将极大地提高自监测和自诊断的效率与置信度。

1.1.2 智能结构控制

智能结构控制是实现智能结构功能的中枢，能够通过对传感器、作动器、主体结构的协调控制实现系统的自监测、自诊断和自适应。智能结构控制主要包括信号传输与处理单元、控制单元及寄生在硬件上的控制算法，它的主要功能是传输传感器采集的信号并整合、变换或重构监测信息，根据控制算法与传感信息对结构状态进行诊断并给出作动策略，将作动策略转换为驱动信号并发送给作动器。与一般的闭环反馈控制不同，智能结构包含多种、大量的分布式传感器和作动器，且结构状态与外部环境具有时变性和不确定性，因此相应的控制算法应具有很强的鲁棒性和实时性，能够保证在任意情况下对结构的调整是准确的、低时延的。同时，分布式的传感器和作动器网络需要一个相对应的分布式计算结构，相应的信息处理单元应具有分布式且和中央处理方式相协调的特点[5]。

从控制策略的角度来看，智能结构的控制可划分为三个层次：局部控制、全局控制和智能控制[6]。局部控制也称低权限控制，可以用来增加结构阻尼、吸收能量、减小残余位移，又称主动阻尼控制，其优势在于无需结构的精确数学模型，具有很强的鲁棒性。

全局控制或高权限控制可以达到更高精度，目的是稳定结构、控制形状和抑振，典型方法有模态控制、最优控制能等。其不仅考虑控制的鲁棒性，还要充分考虑控制的分布性。

智能控制是控制的最高层次，模拟人类的智能活动，具有主动辨识、诊断和学习功能。智能控制打破了传统控制系统的研究模式，把对受控对象的研究转移到对控制元件本身的研究上，通过提高控制元件的智能水平，减少对受控对象数学模型的依赖，从而增强了系统的适应能力，使控制系统在受控对象性能发生变化、漂移、环境不确定和时变的情况下，始终能取得满意的控制效果。智能控制领域已经形成了专家控制、模糊控制、神经控制等多种方法。专家控制是指在未知环境下，仿效专家的智能，实现对系统的控制，它不同于离线的专家系统，是能够根据多传感器获得信息进行在线控制的系统。图 1.15 是一种专家控制系统结构图。

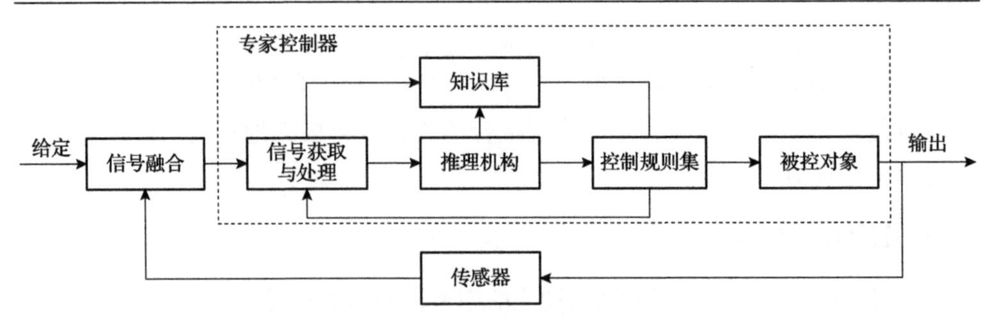

图 1.15　专家控制系统结构图

模糊控制就是对难以用已有规律描述的复杂系统，采用自然语言(如大、中、小)加以叙述，借助定性的、不精确的和模糊的条件语句来表达。模糊控制首先将各种传感器测出的精确量转换成适于模糊运算的模糊量，然后利用控制器对这些量进行运算，运算结果最终再转换为精确量，以便对各执行器进行具体的操作控制[7]。可见，模糊控制中需解决模糊量和精确量之间的相互转换问题。典型的模糊控制原理图如图 1.16 所示。模糊控制方法是一种语言变量控制器，适用于不易获得精确数学模型的被控对象。该控制方法从属于智能控制的范畴，尤其适用于非线性、时变、滞后系统的 0 型控制，并且具有抗干扰能力强、响应速度快、对系统参数变化有较强的鲁棒性等优点。

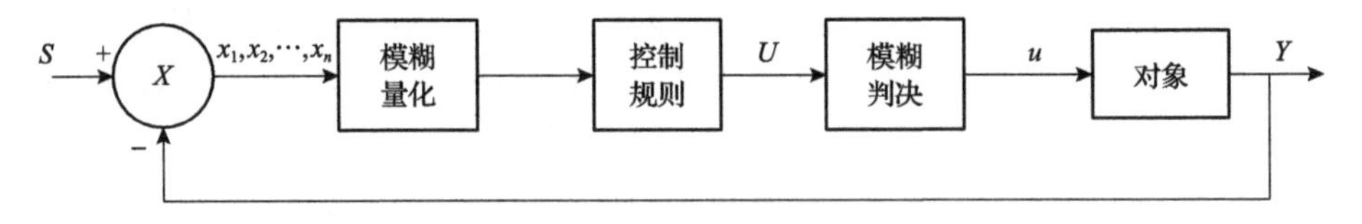

图 1.16　模糊控制原理图

人工神经网络是智能控制领域的一个重要分支，具有并行分布处理、非线性映射、自组织、自学习等优点，在模式识别、系统辨识、优化等方面应用广泛。神经网络能够模拟人类的神经网络行为特征，进行分布式并行信息处理。它具有自学习和自适应的能力，可以通过预先提供的输入-输出数据进行训练，从而分析、推断出潜在的规律[8]。按照算法不同，神经网络还可分为前向神经网络、反馈神经网络、随机神经网络和自组织神经网络。

神经网络实现的是从输入到输出的“黑箱式”非线性映射，不具备模糊推理的因果规律和较强的知识表达能力，但其较强的自学习能力可避免模糊推理规则和隶属函数的主观性。因此，将模糊控制和神经网络相结合实现两者优势互补的模糊神经网络正成为智能控制领域新的研究热点。随着人工智能技术的快速发展，神经网络在互联网、自然语言处理、机器学习等领域得到了长足的发展。专门的神经网络芯片也大量涌现，而且已经在智能手机、自动驾驶等领域广泛应用。

1.1.3 智能结构的应用与发展

智能结构技术在航空航天、土木工程、振动控制等多个领域具有广阔的应用前景，并已在多种工程设备或工程项目中得到成功应用。

1. 结构检测和寿命预测

在飞机结构中埋入传感器，与控制算法、信号处理器和计算机硬件一起可用于连续及时地评价飞机结构的状态和完整性。这些埋入的传感器和计算机网络、飞机结构形成可以监视飞行载荷、环境及结构完整性的智能结构系统[9]。

美国国家航空航天局(National Aeronautics Space Administration, NASA)在X-33计划中安装了测量应变和温度的光纤光栅传感器网络，将其用于准分布式应变和氢浓度的测量。图1.17为X-33航天飞机及其上面的光纤传感系统[2]。

图1.17 X-33航天飞机及其上面的光纤传感系统[2]

大连理工大学与中国飞机强度研究所共同开发了基于分布式光纤传感器的结构状态实时感知系统，可以实时感知受载情况下复合材料翼梢小翼的应变场。图1.18为复合材料翼梢小翼传感器安装形式及应变场感知结果。

2. 智能蒙皮

智能蒙皮是在飞行器蒙皮中植入传感元件、驱动元件和微处理控制系统，可以实时监测蒙皮损伤，并可使蒙皮产生需要的变形，使结构不仅具有承载功能，还能感知和处理内外部环境信息，通过改变结构的物理性质使结构变形，对环境做出响应，实现自诊断、自适应、自修复等多种功能[10]。

由于飞行器的蒙皮一般都很薄，要求埋入的传感器体积小，对基体结构的损伤要小，符合条件的传感器有光纤、含金属芯压电陶瓷纤维、PVDF等。图1.19为典型智能蒙皮系统[11]。

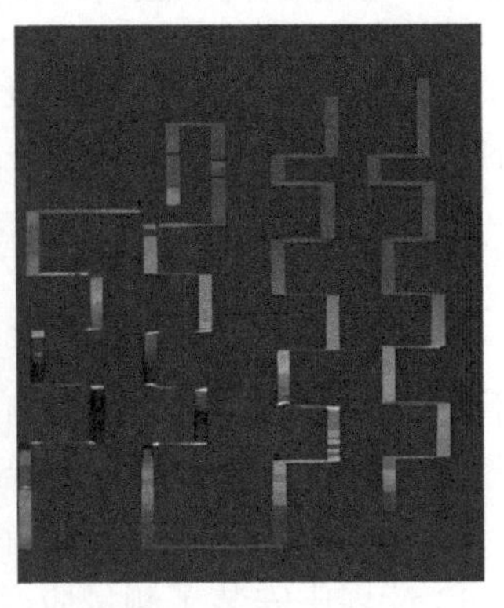

图 1.18　复合材料翼梢小翼传感器安装形式及应变场感知结果

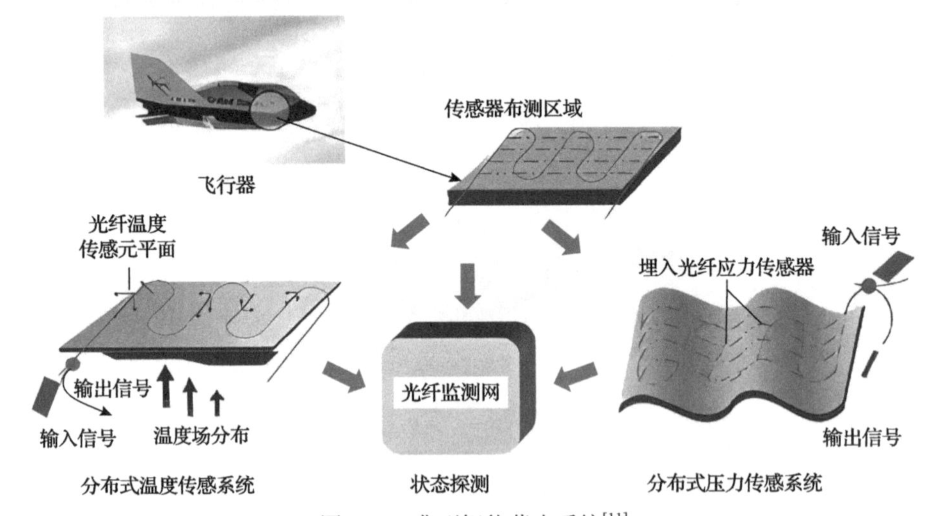

图 1.19　典型智能蒙皮系统[11]

在智能蒙皮的基础上发展出了智能蒙皮天线，在继承相控阵天线技术的基础上，通过设备后端的控制与信号处理单元来实现天线波束的自适应。智能蒙皮天线不仅要求天线的共形和承载功能，还要求天线的自适应性，能够根据外界的电磁环境产生所需要的辐射/散射特性。智能蒙皮天线要实现这些功能，就必须采用与载体表面共形的多层复合介电材料，在复合材料的预装阶段，在各层之间嵌入大量形状各异或周期性放置的金属贴片、传感器、微机电系统、发射接收电路、馈电网络、传动装置及冷却通道等，形成结构复杂的多层共形阵列结构[12]。

3. 自适应机翼

为了满足高性能飞行器研制需求，自适应机翼技术作为一项关键技术将在改善飞机飞行性能方面发挥重要作用。自适应机翼具有翼型自适应能力，可根据不同的飞行条件改变机翼形状参数，如机翼的弦高、翼展方向的弯曲和机翼厚度，采用最优方式，使机翼的空气动力学性能发挥到极致[13]。

图 1.20 为形状记忆聚合物可变形蒙皮在可变形机翼上的应用[4]。可变形蒙皮具有变形能力强、回复率高的性质，通过连续改变自身材料温度，促使材料收缩与回复，以此达到改变机翼变形角度的效果。

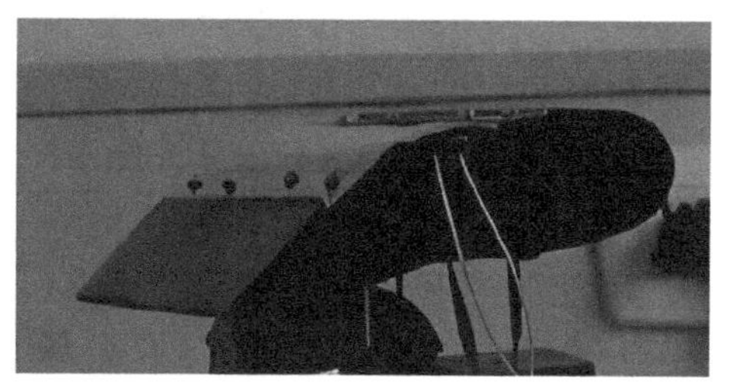

图 1.20 形状记忆聚合物可变形蒙皮在可变形机翼上的应用[4]

4. 可展开结构

空间站的天线在地面上是收拢的，到高空后需要缓慢展开。由于天线电磁辐射性能和结构参数高度相关，对展开天线的形状和方向精度要求很高，在空间无重力、无阻尼作用下，必须采用能实现主动控制振动和形状的智能桁架结构。针对可展开结构，研究者开展了对形状记忆复合材料的大量应用研究，在柔性可展太阳翼、天线柔性反射面等方面取得了一定进展。图 1.21 为采用形状记忆聚合物复合材料(shape memory polymer composite，SMPC)的铰链在驱动太阳能电池阵展开上的应用。

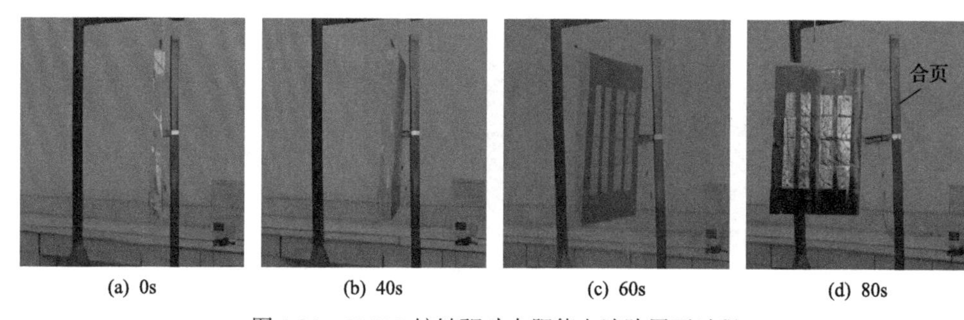

图 1.21 SMPC 铰链驱动太阳能电池阵展开过程

5. 结构健康监测

大型土木、桥梁等工程结构在使用过程中会持续受载，长时间服役会不可避免地发生损伤，因此对结构进行健康监测及诊断具有重要意义。该类结构中预埋传感器网络可以实时监测结构内部的应变、温度、裂纹，从而对结构的疲劳、损伤等情况进行预测和管理，实现预防性维护，有效避免工程事故。图 1.22 为埋入式光纤光栅钢筋腐蚀传感器及监测系统。同时，可以在结构中预埋自修复材料，在损伤发生后自动对裂纹进行修补，提高应急处理的效率。

图 1.22　埋入式光纤光栅钢筋腐蚀传感器及监测系统

6. 减振降噪

传统的减振降噪采用被动式结构，存在响应频带有限、控制范围窄等缺点。利用智能结构技术可以实现宽频带分布式主动减振，是未来减振降噪技术发展的主要方向。压电材料具有良好的宽频可控特性及机电耦合特性，使其在智能结构减振降噪研究中成为首选的智能材料。如图 1.23 所示，F/A-18 是双垂翼飞机，结

图 1.23　F/A-18 飞机垂尾抖振压电主动控制

构容易因为振动产生疲劳现象，将多层压电纤维复合材料作动器应用于垂尾的两个表面上来抵消载荷产生的振动，可以有效抑制结构动态响应和动态力学应变，取得了较好的减振效果。

智能结构大多应用在土木工程、轨道交通和飞行器设计上，相应的功能性也比较单一，都是通过智能材料和基体的集成实现对应力、振动、形状等的监测和控制。随着传感器技术和控制技术的发展，智能结构的内涵和外延都大大延伸，呈现出以下几个发展趋势：

(1)智能结构在大型、复杂机电装备的健康监测上将发挥更重要的作用。飞机、雷达、机床等复杂机电装备往往包含成千上万个零部件，并且工作在各种恶劣的环境或工况下，完备、有效的健康监测是提高设备使用寿命和故障诊断效率的重要手段。随着传感器技术和信号处理技术的发展，未来的健康监测将不仅仅是单一的、局域的传感器监测，而是通过系统性的可靠性分析、故障树分析确定装备的潜在失效类型和风险，并设计、布置相应的传感器网络和信息处理系统，使装备具备全生命周期内在线健康监测、管理、诊断的功能，甚至可以实现长时间无人值守、自主运行。美国最先进的战机 F35 已经应用健康管理架构对在役飞行器进行实时监测，并将记录的数据用于全生命周期管理、故障预测等，从而大幅度提高运维效率。

(2)智能结构的形态正在不断泛化，自监测、自诊断、自适应的仿生智能化已成为装备制造领域的共同目标。例如，智能制造、智能生产线就是通过布置大量的传感器和机器人，并建立一个综合计算、网络和物理环境的信息物理系统，从而实现大型工程系统的实时感知、动态控制和信息服务。这些智能工厂或车间在运行期间通过采集制造大数据进行自主学习、自主训练，最终实现自主管理。又如，自动驾驶汽车则是通过遍布车身的传感器和内置的人工智能芯片实现车辆的自主运行。从这个角度看，无论是智能工厂还是自动驾驶汽车，它们都是广义上的智能结构，只是形态上与传统的智能结构不同而已。

(3)多传感器融合和人工智能是智能结构未来的研究热点。随着传感器的小型化、集成化和价格持续降低，利用多传感器对未知、动态环境或基体结构进行融合监测成为研究热点。在此方面，不确定性信息的数学处理工具将发挥重要作用。此外，利用人工智能技术(如神经网络)，可以让在役装备通过大量的自主学习、自主训练，具备在线自主管理能力，配合相应的自动化机构和机器人，进而可以变成自适应智能装备。严格意义上讲，真正的智能结构还没有出现或仅停留在低阶阶段，要实现真正的仿生智能，就要依赖于多传感器融合和人工智能技术的进步，只有同时具备发达的触觉、视觉、听觉和复杂的思维能力，才能产生高级的智能活动。

1.2 相控阵雷达

雷达自 20 世纪 30 年代问世以来，在第二次世界大战期间得到高速发展，当时的雷达结构比较单一，一般采用集中电真空管发射和波导馈电，依靠机械扫描的方法实现全空域覆盖。从 20 世纪 60 年代开始，随着目标多样化、环境复杂化和任务多元化，对雷达系统的要求日益提高，相应的相控阵雷达应运而生。相控阵雷达是利用不同天线单元发射(接收)电磁波的相位差在空间合成高指向性、高增益、可转动的波束，从而实现对目标的搜索和跟踪。与传统雷达相比，相控阵雷达用电子扫描取代了机械扫描，极大地提高了设备可靠性和搜索数据率，在现代战争中发挥了巨大的作用。美国“宙斯盾”舰载防空雷达就是典型的相控阵雷达，已服役近三十年，是美国海军防御体系的核心装备。

20 世纪 90 年代以来，随着微电子技术的进步，有源相控阵雷达逐渐成为相控阵雷达的主流，可分别用于多种军事系统。如空间监视与导弹预警雷达，用于卫星监视、空间目标编目、弹道导弹防御等；战术防空雷达，包括三坐标和两坐标雷达，用于空中监视、目标指示与引导等；机载相控阵雷达，用于空中预警与引导、武器投放、地面目标成像与检测等；舰载多功能相控阵雷达，用于海上战区导弹预警、远程多目标搜索、跟踪和识别等；火控雷达，用于低空防御、协同作战等；精密跟踪相控阵雷达，用于卫星/导弹发射、靶场测量、攻防试验等[14]。

有源相控阵雷达在天线阵面上布置大量的 T/R 组件，取代原来的集中式发射机，增大了系统冗余和可靠性，同时系统的带宽、扫描范围和灵活性都有了极大的提升。相应地，有源相控阵雷达集成了大量的有源电子设备，其散热、环控、集成互连和电磁兼容等问题凸显，雷达结构设计与制造的难度和成本也大大上升。随着技术进步和作战要求提高，数字化有源相控阵、超宽带有源相控阵、机会阵、共形阵以及智能蒙皮天线等前沿概念正逐渐走向工程化应用，雷达系统的探测能力、多功能性将快速发展。

1.2.1 相控阵雷达原理

相控阵雷达就是采用相控阵天线的雷达，与天线进行机械扫描的雷达相比，最大的差别是天线无需转动即可使波束快速扫描。其工作原理与一般采用机械转动天线的雷达的差别主要源于相控阵天线的采用，选用不同的相控阵天线，相控阵雷达的性能和工作方式也不同。

相控阵天线由多个天线单元组成。如果精确控制天线单元辐射电磁波的幅度和相位，就可以在空间合成具有高指向性的天线波束。当改变每一天线单元通道传输信号的幅度和相位时，就可以实现天线波束的快速扫描与形状变化。发射时输出信号经功率分配网络分为多路信号，再经移相器等器件移相后送至天线单元，向空中辐射使天线波束指向预定方向。接收时，天线单元把接收到的回波信号通过移相器移相、经功率相加网络实现信号相加，送入主机，完成雷达对目标的搜索、跟踪和测量。由此可知，相控阵天线系统本质是一个多通道系统，包括多个天线单元通道，每一通道中均包含移相器。因此，相控阵雷达是一个多输入/多输出雷达系统。

相控阵雷达由相控阵天线阵面、发射信号功率分配网络、接收信号相加与波束形成网络、发射机、频率源与波形产生器、通道接收机、雷达信号处理机、波束控制分系统、雷达主控计算机、数据处理计算机等组成。图 1.24 为典型的相控阵雷达组成框图[15]。图中，相控阵天线为无源相控阵天线，收、发共用天线。如果在每一个天线单元通道中接入有源部件，则称为有源相控阵天线。有源相控阵具有五个基本组成部分，即 T/R 组件、阵列单元、馈电网络、移相器和波控机。

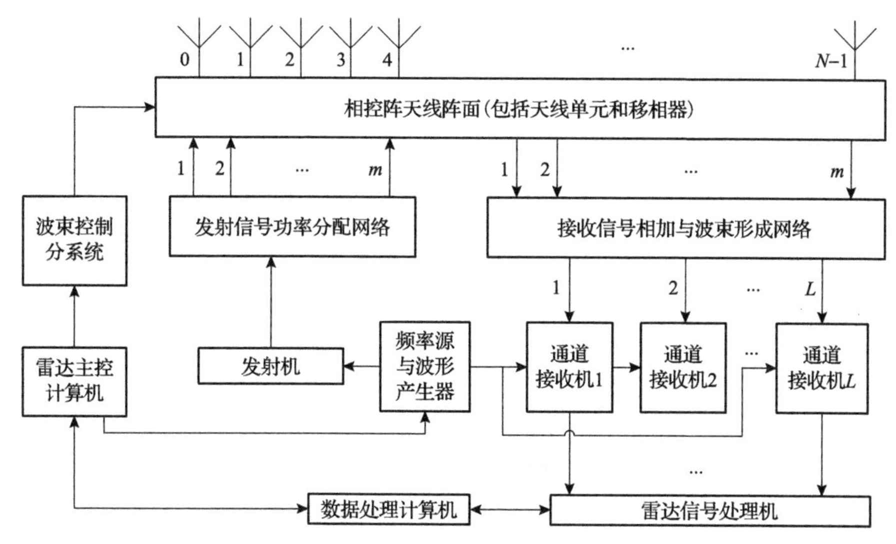

图 1.24　典型的相控阵雷达组成框图[15]

相控阵雷达的性能指标由雷达方程决定，它根据雷达特性，给出雷达的作用距离。雷达方程可以写为

$$R_{\max}=\left[\frac{P_{\mathrm{t}}A^2\sigma}{(4\pi)^2\lambda^2 S_{\min}}\right]^{\frac{1}{4}} \tag{1.1}$$

式中，$R_{\max}$ 为雷达的最大作用距离；P_{t} 为雷达发射功率；A 为有效接收口径；σ 为目标截面积；λ 为电磁波波长；$S_{\min}$ 为最小可检测信号。

从式(1.1)可以看出，增大有效接收口径和发射功率能够有效地提高雷达作用距离。根据雷达方程，相控阵雷达的主要技术指标有以下几类：

(1) 工作频段。选择雷达的工作频段主要考虑：雷达要观察的主要目标、雷达测量精度和分辨率、雷达的主要工作方式、雷达的研制成本、研制周期与技术风险、电波传播及其影响。

(2) 相控阵天线形式。从式(1.1)可以看出，有效接收口径对于作用距离的贡献是 1/2 次方的关系，而发射功率对于作用距离的贡献是 1/4 次方的关系。而且，发射链路的可靠性、成本、效率会随着功率的上升而劣化。因此，增加有效接收口径是提升雷达能力最直接、最有效的办法。

除有效接收口径外，相控阵雷达的特殊性和复杂性还反映在相控阵天线的其他指标上，如相位扫描范围、馈电和馈相方式、有源相控阵天线与无源相控阵天线的选择及实现低副瓣天线的方法等。

对于一些受重量、外形尺寸限制的场合，只能采用提高功率的方法来提升作用距离。相控阵雷达发射机已经从电真空器件全面转向固态发射器件。除发射功率外，发射机总效率、能提供的信号带宽、放大增益、相位噪声、调制方法、冷却方式、对初级电源的要求、工作寿命等指标都可影响雷达性能。

影响雷达信号波形选择的主要因素有相控阵雷达的多功能、多工作模式、雷达的分辨率和测量精度、测速要求、目标识别要求和电波传播修正要求。

通过以上指标的确认开展相应设计，相控阵雷达具有采用机械扫描雷达所不具备的工作特点：①多目标搜索、跟踪与多种雷达功能；②高数据率搜索和跟踪工作；③自适应空间滤波能力与自适应空-时处理能力；④大功率孔径乘积的实现与可变功率孔径乘积的利用；⑤可采用与雷达安装平台外形匹配的相控阵天线；⑥脉冲多普勒工作方式和测速工作方式；⑦降低雷达天线的有效反射面积。

相控阵雷达的发展将突破传统思维的束缚，向二维多视角布局、多探测器共形构型和多维信号空间处理方向发展，可能会出现扁平网络化多站雷达，共形相控阵雷达，距离-方位-时间三维跟踪检测，三维合成孔径雷达，多波段、多极化、多波形等构成的多维信号空间处理技术等，并且开始向网络化与多平台联合、认知与智能的方向发展，最终将走向探测、干扰、通信的综合一体化[16]。

1.2.2　典型的相控阵雷达介绍

相控阵雷达从功能、载具、频段上有很多分类，但是从物理形态与结构集成的角度，可以简单地分为纯相位扫描与机械和相位扫描两大类。纯相位扫描天线虽然工作灵活、功能丰富，但并不能实现全空域覆盖。例如，典型的单部地面或舰载 S 波段雷达的相位扫描范围为±60°，并不能 360°全覆盖。同时，受限于成本、可靠性、冷却等原因，一些高频段雷达采用大单元间距体制，导致相位扫描范围更小，往往为±10°。在此情况下，存在两种解决方法：一是采用多部不同法线指向的相控阵天线组成天线系统，互相补充实现全空域覆盖，典型的如美国“宙斯盾”雷达系统、我国“中华神盾”雷达系统，都利用舰船上层建筑安装四个天线阵面。我国的空警2000机载预警雷达也采用三面固定阵实现对空域的全覆盖。二是将相位扫描与机械扫描相结合，雷达可以同时具备机械扫描覆盖范围广和相位扫描多目标跟踪能力强、扫描迅速的特点。例如，一般的地面情报和火控雷达都采用方位机械扫描和二维相位扫描相结合的工作方式。美国的E-3预警机、E-2D预警机也采用这种方式。特别是对于精密测控雷达，由于要持续跟踪目标而相位扫描范围有限，还要同时采用方位、俯仰二维机械扫描的方式。因此，从雷达结构的角度可以将相控阵雷达分为全相位扫描、一维机械和相位扫描与二维机械和相位扫描三个类别，下面分别介绍国内外的典型雷达装备。

1. 全相位扫描相控阵雷达

全相位扫描相控阵雷达一般应用在舰载雷达、机载火控雷达以及大型远程反导预警雷达中。

1)美国舰载防空反导预警雷达

防空反导预警雷达包括4个S波段相控阵阵面，部署在舰船的上层建筑上。图1.25为美国舰载防空反导预警雷达[16]，它采用开放式系统架构，无论是雷达硬件还是后端处理系统都能轻易变更或扩充，根据不同的平台尺寸调整系统规模，并利于服役全寿命期的维护与升级作业[17]。

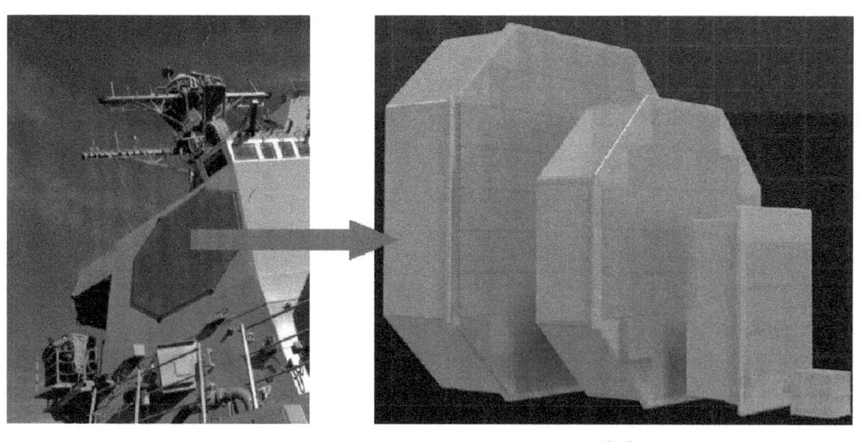

图1.25 美国舰载防空反导预警雷达[16]

2)“中华神盾”舰载有源相控阵雷达

图1.26为“中华神盾”舰载有源相控阵雷达，它是我国自主独立研制的舰载防空雷达。四个天线阵面嵌装于舰体上层建筑，构成360°方位全覆盖，单个阵面尺寸约为4m×4m，重量约5t，采用4通道T/R组件并与天线单元一体化设计。

图 1.26　“中华神盾”舰载有源相控阵雷达

3) AN/APG-77/81 雷达

AN/APG-77 是 F-22 的火控雷达，是一种具有低可观测性的 X 波段有源相控阵雷达，如图 1.27 所示。天线口径约 1m，T/R 通道数约 2000 个，组件功率为 10W/通道，采用液冷散热。装备在 F-35 上的 AN/APG-81 雷达(见图 1.28)与 AN/APG-77 雷达相似，同为 X 波段有源相控阵雷达，它在合成孔径雷达地图测绘、地面移动目标指示、海上移动目标指示等方面的性能超过 AN/APG-77 雷达，但由于受限于飞机机头罩空间，AN/APG-81 雷达天线口径小于 APG-77 雷达天线口径，T/R 通道数约 1200 个，同样采用液冷散热。

图 1.27　AN/APG-77 雷达

图 1.28　AN/APG-81 雷达

4) 空警 2000 预警雷达

空警 2000 预警机采用了我国独立研制的大型机载预警雷达，使用俄罗斯伊尔 76 作为平台，搭载重达 14t 的雷达系统设备，如图 1.29 所示。飞机搭载的三个天线阵面采用 L 波段有源相控阵体制，飞机顶部安装雷达罩。每个阵面都具有较大的方位扫描范围，协同工作时可 360°覆盖全部空域。

图 1.29 空警 2000 预警机

2. 一维机械和相位扫描相控阵雷达

一维机械和相位扫描相控阵雷达大量应用于地面情报和火控雷达上，一般采用一维机械扫描和二维相位扫描的方式。美国的机载预警雷达一般也采用一维机械和相位扫描体制。

1)法国 Master-T 型战术三坐标远程雷达

法国 Master-T 型战术三坐标远程雷达工作在 S 波段，探测距离达 440km，采用了与 Master 系列雷达相同的全固态技术，它能够很好地满足现在绝大多数的战术远程防空需求，如图 1.30 所示。该雷达能够对高杂波干扰和苛刻电子对抗环境下的飞机目标进行最佳的探测与跟踪。

图 1.30 Master-T 型战术三坐标远程雷达

2)荷兰 SMART-LMM/D 防空反导雷达

荷兰 SMART-LMM/D 防空反导雷达是一种工作于 L 波段的完全部署型相控阵雷达，用于执行防空监视和弹道导弹监视任务，如图 1.31 所示。该雷达由主天线、天线装置、天线驱动、雷达电子器件、冷却与动力分配单元、平台装置(含调平支腿和电缆布线板)和雷达控制界面组成，它拥有四种标准工作模式，兼顾对空监视和反导预警。当工作在对空监视模式时，天线做 360°全方位机械扫描；当工作在反导预警模式时，天线不旋转，采用凝视方式工作，拥有最大的反导跟踪性能。

图 1.31 SMART-LMM/D 防空反导雷达

3)美国 E-2D 预警机雷达

美国 E-2D 预警机(见图 1.32)搭载的 APY-9 雷达采用相位扫描与机械扫描相结合的探测方式，能够进行 360°全方位覆盖、全天候追踪及环境觉察。该雷达采用了 18 个 T/R 模块构成的有源相控阵天线，可进行二维相位扫描。与前代 E-2C

图 1.32 美国 E-2D 预警机

的单一机械扫描相比，E-2D预警机组合扫描在目标搜索与跟踪上有巨大优势，它不但能够实现空间360°全覆盖扫描，而且能对重点区域、重点目标进行重点观察。

3. 二维机械和相位扫描相控阵雷达

二维机械和相位扫描相控阵雷达同时具备方位机械扫描和俯仰机械扫描的能力，与相位扫描结合后可以有效地对机动目标进行跟踪测量，大部分应用在反导预警、精密测量领域。一些先进的机载火控雷达也采用类似体制，极大地提升了飞机的广角探测能力。

1)美国地基X波段雷达

地基X波段雷达是美国导弹防御系统的重要组成部分，它是一个X波段相控阵雷达，安装在夸贾林反导靶场。图1.33为美国地基X波段反导预警雷达。该雷达的天线阵为八角形状，含有16896个固态收/发模块，其有效天线孔径的面积为105m^2。单阵面具备机械转动和相位扫描功能，机械转动的方位范围为±178°、仰角范围为0°～90°，相位扫描的方位和仰角范围均为0°～50°[18]。

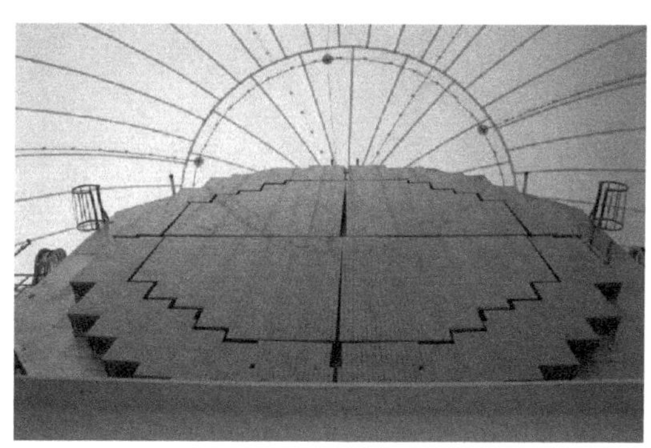

图1.33 美国地基X波段反导预警雷达

2)美国“洛伦兹”号测量船雷达

“洛伦兹”号作为新一代导弹测量船，上下两级平台上各安装有一部二维机械和相位扫描X波段和S波段舰载雷达，天线尺寸约13m×9m，雷达重量分别约为298t和270t，单个天线座重量约140t，具备五级海况下保精度工作和恶劣海况下生存的能力。图1.34为美国“洛伦兹”号测量船雷达。

3)俄罗斯雪豹-E雷达

俄罗斯雪豹-E雷达总重约480kg，是二维机械和相位扫描的无源相控阵雷达，最远探测距离达300km，如图1.35所示。其天线座机械扫描方位±60°、横滚±120°，采用二维非平衡载荷形式、液压驱动。机械扫描和相位扫描结合后可大大扩充飞机探测范围，雪豹-E雷达已装备在SU-35BM、SU-27SM2飞机上。

图 1.34　美国“洛伦兹”号测量船雷达

图 1.35　俄罗斯雪豹-E 雷达

1.3　相控阵雷达结构

相控阵雷达特别是有源相控阵雷达属于复杂的机电装备，结构设计是系统设计中重要的一环。从组成上看，相控阵雷达结构主要包含天线阵面结构、天线座及机构、冷却系统和方舱机柜等部分。从功能上看，相控阵雷达结构主要有以下三个功能：一是要通过合理封装、高效散热等方法保护昂贵的电子设备，以保证雷达能够在振动、冲击、盐雾、高温高湿等恶劣环境下长时间安全、可靠工作；二是与电信设计耦合，结构设计要满足电信的相关指标要求，如天线阵面结构的刚度设计、天线座的精度设计等；三是要通过合理的布局、封装和互连，实现电子设备的高集成和轻小型化，并辅以必要的折叠展开机构，满足雷达的机动性、运输性要求或安装平台的负载能力要求。其中，前两个功能受工况、环境和时间的影响，在雷达的服役期内会发生变化甚至恶化，因此有必要增加相应的健康监测功能或自适应调整功能，以保证雷达结构在服役期始终能够正常发挥作用。这也是智能结构与相控阵雷达结合的切入点。

1.3.1　相控阵雷达结构组成

一般的相控阵雷达结构包含天线阵面、天线座及机构、冷却系统和方舱机柜。图 1.36 为典型的车载相控阵雷达布局与结构组成。一些调平、展开机构和冷却系统是分布式系统，分散在各个物理单元中，依靠液压管路或冷却管网将之串联而成为一个功能单元。

图 1.36　典型的车载相控阵雷达布局与结构组成

1. 天线阵面

有源相控阵天线的基本结构组成包含天线单元、T/R 组件、电源模块、控制模块、射频网络模块、综合网络(射频、控制、供电)、液冷管网和天线骨架。图 1.37 为典型有源相控阵天线组成。常见的天线骨架是反射面板和纵横梁构成的箱体结构(也称高频箱，因其中安装高频设备)，阵列单元安装在反射面板上，T/R 组件等有源电子设备和综合网络安装在箱体内。

有源相控阵天线的外形取决于电口径、工作频率范围、安装平台、工作环境等，常见形状有圆形、椭圆形、正方形、矩形，结构形式主要有箱式、板式、框架式、混合式。图 1.38 为常见有源相控阵天线的外形。

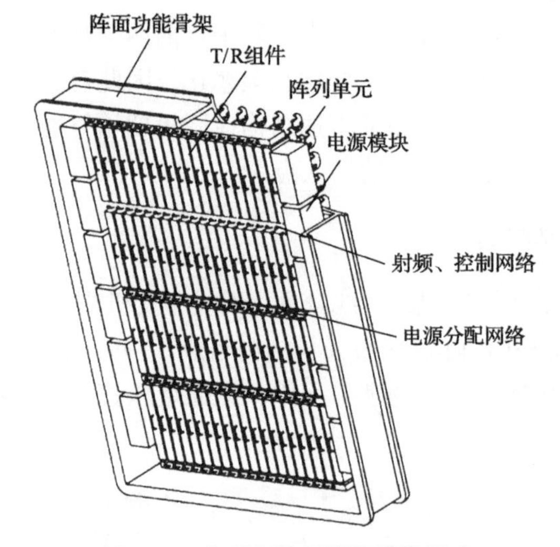

图 1.37　典型有源相控阵天线组成

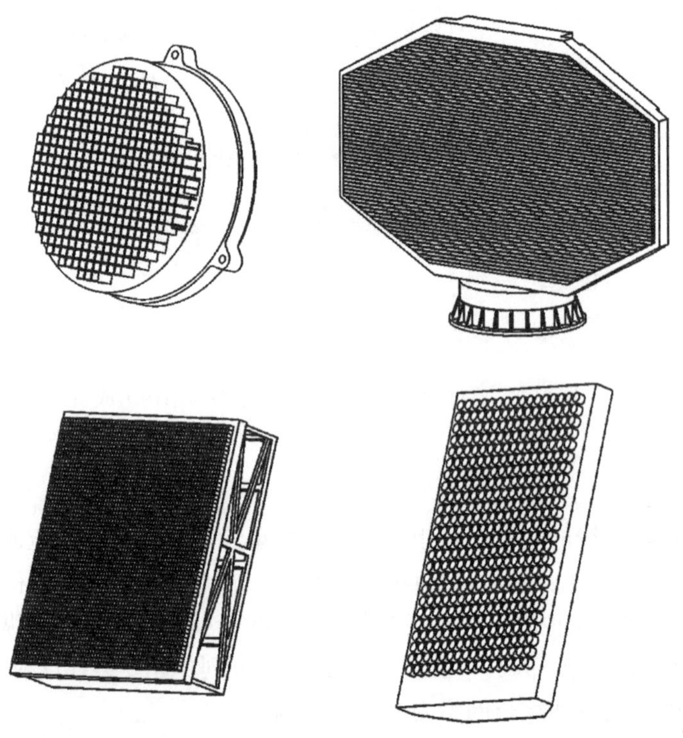

图 1.38　常见有源相控阵天线的外形

阵列单元与 T/R 组件是有源相控阵天线的核心组成部分，因此天线结构构型首先取决于阵列单元与 T/R 组件的对应位置关系。根据两者的位置关系，可以将相控阵天线内部结构归纳成等距阵列结构、区域集中阵列结构、整体集中阵列结构、分离阵列结构、扩展阵列结构和叠层阵列结构。

有源相控阵天线内集成了T/R组件等大量电子模块，天线电性能在很大程度上依赖于这些电子模块。反射面天线接近于机械设备，有源相控阵天线则是复杂的电子设备，其结构设计除满足一般天线结构要求外，还满足电子设备的设计要求，如电磁兼容、散热等。

1) 天线阵面刚度和强度

不同于反射面天线，有源相控阵天线内部安装有T/R组件、子阵组件、馈电网络、电源等大量电子设备。因此，与一般反射面天线相比，天线结构除能承受风载、冰雪、自重等载荷以及保证精度外，还必须能承受安装在其内的电子设备重量，而这些电子设备的重量往往是天线结构自重的数倍(约占整个天线阵面总重的2/3)，这对天线结构的强度提出了更高的要求，尤其是动载荷作用下的强度(因为电子设备对天线承载结构来说只是附着质量)[19]。相对强度设计而言，天线阵面的刚度设计更重要也更难实现，因为天线结构变形对天线电性能有着重要影响。

2) 天线阵面环境控制

现代有源相控阵的发展趋势是需要更多的子系统和组件集成于天线中，而集成带来的直接结果是功率密度的增加，环境对固态器件的性能影响很大，是半导体器件寿命和可靠性评估的一个关键参数，因而对阵面的环境控制技术提出了很高的要求。阵面环境控制如果没有做好，就会出现环境因素造成的器件失效、打火、绝缘电阻降低、腐蚀等现象，影响雷达的使用寿命和产品形象，增加了维护、维修的工作量。因此，必须对阵面的工作环境进行充分的分析和设计，以保证阵面设备的可靠性。

新一代有源相控阵天线应以阵面结构为中心载体，开展阵面环境控制设计，最终实现从“抗”向“防”转变，由单纯的结构密封、涂装防护向与主被动结合的环境控制、共同防护方向转变，实现阵面结构与环境控制技术的融合，满足阵面高可靠、模块化、轻量化的设计要求。

2. 天线座及机构

天线座在传统反射面雷达中是系统的重要组成部分，对装备性能有重要影响。在相控阵雷达中，伺服控制系统的功能得到了扩展，液压与自动化机构等新型功能部件得到广泛应用。相控阵雷达中的伺服控制系统包括天线座和液压机构(调平腿、举升和折叠机构等)。

天线座是支撑天线阵面的主体基座，是承受静力、动力和振动等载荷的关键基础构件。通过它实现天线的运转、定位、定向等功能。天线座主要由方位支承结构、俯仰支承机构、驱动系统、数据传动链、安全保护装置及一些主要结构件等组成[20]。

常见的相控阵雷达天线座方位支承结构主要有回转支承式和轮轨式两种，如图 1.39 所示。其中回转支承式天线座采用一个转盘轴承，同时承受重力、倾覆力矩等载荷，实现天线的支承与旋转，具有集成度高、适用范围广等特点，是当前方位支承技术的主流。而轮轨式天线座主要用于实现大型、重载的方位支承和旋转。通常采用若干滚轮作为方位轴向支承；用大型圆柱滚子轴承作为方位径向支承；利用滚轮与轨道的摩擦力传动。

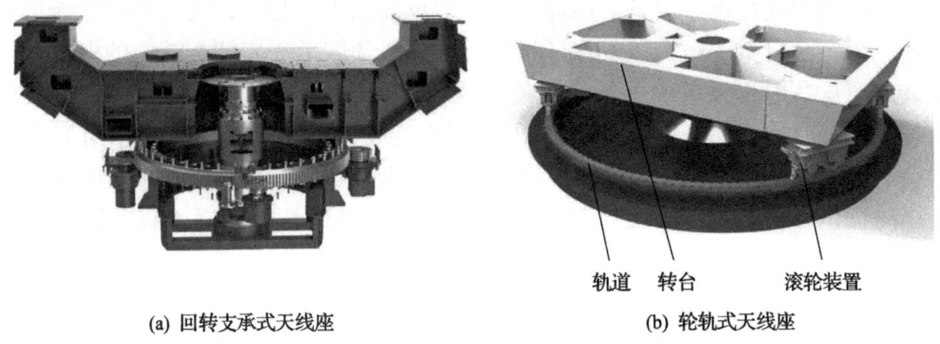

(a) 回转支承式天线座　　(b) 轮轨式天线座

图 1.39　常见的相控阵雷达天线座方位支承结构

天线座俯仰支承机构一般设计成双支点支撑形式，选用标准轴承。两支点间有一定的跨度，保证俯仰轴的回转精度和支撑刚度。根据相控阵天线的结构，俯仰支承机构通常设计成燕尾式、龙门式或叉臂式。其中相控阵雷达天线通常采用叉臂式俯仰支承机构(可以看成龙门式俯仰支承机构的变形)，通过对天线配重，俯仰旋转中心通过天线的重心，有效减小驱动功率，如图 1.40 所示。

在雷达规模和天线座负载越来越大的情况下，安全性日益受到天线座设计时的重视。天线座的安全保护装置要保证天线座使用安全可靠，预防意外情况造成机件损坏或人身事故，它一般包括行程限制开关、制动器、缓冲器、安全离合器及存放或运输的锁定装置等。图 1.41 为天线座锁定装置。

由于天线口径增大、集成度变高，相控阵天线阵面的重量会越来越大，相应地，天线座的承载需求也会越来越高。而受平台限制，天线座的重量又不能太重。因此、高承载、轻量化是相控阵天线座的重要发展方向。然而，当天线座承载变大、重量变轻时，必然意味着结构体的整体应力水平上升。对于这种情况，关键构件的健康监测与管理将变得非常重要。

如图 1.42 所示，常见的雷达液压机构包括调平系统、天线展收机构、供油系统等。其中，调平系统的功能是自动、快速、精确地将雷达载车等电子设备调整到水平位置，保证基准面的轴系精度，缩短架设/撤收时间，提高雷达机动能力和快速反应能力，这主要是通过载车上的多个调平腿联动实现的。天线展收机构主

图 1.40 叉臂式俯仰支承机构

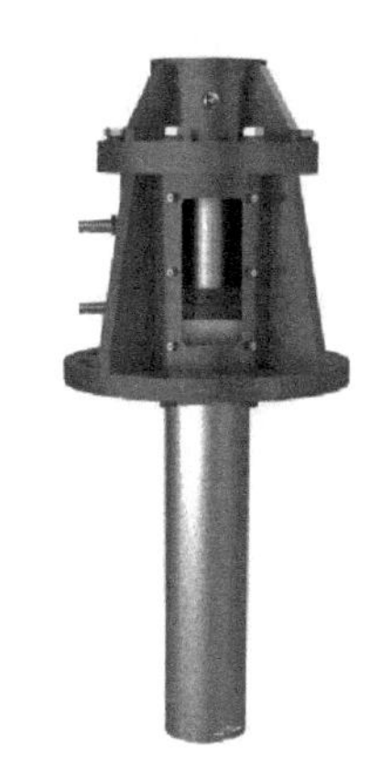

图 1.41 天线座锁定装置

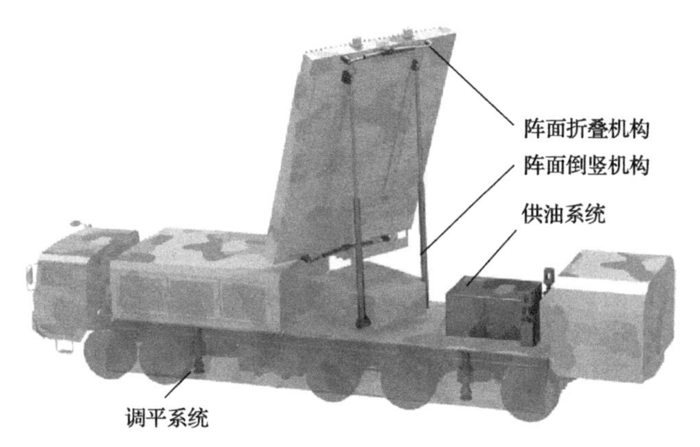

图 1.42 常见的雷达液压机构

要包括阵面倒竖机构、折叠机构、升降机构、锁紧机构等，主要用于提高天线架设效率和雷达机动性。

综上所述，天线座及机构是典型的高承载、高精度机械结构。要保证雷达的长期可靠工作，必须在设计之初就对结构刚度和强度、液压系统稳定性等进行针对性设计，提高产品固有可靠性。同时，还要增加必要的健康监测功能，实现对关键承力构件的应力、液压系统的油温、流量，以及机构位姿的实时监测，确保在长期服役中天线座及机构能够正常工作。

3. 冷却系统

有源相控阵雷达在有限的空间内集成了大量的高功率电子设备，必须采用高效散热方法才能实现系统的可靠工作。从冷却方式上看，主要有自然散热、强迫风冷、液冷等；从冷却对象上看，主要有天线阵面、方舱机柜等。方舱机柜的冷却一般采用空调环控与强迫风冷结合的方式。天线阵面由于体积大、发热量大，常常采用液冷或强迫风冷的方式，并独立配备冷却系统。图 1.43 为典型雷达的冷却系统组成和阵面液冷管网。

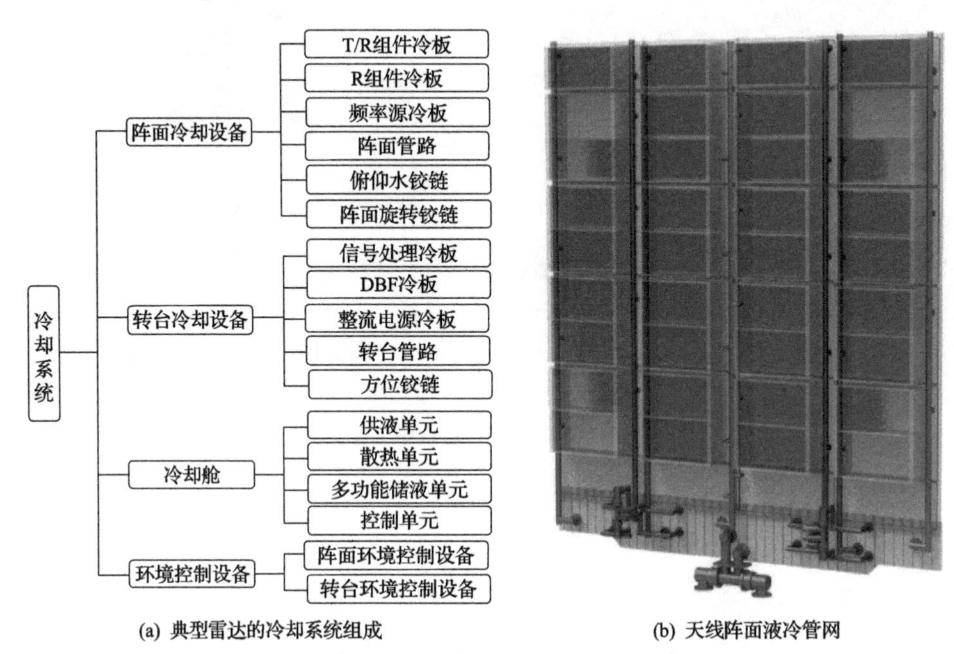

图 1.43　典型雷达的冷却系统组成和阵面液冷管网

当天线阵面发热量比较小、体积空间要求不高时，出于成本、长期可靠性的考虑，会采用强迫风冷的冷却方式。图 1.44 为一种采用强迫风冷的阵面示意图。

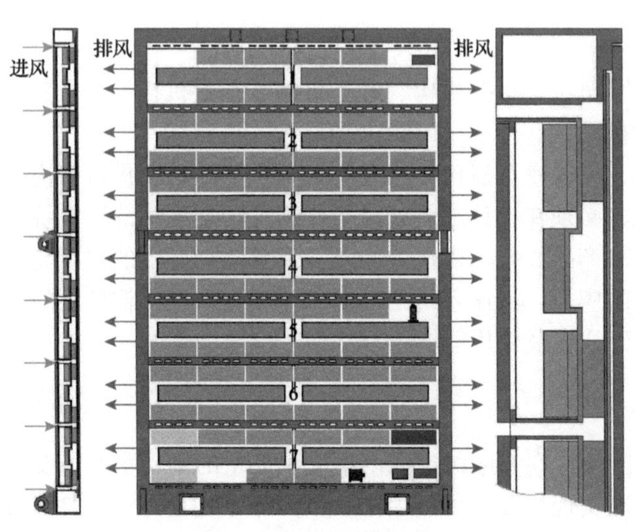

图 1.44　强迫风冷阵面示意图

随着相控阵雷达集成度越来越高、功率越来越大，系统的热流密度呈指数上升。相应地，冷却系统的复杂度也在上升，因此带来的可靠性问题十分突出，必须对电子设备温度、冷却液流量、风机转速等进行监测。小型化的温度传感器已普遍应用，有些高级电子器件(如现场可编程门阵列(field programmable gate array, FPGA)等)还自带温度监测功能，给分布式温度监测带来便利。此外，由于液冷方式的普遍使用，在系统中必然引入大量的液体连接器，从而带来漏液风险。在高度集成的电子设备中，如果发生漏液，会导致短路、烧毁等严重后果。因此，如何设计有效、实用的漏液监测也是雷达冷却设计面临的新挑战。

4. 方舱机柜

相控阵雷达方舱通常用于终端电子设备安放、人员操作，为了设备和人员的安全性、舒适性，需要具备良好的环境控制及电磁和噪声屏蔽能力。方舱一般包括操控舱、电站舱、设备舱等。为了空间的集约利用，往往将设备机柜与操控舱集成在一起，如图 1.45 所示。方舱通常采用铝蒙皮泡沫夹芯板拼接成型，具备隔热、电磁屏蔽、整体环境控制等功能。通过空调实现整体环境控制，为人员操作和机柜散热提供良好的外部环境。

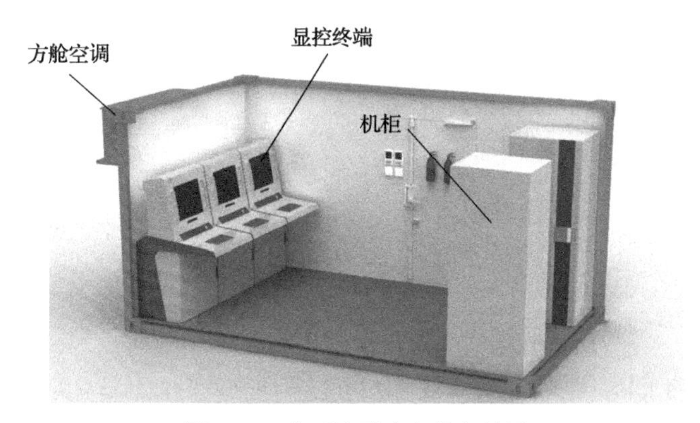

图 1.45 典型的雷达方舱布局图

对于地面雷达，机柜往往布置在方舱中，采用强迫风冷的方式与外部环境进行热交换。而对一些使用环境严苛的机柜，常常采用密闭式设计，利用机柜底部的风机盘管将热量带走。风机盘管内由外部冷却机组提供冷却液。

机柜内部包含大量的插箱、插件，随着雷达性能的提升，其发热量也在逐步增加。一些机柜的集成度和发热量甚至可以与一些小型天线阵面相当。此外，随着无人值守雷达的发展，对机柜的长时间工作可靠性也提高了要求。因此，需要对机柜内部的温度、湿度、盐雾值进行监测，并能针对监测值的变化进行自适应控制，以提升机柜可靠性。

1.3.2 相控阵雷达结构对电性能的影响

相控阵雷达是依靠发射/接收电磁波实现对目标的探测和跟踪，探测的精度与结构设计息息相关。一方面，雷达对空域的相位扫描通过阵列单元在空间中的相位差来实现。在服役的环境下，自重、风载、振动或热应力等因素造成的结构变形会影响单元之间的相位差。当阵面刚度不足或外载过大使单元位置偏差过大时，天线的指向精度、副瓣以及增益都会明显恶化，进而影响雷达的探测性能。此外，相控阵体制采用分布式 T/R 组件进行馈电。如果温度一致性控制不好，不同 T/R 通道的电子元器件由于温度差异而造成输出电磁波幅度、相位的变化，也会影响天线波束的合成和系统性能。有源相控阵天线的结构误差对天线电性能的影响机理如图 1.46 所示。另一方面，当相位扫描范围不足时，要依靠天线座机械扫描实现空域全覆盖。如果天线座的轴系精度不满足设计要求，天线波束的指向就会发生偏差。对于波束很窄的精密测控雷达，这种影响会非常严重。因此，必须对结构变形、T/R 组件温度一致性以及天线座轴系精度进行严格的控制。

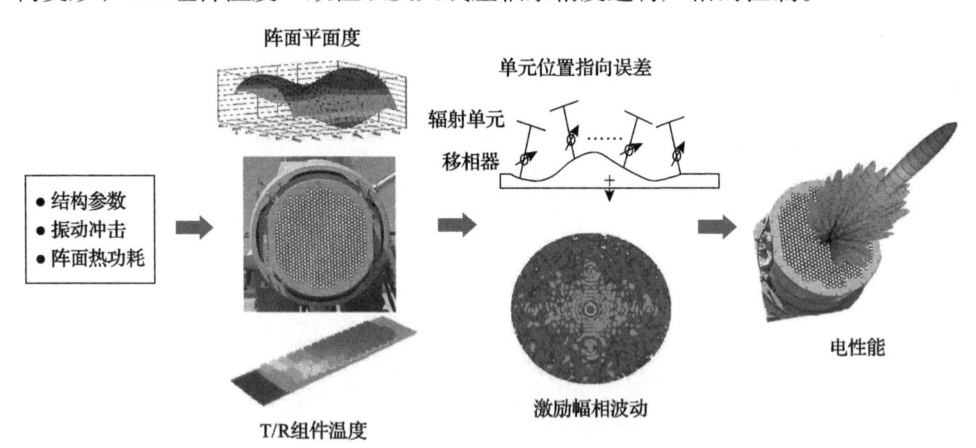

图 1.46 有源相控阵天线的结构误差对天线电性能的影响机理

王从思等[21]基于机电耦合模型对相控阵天线结构和电性能的关系开展了研究。假设某有源相控阵天线含有 N 个单元，所有单元排列在 S 所包围的区域内（Oxy 平面），如图 1.47 所示。通过移相器改变单元馈电电流的相位，使阵列孔径形成新的等相面，即可改变波束的指向，实现波束的相位扫描。令 $f_n(\theta,\phi)$ 为第 n 号单元在阵列天线中的辐射方向图，第 n 号单元的位置矢量为 $\boldsymbol{r}_n = x_n\boldsymbol{i} + y_n\boldsymbol{j} + z_n\boldsymbol{k}$ ，波常数 $k = 2\pi / \lambda$ ，则在远场区域观察点 $P(\theta,\phi)$ 方向，由电磁场叠加原理可得有源相控阵天线的场强方向图函数为

$$E(\theta,\phi) = \sum_{n=1}^{N} \varPhi_n \cdot f_n(\theta,\phi) \cdot I_n \mathrm{e}^{\mathrm{j}\varphi_n} \tag{1.2}$$

式中，Φ_n 为第 n 号单元的空间相位，$\Phi_n = \exp(\mathrm{j}k\boldsymbol{r}_n \cdot \boldsymbol{r}_0)$，其中 $\boldsymbol{r}_0$ 为远场区域观察点 $P(\theta,\phi)$ 方向的单位矢量；I_n 为馈电电流的幅度；φ_n 为馈电电流的相位。

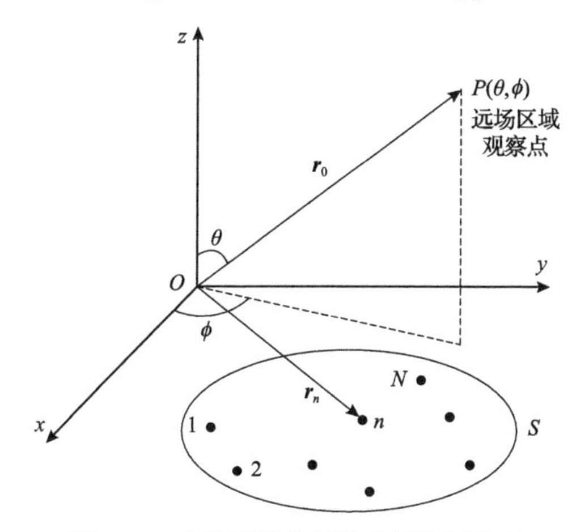

图 1.47 有源相控阵天线空间坐标关系

综合天线服役中环境载荷和热变形导致的阵面结构变形(辐射单元位置和指向)的影响，以及温度分布对 T/R 组件激励幅度和相位的影响，并考虑单元互耦，通过分析馈电误差和结构误差产生的天线口面幅相分布误差和单元阵中方向图，建立如下有源相控阵天线的机电热(structural-electromagnetic-thermal，SET)耦合模型[20]：

$$\boldsymbol{E}(\theta,\phi) = \sum_{n=1}^{N} f_n'(\theta,\phi,\boldsymbol{\delta}(\boldsymbol{\beta},T),\gamma) \cdot I_n'(\boldsymbol{\delta}(\boldsymbol{\beta},T),\gamma,T) \cdot \exp\left[\mathrm{j}(\Delta\varphi_n' + \varphi_{nB}(T))\right] \tag{1.3}$$

式中，$\boldsymbol{\delta}(\boldsymbol{\beta},T)$ 为环境载荷和阵面温度分布引起的结构变形；$\boldsymbol{\beta}$ 为结构设计变量，$\boldsymbol{\beta} = [\boldsymbol{\beta}_1 \ \ \boldsymbol{\beta}_2 \ \ \cdots \ \ \boldsymbol{\beta}_{Nd}]$；$T$ 为天线阵面温度分布；γ 为加工、组装过程中带来的随机误差；$f_n'(\theta,\phi,\boldsymbol{\delta}(\boldsymbol{\beta},T),\gamma)$ 为受结构变形和随机误差影响的单元阵中方向图；$I_n'(\boldsymbol{\delta}(\boldsymbol{\beta},T),\gamma,T)$ 为结构变形、随机误差和温度变化影响下的激励幅度；$\Delta\varphi_n'$ 为结构变形和随机误差引起的空间相位误差；$\varphi_{nB}(T)$ 为温度影响下的激励相位。

利用式(1.3)，工程中可以对结构变形和温度不一致导致的电性能误差做量化分析。

1. 结构变形对天线电性能的影响

有源相控阵天线服役中环境载荷 F 和阵面温度分布 T 会导致阵面变形，天线制造、装配过程中也会产生随机误差 γ，最终影响单元的位置，在天线波束合成中引入新的误差，甚至引起天线波束指向发生偏移。如图 1.48 所示，当有源相控阵天线受到环境载荷 F 和阵面温度分布 T 影响，同时考虑单元位置安装随机误差

γ时，设第n号单元的位置偏移(即系统误差)为$\Delta\boldsymbol{r}_n$，此时将在天线口面产生新的空间相位Φ_n'，即

$$\Phi_n' = \exp\left\{\mathrm{j}k\left[\boldsymbol{r}_n + \Delta\boldsymbol{r}_n(\delta(\boldsymbol{\beta},T),\gamma)\right]\cdot\boldsymbol{r}_0\right\} \tag{1.4}$$

利用式(1.4)可以评估位移场对天线性能的影响。图1.49为某天线阵面变形对电性能的影响，显示了某天线结构变形后，会显著影响天线的增益，并改变天线的副瓣性能。

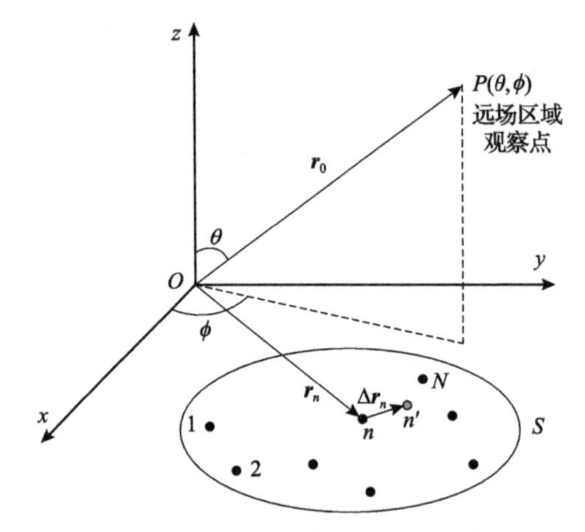

图1.48　单元位置偏移的几何示意图

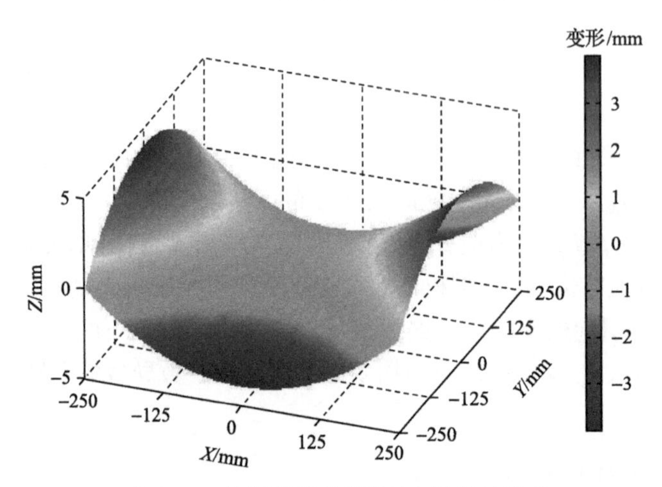

图1.49　某天线阵面变形对电性能的影响

综上所述，在阵列天线的结构设计中要充分考虑“保型”，即在风载、自重、振动、冲击等影响下，要保证天线阵面的平面度在设计范围内。天线结构设计可以从以下两方面考虑：

(1)合理的结构和截面设计，采用高刚度材料。然而，随着天线口径越来越大、集成度越来越高，单纯依靠提升结构刚度已不能满足需求。

(2)采用自适应天线结构设计技术。利用传感器测量天线变形信息，这就是智能天线结构。

2. T/R 组件温度一致性对天线电性能的影响

温度的变化(温漂)既会影响激励电流也会影响相位，体现在式(1.3)中。图 1.50 为某天线 T/R 组件温度一致性较差导致的电性能影响。然而，工程设计中的难点是很难获得温度与射频芯片幅度、相位之间的量化关系，即使有相关关系，由于射频链路所含的芯片种类多、数目大，也很难量化推导出温漂和系统性能的关系。实际设计中往往利用经验或试验数据对 T/R 组件的温度一致性做出规定。为了考虑系统的性能，这种定性规定往往趋于严格，从而对冷却系统的设计带来压力。因此，冷却系统往往采用全并联、蛇形流道等方法保证各 T/R 通道之间的温度一致性。同时，对主要芯片增加温度检测功能也有助于对服役中的雷达温度一致性做出判断。

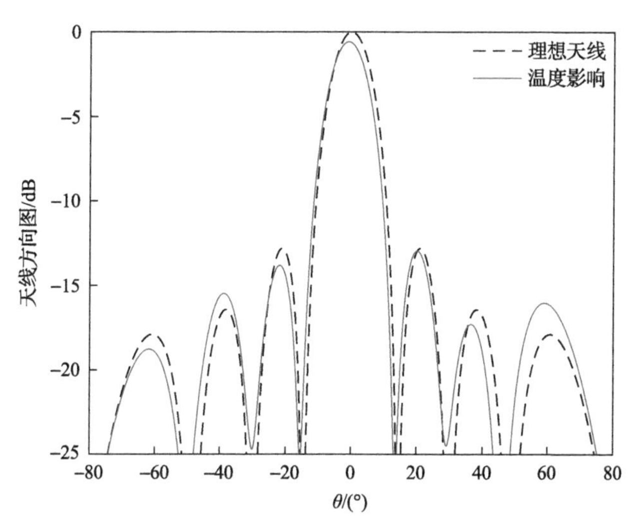

图 1.50　某天线 T/R 组件温度一致性较差导致的电性能影响

3. 天线座轴系精度对天线电性能的影响

雷达设备跟踪精度是一项重要的性能指标，影响设备精度的因素很多。天线座结构设计中的轴系精度对雷达跟踪精度的影响非常大。俯仰-方位型二维天线座轴系精度指标体系包含方位轴与大地垂直度、俯仰轴与方位轴垂直度、天线机械轴与俯仰轴垂直度，如图 1.51 所示。单方位轴倾斜时，天线机械轴的实际误差是随方位轴运转，同时按正切、正弦规律变化。单俯仰轴倾斜时，天线机械轴的实际误差是随俯仰轴运转，由 0 到最大倾角 r 按正弦规律变化。当俯仰轴不动而方位轴转动时，天线机械轴误差不变化。总的轴系误差为三项误差的均方根值。

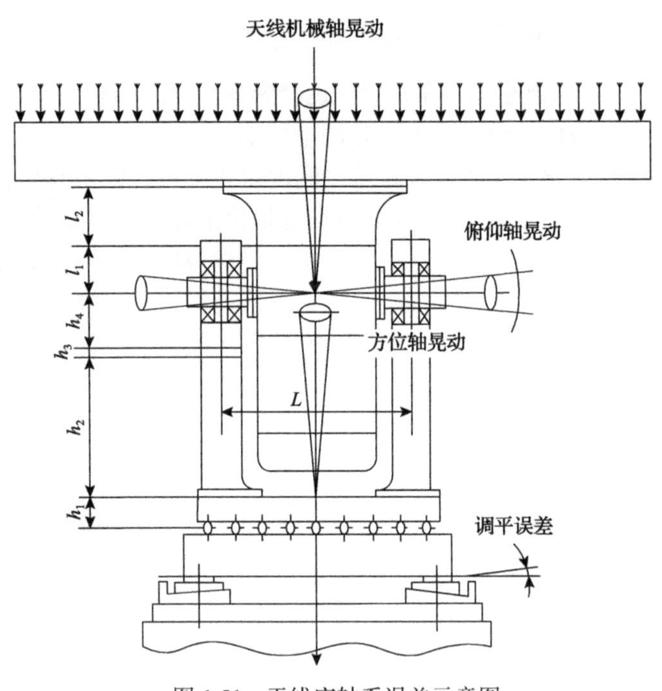

图 1.51　天线座轴系误差示意图

与天线阵面不同，天线座轴系精度影响的是整个阵面的法线(机械轴)偏差，因此这种影响与传统反射面天线是相同的。随着加工工艺的进步和惯性导航、寻北仪等定位设备的应用，轴系精度的误差已经能够得到较好的控制和补偿。

1.3.3　相控阵雷达结构的“六性”设计和健康管理

可靠性、维修性、测试性、安全性、环境适应性和保障性(简称“六性”)是雷达的重要设计特性，已成为与性能指标同等重要的设计要求，与产品全寿命周期使用和维修保障关系密切。而且，随着广域作战和无人值守等作战需求的普及，对雷达的“六性”要求也越来越严格。“六性”设计不仅体现在固有产品单元的加强或优化上，同时也需要增加必要的状态监测与管理功能来提高“六性”。这种健康管理方法也是未来装备“六性”设计的发展趋势。相控阵雷达结构既是电子设备的支撑载体，也包含大量的功能单元，其设计与“六性”息息相关。下面重点介绍相控阵雷达结构的“六性”设计原则和健康管理。

1. 相控阵雷达结构的“六性”设计原则

1)可靠性

可靠性是指系统、机械装备或零部件在规定的工作条件下和规定的时间内完成规定功能的能力，反映的是装备无故障持续工作的能力，是装备技术能力及成熟、完备水平的重要体现。一般功能部件的可靠性都采用平均故障间隔时间(mean time between failures，MTBF)和平均致命性故障间隔时间(mean time between critical failures，MTBCF)来衡量。设计和制作决定了装备的固有可靠性，为装备的使用可靠性奠定基础。在雷达结构设计中，常采用的可靠性设计方法有简化设计、降额设计、裕度设计等。

可靠性分析的主要方法有故障模式、影响及危害性分析(failure mode effect and criticality analysis，FMECA)和故障树分析(fault tree analysis，FTA)等。故障模式、影响及危害性分析是分析系统中不同层次产品所有可能产生的故障模式及其对系统造成的所有可能影响，并按每一个故障的严重程度及其发生概率予以分类的一种归纳分析方法。它是一项重要的基础性工作，虽然是可靠性工作之一，但也是开展维修性分析、安全性分析、测试性分析和保障性分析的基础[22]。

雷达研制过程中应尽早开展故障模式、影响及危害性分析，识别产品风险件，以便有针对性地对风险件的设计生产过程进行优化和把控，有效释放风险，从而提高产品可靠性。在进行雷达故障模式、影响及危害性分析时，电信部分和结构部分在分析初期是两个相对独立的分析流程，它们分别给出各组成单元的风险优先数后，融合电信和结构两部分的风险优先数，基于风险决策模型，对各组成单元进行风险评估，确定风险件清单。因此，在完成最终评估后得到的风险件清单是基于全系统电信和结构化分析的结果，并不只是局限于某一方面。

故障树分析是产品(系统)可靠性和安全性分析的工具之一，用来寻找导致不希望的系统故障或灾难性危险事件(顶事件)发生的所有原因和原因组合，在具有基础数据时求出事件发生的概率及其他定量指标，也是分析已经发生的事故的一种基本方法[23]。在雷达设计阶段，故障树分析可帮助判明潜在的系统故障模式和灾难性危险因素，发现可靠性和安全性的薄弱环节，以便改进设计。在生产、使用阶段，故障树分析可帮助故障诊断，改进使用维修方案。

2)维修性

维修性是装备在规定的工作条件下和规定的时间内，按规定功能的程序和方法进行维修时，保持和恢复到规定状态的能力。它要求故障部位必须具有良好的可达性、可视性和可操作性，是装备设计所赋予的一种固有属性[24]。然而，随着相控阵雷达向着高集成、长寿命、高复杂度方向发展，系统具有时变性、层次性和有限故障诊断经验等特点，传统的“事后维修”和“计划维修”已难以满足需求。因此，将故障消灭在“潜伏期”的“视情维修”和“预知维修”成为复杂装备未来保障维护的发展方向。由此产生了故障预测与健康管理(prognostic and health management，PHM)的概念，其中的故障预测技术可以基于可靠性理论，或基于数据驱动，或基于时效物理模型。基于可靠性理论的故障预测主要是利用故障模式、影响及危害性分析和故障树分析等工具，其应用最为广泛，但预测精度较低。工程实践中往往将三种方法融合应用[25]。故障预测与健康管理是“六性”设计的重要发展方向。

3)测试性

测试性是指能及时准确地确定装备状态，并隔离其内部故障的一种设计特性。对相控阵雷达而言，在液冷系统中设置供回液参数监测、在伺服系统中设置机构运动参数监测等都可以提高测试性。好的测试性有利于故障的快速诊断和隔离，从而提升维修性。

4)安全性

安全性是装备在生产、运输、储存和使用过程中不导致人员伤亡，不危害健康及环境，不给设备或财产造成破坏或损伤的能力[24]。在雷达结构设计中，常采用的安全性设计方法有设备稳定性设计、人机工程设计和防机械伤害设计等。对相控阵雷达结构的安全性而言，最重要的是结构强度设计。在强度设计中，要综合考虑风载、振动冲击、自重、转动、热应力等多种环境因素和工况，利用数字化样机开展仿真优化，并辅以必要的试验验证。对于一些关键承力部件，还要考虑长期工作中的疲劳破坏。通过增加应力应变监测装置可以很好地对结构强度实时监测，降低安全风险。这些监测功能同样可以集成到系统故障预测与健康管理中。

5)环境适应性

环境适应性是指装备在其寿命期可能遇到的各种环境作用下能实现其所有预定功能、性能和不被破坏的能力[26]，它反映了装备在变化的环境条件下仍能正常工作的能力，是可靠性的一种特殊情况。相控阵雷达作为军事装备，必须具备抗恶劣环境(如太阳辐射、高盐、高温、高湿、强振动、爆炸冲击等)工作的能力。电子设备的防护能力主要由结构提供，因此环境适应性是检验结构设计成功与否的重要标准。

雷达设备的工作环境分为机械环境、气候环境、生物环境、特殊环境等，结构设计时要综合考虑各种环境因素的相互影响，尽可能一举多得，相关专业应相互协同，以提高环境适应性[27]。

(1)机械环境适应性设计。机械环境考核和验证设备的结构强度及元器件的耐振抗冲能力。常见的力学环境包括振动、冲击、加速度、风载荷、摇摆等，由于运载平台不同，不同雷达面临的机械环境也不尽相同，需要根据具体情况开展针对性设计。例如，舰载雷达主要考虑强冲击带来的载荷；机载雷达由于平台的特殊性，主要考虑随机振动、加速度过载等带来的影响；而车载雷达由于阵面迎风面积大，要考虑抗倾覆设计。

(2)气候环境适应性设计。气候环境包括温度(高低温、温度冲击)、低气压、盐雾、霉菌、湿热等，其中温度、湿热和盐雾是造成设备故障或失效的主要气候因素。主要的设计技术有热设计、“三防”设计、耐候材料选择等。

(3)生物环境和特殊环境适应性设计。针对生物环境影响，主要进行防霉设计，采用防霉材料或涂料。针对战争中可能受到的核武器、生化武器攻击，还需要增加相应的监测报警和滤毒通风装置。

大多数的环境适应性设计还是聚焦在提高被动防护能力上，当系统的复杂度和集成度不断提高时，这些方法的效费比将逐渐降低。为了提高装备的环境适应性，应该考虑增加主动防护功能。具体而言，对于振动环境，可以考虑主动减振方法；对于盐雾、湿热等环境，可以考虑采用具备闭环反馈功能的环境控制系统。这些监测或防护方法的信息同样可以集成到故障预测与健康管理中，形成系统的健康管理与监测能力。

6)保障性

保障性是装备设计特性和计划的保障资源能满足平时战备和战时使用要求的能力，它反映了为保证装备正常运行，充分发挥其效能而需要的人力、物力等后勤保障的难易程度。保障性强调装备自身的设计特性和外部的保障条件，其设计特性应融入其他五性的设计中，装备设计安全可靠、环境适应性好、易维修、可测试，就容易保障和便于保障，即保障性好。

2. 相控阵雷达结构的健康管理

故障预测与健康管理是指利用结构内置的多种传感器全面监测系统的各类物理信息，并利用先进的算法模型(如物理模型、神经网络、数据融合、模糊逻辑、专家系统等)来预测和管理系统的状态，估计系统自身的健康状况，在系统发生故障前能尽早监测且能有效预测，并结合各种信息资源提供一系列的维修保障措施以实现系统的视情维修。它是机内自检和状态监测能力的拓展，是从状态监测到状态管理的转变[25]。

随着故障监测和维修技术的迅速发展，美国先后开发了航天器集成健康管理系统、飞机状态监测系统、发动机监测系统、综合诊断预测系统等。例如，美国在新一代主战隐身飞机 F35 上采用了故障预测与健康管理技术，美国“旅行者”号探测器通信系统中安装了故障预测设备，波音公司开发的“飞机状态管理系统”已经在波音各型飞机上广泛应用。而我国对于故障预测和健康管理技术的研究正处于起步和探索阶段，大多数研究集中在系统监测和故障诊断方面，对整个系统的诊断模式、故障预测、知识服务等方面的研究较少，需要在工程实践中不断完善[25]。

有源相控阵雷达包含大量的模块、分系统，运行状况复杂，影响因素众多，一般采用机内自检功能对雷达工作状态进行监测。随着技术的不断进步，可以将机内自检功能进一步扩展，运用现代测试理论并结合计算机网络、数据挖掘、人工智能等先进技术建立雷达的故障预测与健康管理系统，以保障雷达系统运行安全，提高其作战效能。雷达故障预测与健康管理系统主要由维护子系统、故障诊断子系统和趋势预测子系统组成，其总体设计结构如图 1.52 所示[28]。相应地，雷达结构含有冷却、伺服、承力件等功能部件，也需要进行健康管理与监测。通常的做法是采用故障模式、影响及危害性分析和故障树分析结构中的风险项和故障模式，再针对这些可能的故障模式设计监测系统。冷却系统的流量、压力、器件温度、冷却液纯度、漏液等，以及伺服系统的机构位姿、液压油温和纯度、减速机的振动特性等都属于结构健康监测的范围。这些数据最终与电信健康监测的数据融合，一起在后端显示出来，形成全面覆盖的健康监测与管理系统。

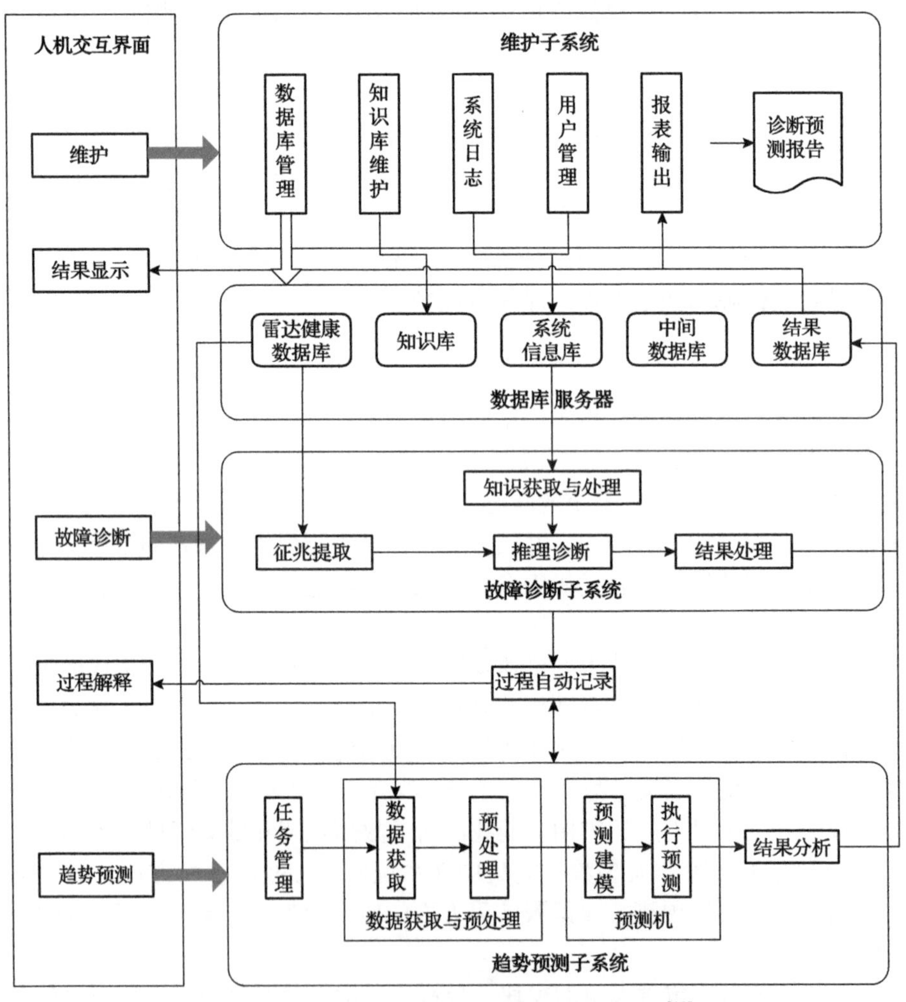

图 1.52　雷达故障预测与健康管理系统架构[28]

先进雷达结构设计都是基于全三维数字化样机和仿真技术，而下一代相控阵雷达结构更加复杂，同时对产品的全生命周期管理要求更高；数字孪生技术将实体健康监测与虚拟数字样机仿真相结合，在产品全寿命期跟随预测与保障中将发挥越来越重要的作用，是未来雷达结构技术发展的重要方向。数字孪生技术是数字样机技术的深入和拓展，通过高度详细的数字样机并结合健康监测和传感器技术，在数字空间建立与物理样机状态完全同步的虚拟样机。其充分利用物理模型、传感器更新、运行历史等数据，集成多学科、多物理量、多尺度、多概率的仿真过程，在虚拟空间中完成映射，从而反映相对应的实体装备的全生命周期过程[28]。因此，利用数字孪生技术提高健康监测的能力是未来故障预测与健康管理发展的重要方向。

1.4 智能结构在相控阵雷达中的应用

相控阵雷达是复杂的机电装备而非单纯的电子装备，雷达结构组成和功能都很复杂。相控阵雷达的未来发展趋势也是趋于大型化、复杂化，因此对相控阵雷达结构(如冷却、伺服、关键承力件等)进行监测、管理是很有必要的。如果能够将智能结构融入其中，充分利用智能结构自监测、自修复的特性，将会大大提升相控阵雷达结构的性能。将智能结构与相控阵雷达设计相融合，是将智能结构的传感器技术、作动器技术和信息处理技术深入地融入相控阵雷达的结构设计工作中，从而提高相控阵雷达在整个服役周期内的性能指标，降低维护周期与成本，保证相控阵雷达的可靠服役。综合来看，智能结构技术在相控阵天线变形控制与补偿、相控阵雷达结构健康监测和环境控制等方面有着重要应用价值。

大口径天线变形的控制与补偿是影响雷达性能的核心因素，而进行变形控制的前提是能够实时获得任意工况下天线变形的分布。理论上，每一个天线单元的位移都会引起电性能畸变，但是布置和天线单元同等数目的测量传感器是不现实且不经济的。本书第 2 章将介绍如何利用有限传感器重构天线阵面变形的方法和工程实践。

利用传感器实时获取变形信息，控制作动器的调整量，控制结构变形。其中，作动器的选型、集成方法和控制算法是该技术在应用过程中的主要关键技术。

利用作动器进行天线阵面变形补偿，一般用于服役中的慢速变形。对于快速变形，可根据相控阵雷达天线的特点，利用机电耦合理论模型，通过变形对电性能影响的计算得到组件的幅度、相位等补偿调整量，直接通过幅度、相位补偿的方法实现天线阵面性能的改善和提高。这就是天线阵面变形的电补偿方法。该方法有效地利用机电耦合技术，实现了面向性能的变形补偿。

环境适应性是雷达结构设计的重要部分。传统的环境控制是开环控制，无法对环境进行自适应调整。随着服役环境越来越恶劣、无人值守的方式越来越普及，有必要在相控阵雷达中采用智能环境控制方法，可以有效地实现温度、湿度、盐雾等环境因素的实时监测和反馈。设备根据信息自主判断和决策，利用环境控制装置将各因素控制在规定范围内。

将多种传感器分布于相控阵雷达的关键部件上，并采用智能信息处理技术，将结构健康监测与管理技术相结合，可以实现相控阵雷达的智能结构健康监测，对雷达的故障模式、服役寿命进行预测。采用雷达结构健康监测可以大幅度提高检查与维护的有效性并可以实现在线维护，为减少维护成本、提高雷达性能与可靠性带来革命性技术突破。传感器信息的采集与传输、信息处理和损伤识别、故障诊断、预测和预警等都是实现相控阵雷达智能结构健康监测的关键。

参 考 文 献

[1] 郑凯, 刘和山. 智能结构及其控制策略发展与应用. 山东大学学报(工学版), 2002, 32(6): 559.

[2] 杨正岩, 张佳奇, 高东岳, 等. 航空航天智能材料与智能结构研究进展. 航空制造技术, 2017, 60(17): 36-48.

[3] 涂亚庆, 刘兴长. 光纤智能结构. 北京: 高等教育出版社, 2005.

[4] 张新民. 智能材料研究进展. 玻璃钢/复合材料, 2013, (S2): 57-63.

[5] 薛荣辉. 智能控制理论及应用综述. 现代信息科技, 2019, 3(22): 176-178.

[6] 董聪, 夏人伟. 智能结构设计与控制中的若干核心技术问题. 力学进展, 1996, 26(2): 166-178.

[7] 房浩. 基于 PLC 技术的自动化机电控制系统设计. 现代电子技术, 2021, 44(6): 24-27.

[8] 杨弘柢, 刘山, 焦玮玮, 等. 智能控制在航天推力矢量伺服系统中的应用及展望. 航天控制, 2020, 38(3): 3-9.

[9] 孙侠生, 肖迎春, 白生宝, 等. 民用飞机复合材料结构健康监测技术研究. 航空科学技术, 2020, 31(7): 53-63, 2.

[10] 祝连庆, 孙广开, 李红, 等. 智能柔性变形机翼技术的应用与发展. 机械工程学报, 2018, 54(14): 28-42.

[11] 裘进浩, 边义祥, 季宏丽, 等. 智能材料结构在航空领域中的应用. 航空制造技术, 2009, (3): 26-29.

[12] 李海洋, 周金柱, 杜敬利, 等. 面向智能蒙皮天线电补偿的位移场重构. 电子机械工程, 2017, 33(1): 19-24, 51.

[13] 白鹏, 陈钱, 徐国武, 等. 智能可变形飞行器关键技术发展现状及展望. 空气动力学学报, 2019, 37(3): 426-443.

[14] 邵春生. 相控阵雷达研究现状与发展趋势. 现代雷达, 2016, 38(6): 1-4, 12.

[15] 李健伟, 刘璘, 吴宏超, 等. 机载有源相控阵雷达给告警器带来的威胁. 雷达与对抗, 2014, 34(2): 14-17, 34.
[16] 郭建明, 谭怀英. 雷达技术发展综述及第 5 代雷达初探. 现代雷达, 2012, 34(2): 1-3, 7.
[17] 吴少鹏, 杨志昆, 张建英. 国外舰载预警雷达发展特征探析. 雷达与对抗, 2019, 39(1): 1-3.
[18] 黄莉茹. 美国导弹防御系统地基雷达目标测量与识别. 红外与激光工程, 2006, (S1): 84-89.
[19] 张根烜, 查金水, 胡劲松. 大型相控阵雷达阵面结构设计研究. 雷达科学与技术, 2016, 14(3): 337-342.
[20] 洪长满, 段勇军. 机载雷达天线座结构的刚强度性能评估. 现代雷达, 2011, 33(6): 72-75.
[21] 王从思, 康明魁, 王伟, 等. 结构变形对相控阵天线电性能的影响分析. 系统工程与电子技术, 2013, 35(8): 1644-1649.
[22] 康京山. FMECA 对于装备通用质量特性的作用分析. 电子产品可靠性与环境试验, 2020, 38(5): 62-66.
[23] 郭济鸣, 齐金平, 李兴运. 故障树分析法的现状与发展. 装备机械, 2018, (2): 61-66.
[24] 遇今, 刘守文. 航天器产品“六性”保证工作方法和内容. 质量与可靠性, 2019, (5): 1-4, 9.
[25] 景博, 徐光跃, 黄以锋, 等. 军用飞机 PHM 技术进展分析及问题研究. 电子测量与仪器学报, 2017, 31(2): 161-169.
[26] 李忠良, 刘嘉琪, 陈仁军, 等. 机载座舱显示发展趋势及关键技术. 光电子技术, 2018, 38(3): 212-216.
[27] 石鸿, 陶泓丞, 郭雨彤, 等. 基于 DEMATEL-ANP 的复杂产品六性综合评价模型研究. 数学的实践与认识, 2020, 50(11): 28-39.
[28] 王宏. 健康管理在机载雷达中的应用研究. 现代雷达, 2011, 33(6): 20-24.

第 2 章　相控阵天线变形的感知

当前，有源相控阵技术被广泛应用于雷达之中。随着军事需求和微组装技术的快速发展，有源相控阵天线不断向着超宽带、高性能、高集成和多功能方向发展。同时，随着复杂战场和多元化应用平台的建立，现代相控阵雷达对天线阵面技术提出了更大的挑战[1]，天线阵面的集成度也越来越高，并逐步迈向结构功能一体化设计[2]。就应用于深空探测以及导弹防御方面的高频段（X 波段及以上）相控阵天线而言，由于其单元间距较小，该类天线阵面的集成度和精度要求更高。图 2.1 列出了车载、舰载、无人机和薄膜天线四种典型相控阵天线。依据这一发展趋势，有源相控阵天线阵面将具有阵面结构轻薄、大口径、模块化、安装调试高效等特点[2]。

(a) 大型车载天线阵面

(b) 大型舰载天线阵面

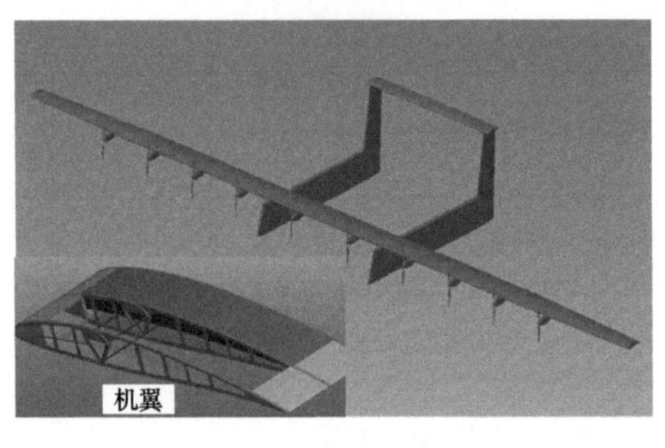

(c) 无人机共形天线阵面

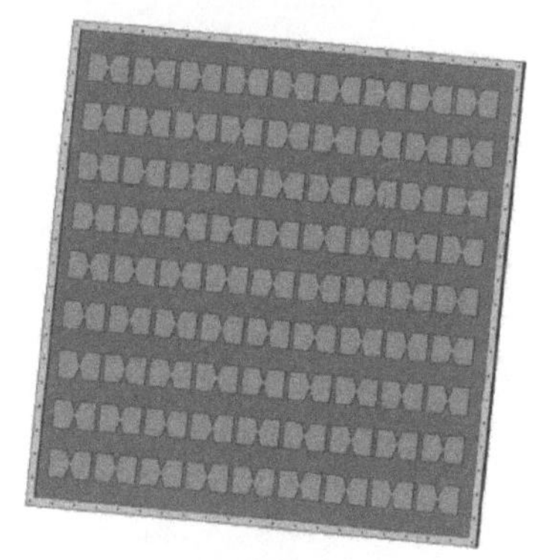

(d) 薄膜天线

图 2.1　四种典型相控阵天线

在实际应用中，相控阵雷达天线的服役环境复杂，天线阵面通常工作在太阳照射、风、冰雪、振动、冲击、盐雾、潮湿等服役环境中。随机、时变的动态载荷和大温差环境会引起阵面结构变形，改变天线单元相对位置，从而引起幅度和相位误差，导致天线电性能急剧恶化，如副瓣升高、天线增益降低、波束指向变差[3,4]。太阳照射、盐雾、湿度等环境因素影响阵面的材料物性参数，使得物性参数随服役时间退化而呈现时变性，进而导致服役期间的电磁性能演变。工程中完全依靠天线阵面结构刚度来保障电性能的传统设计方法已经难以满足这些要求，高精度轻薄化天线阵面的保型设计已成为制约装备性能提高并影响下一代装备研制的一个瓶颈问题。解决这个问题的有效方法是主动补偿天线阵面变形，目前主要有两种补偿方法，一种是机械补偿方法，另一种是电补偿方法。然而，补偿的前提是需要准确感知天线阵面结构变形，进而得到准确的阵列单元位移。

本章主要论述相控阵天线变形的感知问题，包括相控阵天线阵面的变形测量、阵面变形重构、传感器布局优化等。

2.1　天线变形测量

目前相控阵雷达天线变形测量可以分为两类：非接触式测量和接触式测量。下面简要介绍这两类测量技术。

2.1.1　非接触式测量

非接触式测量主要是采用光电检测技术来获取被测对象上测量点的信息，通过融合自动反射/自动瞄准原理、摄影测量原理和距离修正原理，使用光电探测器同时探知测量点，或者通过依次扫描来获取多个测量点的位移信息[5]。在实际工程中，常用于相控阵天线阵面变形测量的技术主要有经纬仪测量、全站仪测量、激光跟踪测量、激光扫描测量、工业摄影测量等。

经纬仪测量是指由两台或两台以上高精度电子经纬仪与计算机联机，根据角度空间前方交会测量原理来获取空间点的三维坐标，系统的尺度通过对基准尺的测量来确定，可实现高精度、无接触测量[6]。

全站仪测量是将测距仪进行微小化，然后完全集成在经纬仪系统之中，在天线的装调过程中，既可以测量角度，也可以测量距离，进而可以确定测量点的三维坐标。全站仪测量在大型天线变形测量中应用广泛，相较于经纬仪测量，它仅用一台全站仪即可实现所有的一般测量功能，成本较低。此外，它还具有测量时间短、操作简单等优点。目前商业公司推出的无棱镜测距全站仪的测距精度已经达到±1mm。

激光跟踪测量原理和全站仪相同，但在一些方面存在差异，如测距方式、跟踪方式和结构设计等。激光跟踪测量系统由激光跟踪仪和便携式计算机两部分组成。一台激光跟踪仪包含五大部件：角度测量部件、距离测量部件、跟踪控制部件、控制部件和支撑部件。激光跟踪测量系统的测量精度高、速度快，且不易受人为因素影响。

激光扫描测量的本质也是测距。按测距原理不同，可分为非相干式测距和相干式测距两种。非相干式测距基于测量激光的飞行时间，相干式测距基于测量激光的相位差。由于光速极快，非相干式测距在中小距离情况下的测距分辨率较低，而相干式测距的测量精度较高。激光扫描测量与激光跟踪测量的不同在于，它不需要靶标作为合作目标，属于非接触式测量。目前已开发了 Focus S350、IMAGER 5010C、RIEGL VZ400 等多款激光扫描测量产品。

工业摄影测量在相控阵天线的装调中应用广泛。利用工业摄影测量法对大型天线阵面测量时，首先需要使用一台或两台工业相机在不同位置进行拍摄，得到天线阵面的两张或多张图像，这些图像称为立体像对，如图 2.2 所示；然后用图像处理技术获取图像中阵面的像平面信息；最后利用像平面信息，通过直接线性变换法、空间后方交会-前方交会方法、相对定向-绝对定向方法和光束法平差等坐标变换方法，确定图像中各点对应在物方空间坐标系中的绝对位置，以恢复天线阵面的三维信息[7]。

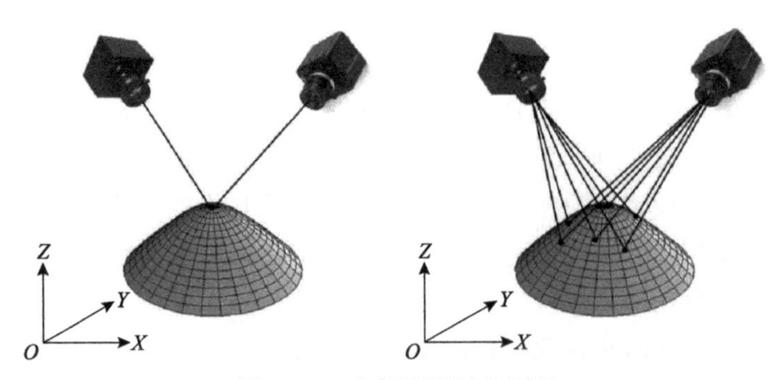

图 2.2　工业摄影测量的原理

如图 2.3 所示，以 V-STARS 测量系统为例，使用一台或者多台高分辨率的数字相机，在多个位置和多种角度拍摄一定量的目标相片，经过相机定向及图像匹配后便可以通过 V-STARS 软件处理采集好的相片来得到待测点坐标。该系统的软件会自动处理这些相片，通过图像匹配和相关数学运算后得到所有待测点的三维坐标，其测量精度为 5μm，在 10m 范围内测量精度可以达到 0.08mm[7]。

图 2.3　V-STARS 测量系统

表 2.1 为相控阵天线阵面变形测量技术对比。经纬仪测量和全站仪测量费时费力，且测量结果与测量人员的操作水平有很大关系。激光跟踪测量和工业摄影测量均无需人眼瞄准，基本消除了阵面变形测量中人的因素对测量效果的影响，且在测量速度上比经纬仪测量和全站仪测量有了很大提高。激光扫描测量和工业摄影测量是大型天线阵面变形测量技术的主要发展方向。

表 2.1　相控阵天线阵面变形测量方法对比

测量方法	测量范围/m	精度/mm	测量速度	特点
经纬仪	＜50	0.02～0.5	慢	需靶标，任意仰角
全站仪	＜200	0.2～1	慢	需靶标，任意仰角，易操作
激光跟踪测量	＜70	$(5\sim10)\times10^{-6}D$	较慢	需靶标，任意仰角
激光扫描测量	＜500	$(8\sim10)\times10^{-6}D$	快	无需靶标，任意仰角，昂贵
工业摄影测量	＜300	$(10\sim12)\times10^{-6}D$	较快	需靶标，对光线有要求

注：D 为待测天线口径，mm。

由于非接触式测量是直接对阵面变形测量，易受到环境的影响，同时，非接触式测量系统设备复杂，需要固定支架，并且对测量基准要求高。对于安装在移动平台的相控阵天线，无法测量天线服役期间的阵面变形。

2.1.2　接触式测量

接触式测量又称为非光电测量，这种检测多数是通过应变或加速度传感器来对天线变形进行检测，因此可以直接得到目标测量点的应变或加速度。然后，通过不同的重构算法对应变和加速度数据进行处理，估计目标测量点的变形，其测量的基本原理如图 2.4 所示。

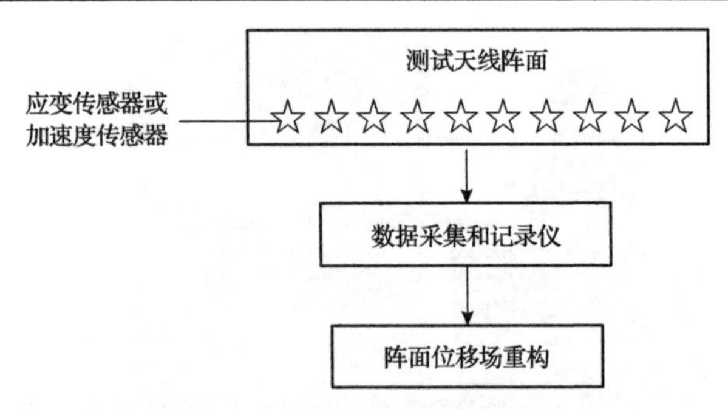

图 2.4　接触式测量的基本原理示意图

接触式测量主要包含两类，一类是基于应变的测量方法，另一类是基于加速度的测量方法。基于应变的接触式测量方法的原理是用应变敏感元件(如应变片)测量构件的表面应变，在构件上合理布置应变测量单元，对本体构件施加已知载荷后测量其应变分布，得到应变分布数据后，再根据应变-应力关系或应变-位移关系得到构件表面的应力状态和变形情况，从而对构件进行应力或变形分析[8]。应变测量可以使用传统的应变片，也可以使用光纤光栅应变传感器。图 2.5 为光纤光栅应变传感器与解调仪。与传统的应变片相比，光纤光栅应变传感器体积小、重量轻，容易实现网络化。该方法已应用到飞行器、风力发电机的叶片等结构监控中，然而，在相控阵雷达天线阵面变形监测中还未得到应用。

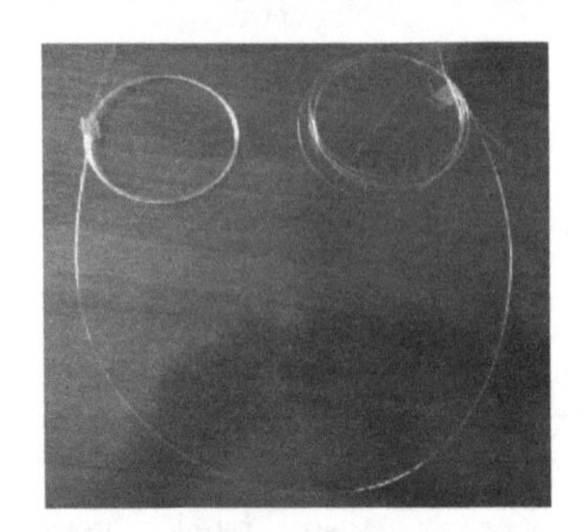

图 2.5　光纤光栅应变传感器与解调仪

利用加速度传感器也能实现阵面结构变形的感知，其原理是在天线阵面上布置一定数量的加速度传感器，通过测量设备测得天线阵面在振动下的加速度信号，然后对加速度信号进行积分变换，得到相应各加速度传感器处的变形。这种测试技术的主要优点是对于安装空间没有特殊需求，而且没有相对基准需求，只要严格控制传感器的重量，就可以忽略其对测试精度带来的影响[9]。

对比非接触式测量，接触式测量系统能够直接安装到天线阵面中，但需要解决如何从有限量间接测量的物理量(如应变或加速度信息)实时重构阵面结构的位移场。下面将主要介绍接触式测量在相控阵雷达天线阵面变形感知中需要解决的问题。

2.1.3　天线变形测量的问题

在实际工程中，传感器通常安装在天线阵面上，为了防止传感器干扰天线的工作，传感器不能直接放置到阵列单元的中心，如图 2.6 所示。然而，天线的电性能依赖于每个天线单元中心处的位置。因此，需要根据天线单元附近传感器的测量信息推算出单元中心处的位移。此外，大型天线阵面单元数众多，基于工程可实现性和经济性考虑，不可能使用大量传感器来监测变形，通常需要使用少量传感器来获得天线阵面结构变形。因此，如何合理布局少量传感器以及如何利用有限测量信息实时重构阵面结构变形是相控阵天线变形感知需要解决的两个关键问题。不完备测量信息下的结构变形重构如图 2.7 所示。

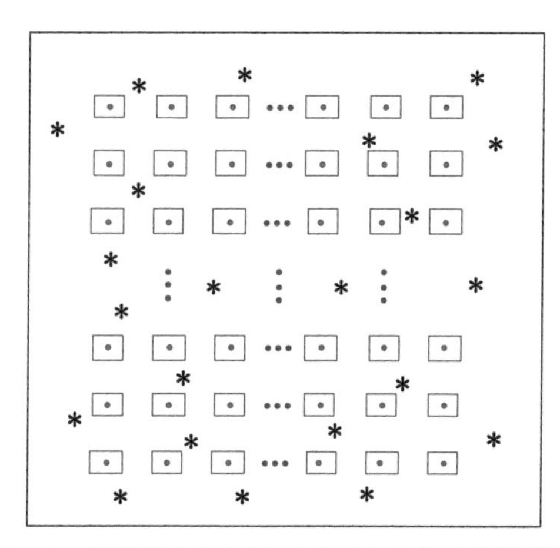

图 2.6　传感器布局与天线单元中心位置的示意图

∗ 放置的传感器；□ 天线单元；• 天线单元中心位置

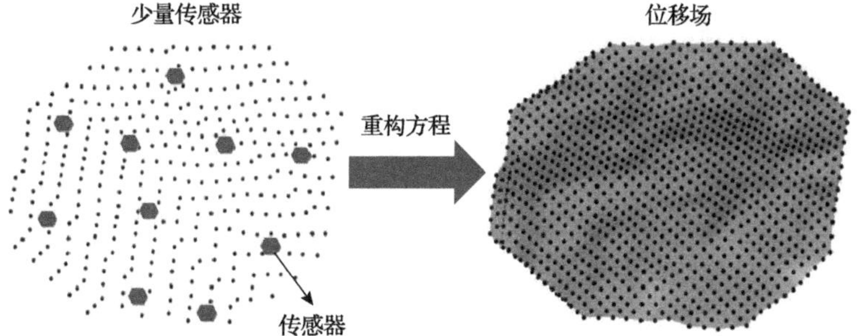

图 2.7　不完备测量信息下的结构变形重构

针对上述的相控阵天线测量问题，下面给出一种基于模态方法的不完备测量信息下的结构变形重构方法，并给出了面向变形重构的传感器布局方法。通过数值仿真和工程案例验证了上述方法的有效性。

2.2　天线阵面变形的重构方程

针对相控阵天线阵面结构，其节点坐标系下的动力学模型可以表示为

$$\boldsymbol{M}\ddot{\boldsymbol{q}}(t)+\boldsymbol{C}\dot{\boldsymbol{q}}(t)+\boldsymbol{K}\boldsymbol{q}(t)=\boldsymbol{B}_0\boldsymbol{u}(t) \tag{2.1}$$

式中，$\boldsymbol{M}$ 、$\boldsymbol{C}$ 和 $\boldsymbol{K}$ 分别为 $n_d \times n_d$ 质量矩阵、阻尼矩阵和刚度矩阵；$\boldsymbol{q}(t)$ 、$\dot{\boldsymbol{q}}(t)$ 、$\ddot{\boldsymbol{q}}(t)$ 分别为 $n_d \times 1$ 节点位移、速度和加速度向量；$\boldsymbol{u}(t)$ 为 $s \times 1$ 输入向量；$\boldsymbol{B}_0$ 为 $n_d \times s$ 输入矩阵，n_d 为系统自由度，s 为输入数目。

在节点坐标系下，系统力学方程中的各未知数是耦合的，不可独立求解。要使系统力学模型方程解耦，需要引入模态坐标，将节点空间坐标系转化为模态坐标，就可利用正交特性独立求解各未知数。

根据模态叠加原理，节点位移满足

$$\boldsymbol{q}(t)=\sum_{i=1}^{m}\boldsymbol{\phi}_i q_m^i(t)=\boldsymbol{\Phi}\boldsymbol{q}_m(t) \tag{2.2}$$

式中，$\boldsymbol{\Phi}$ 为 $n_d \times m$ 模态位移矩阵，包括系统的 m 阶截断模态；$\boldsymbol{q}_m(t)$ 为 $m \times 1$ 模态向量。

$$\boldsymbol{\Phi}=\begin{bmatrix}\boldsymbol{\phi}_1 & \boldsymbol{\phi}_2 & \cdots & \boldsymbol{\phi}_m\end{bmatrix}=\begin{bmatrix}\phi_{11} & \phi_{21} & \cdots & \phi_{m1}\\ \phi_{12} & \phi_{22} & \cdots & \phi_{m2}\\ \vdots & \vdots & & \vdots\\ \phi_{1n_d} & \phi_{2n_d} & \cdots & \phi_{mn_d}\end{bmatrix} \tag{2.3}$$

模态应变为模态位移的一阶导数，各阶模态位移均存在相应阶的模态应变，将模态位移矩阵转换为模态应变矩阵，即

$$\boldsymbol{\Psi}=D(\boldsymbol{\Phi}) \tag{2.4}$$

式中，D 为线性微分算子；$\boldsymbol{\Psi}$ 为 $n_d \times m$ 模态应变矩阵，其表达式为

$$\boldsymbol{\Psi}=[\boldsymbol{\varphi}_1 \quad \boldsymbol{\varphi}_2 \quad \cdots \quad \boldsymbol{\varphi}_m]=\begin{bmatrix}\varphi_{11} & \varphi_{21} & \cdots & \varphi_{m1}\\ \varphi_{12} & \varphi_{22} & \cdots & \varphi_{m2}\\ \vdots & \vdots & & \vdots\\ \varphi_{1n_d} & \varphi_{2n_d} & \cdots & \varphi_{mn_d}\end{bmatrix} \tag{2.5}$$

与位移相同，应变也可以通过各阶模态应变的线性组合表示，即

$$\varepsilon(t)=\sum_{i=1}^{m}\boldsymbol{\varphi}_i q_m^i(t)=\boldsymbol{\Psi}\boldsymbol{q}_m(t) \tag{2.6}$$

考虑到高阶模态对结构模态的贡献较小，且实际应用中应变会存在测量误差，测量应变 $\boldsymbol{\varepsilon}_m(t)$ 的矩阵表达式表示为

$$\boldsymbol{\varepsilon}_m(t)=\begin{bmatrix}\varphi_{11} & \varphi_{12} & \cdots & \varphi_{1m}\\ \varphi_{21} & \varphi_{22} & \cdots & \varphi_{2m}\\ \vdots & & & \vdots\\ \varphi_{M1} & \varphi_{M2} & \cdots & \varphi_{Mm}\end{bmatrix}\begin{bmatrix}q_m^1(t)\\ q_m^2(t)\\ \vdots\\ q_m^m(t)\end{bmatrix}+\boldsymbol{e}(t)=\boldsymbol{\Psi}_M(\boldsymbol{d})\boldsymbol{q}_m(t)+\boldsymbol{e}(t) \tag{2.7}$$

式中，φ_{ij} 为第 i 个自由度的第 j 阶模态应变；M 为传感器数目；$\boldsymbol{e}(t)$ 为测试噪声；$\boldsymbol{d}=[\boldsymbol{x}\quad \boldsymbol{y}\quad \boldsymbol{z}]^{\mathrm{T}}$ 为传感器的布置位置。

由式(2.2)和式(2.7)可知，只要准确求出模态坐标 $\boldsymbol{q}_m(t)$，就可以建立应变到位移的转换关系。

当阵面结构上布置的应变传感器数目大于或等于截断模态数目时，$\boldsymbol{q}_m(t)$ 可通过最小二乘法求得，即

$$\boldsymbol{q}_m(t)=\boldsymbol{\Psi}_M^{+}(\boldsymbol{d})\boldsymbol{\varepsilon}_m(t) \tag{2.8}$$

式中，$\boldsymbol{\Psi}_M^{+}(\boldsymbol{d})$ 表示 $\boldsymbol{\Psi}_M(\boldsymbol{d})$ 的伪逆矩阵，$\boldsymbol{\Psi}_M^{+}(\boldsymbol{d})=(\boldsymbol{\Psi}_M^{\mathrm{T}}(\boldsymbol{d})\boldsymbol{\Psi}_M(\boldsymbol{d}))^{-1}\boldsymbol{\Psi}_M^{\mathrm{T}}(\boldsymbol{d})$；$\boldsymbol{\Psi}_M(\boldsymbol{d})$ 为模态应变矩阵中布局应变传感器位置对应的行所组成的子矩阵。

将式(2.8)代入式(2.2)，可得天线阵面结构感兴趣位置的位移为[10]

$$\hat{\boldsymbol{q}}(t)=\boldsymbol{\Phi}_{\mathrm{s}}\boldsymbol{\Psi}_M^{+}(\boldsymbol{d})\boldsymbol{\varepsilon}_m(t)=\boldsymbol{T}(\boldsymbol{d})\boldsymbol{\varepsilon}_m(t) \tag{2.9}$$

式中，$\boldsymbol{\Phi}_{\mathrm{s}}$ 为感兴趣位置所对应的模态位移矩阵；$\boldsymbol{T}(\boldsymbol{d})$ 为应变-位移转换矩阵。

因此，通过应变-位移转换矩阵 $\boldsymbol{T}(\boldsymbol{d})$，可由少量应变测点数据推出感兴趣位置的变形数据，基于模态法的应变-位移重构计算流程如图 2.8 所示。

如果利用少量位移传感器测试数据重构天线阵面结构变形位移，利用上述方法也可以得到其重构方程。例如，选择模态位移的阶数为 n，则测量位移的矩阵表达式为

$$\boldsymbol{d}_m(t)=\begin{bmatrix}\phi_{11} & \phi_{21} & \cdots & \phi_{1n}\\ \phi_{21} & \phi_{22} & \cdots & \phi_{2n}\\ \vdots & & & \vdots\\ \phi_{M1} & \phi_{M2} & \cdots & \phi_{Mn}\end{bmatrix}\begin{bmatrix}q_m^1(t)\\ q_m^2(t)\\ \vdots\\ q_m^n(t)\end{bmatrix}+\boldsymbol{d}_{\mathrm{e}}=\boldsymbol{\Phi}_M(\boldsymbol{d})\boldsymbol{q}_m(t)+\boldsymbol{d}_{\mathrm{e}} \tag{2.10}$$

式中，ϕ_{ij} 为第 i 个自由度的第 j 阶模态位移；M 为位移传感器数目；$\boldsymbol{d}_{\mathrm{e}}$ 为位移测试噪声。

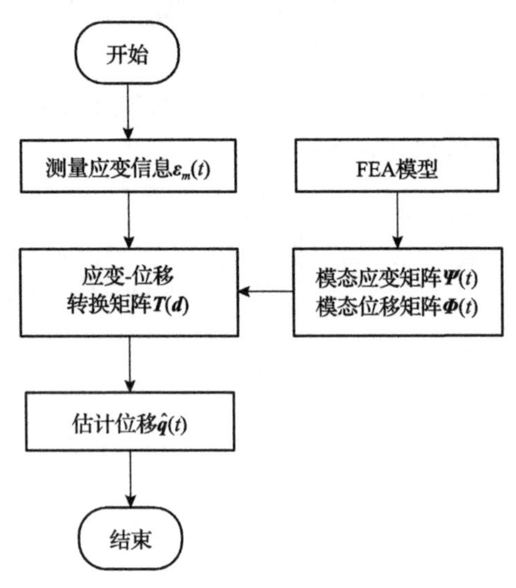

图 2.8 基于模态法的应变-位移重构计算流程

当阵面结构上布置的位移传感器数目大于或等于截断模态数目时，$\boldsymbol{q}_m(t)$ 可通过最小二乘法求得，即

$$\boldsymbol{q}_m(t)=\boldsymbol{\Phi}_M^{+}(\boldsymbol{d})\boldsymbol{d}_m(t) \tag{2.11}$$

式中，$\boldsymbol{\Phi}_M^{+}(\boldsymbol{d})$ 为所选自由度组成的矩阵 $\boldsymbol{\Phi}_M(\boldsymbol{d})$ 的伪逆矩阵，$\boldsymbol{\Phi}_M^{+}(\boldsymbol{d})=(\boldsymbol{\Phi}_M^{\mathrm{T}}(\boldsymbol{d})\boldsymbol{\Phi}_M(\boldsymbol{d}))^{-1}\boldsymbol{\Phi}_M^{\mathrm{T}}(\boldsymbol{d})$。

由式(2.9)和式(2.11)，可从少量位移测试数据估计全阵面结构位移[11]，即

$$\hat{\boldsymbol{q}}(t)=\boldsymbol{\Phi}_{\mathrm{s}}\boldsymbol{\Phi}_M^{+}(\boldsymbol{d})\boldsymbol{d}_m(t)=\boldsymbol{T}(\boldsymbol{d})\boldsymbol{d}_m(t) \tag{2.12}$$

式中，$\boldsymbol{\Phi}_{\mathrm{s}}$ 为需要重构位置处的模态位移矩阵，它是模态位移矩阵 $\boldsymbol{\Phi}$ 的子矩阵。

利用式(2.12)也可实现由少量位移测试数据估计感兴趣位置处的天线阵面结构位移。

2.3 面向阵面变形重构的传感器布局

2.3.1 传感器布局的研究现状

传感器布局优化在结构变形重构中起到承前启后的作用，属于非线性组合优化问题。在实际问题中，结构外形和布局环境会严格限制传感器的布置数量。此

外，过多的传感器会导致传感器系统故障率增加、数据存储与分析困难等诸多问题。因此，面向结构变形重构的传感器优化布局就是在系统的约束条件下，寻找 N 个可测自由度上 $M(M < N)$ 个传感器的最优测点方案，以获得足够的结构信息来完成变形重构。

传感器优化布局早期主要应用于大型轨道航天器上，随着对传感器优化问题的深入研究，逐渐应用于道路桥梁等其他领域，同时也涌现出各种各样的传感器优化布局算法，大体可以分为三大类：第一类是传统求解算法，其中较为常见的是有效独立法[12,13]和模态保证准则法[14]等；第二类是随机类算法，包括遗传算法[15]、粒子群算法[16]、蚁群算法[17]和猴群算法[18]等；第三类是信息熵算法[19,20]，例如，文献[20]引入了信息熵作为传感器配置的性能指标，该方法可以在一些模型参数估计中对不确定性标量进行测量，通过最小化不确定因素来优化传感器布局。然而，上述传感器优化算法主要面向模态识别[21]、结构损伤识别和健康监测[22]等领域，并不适用于结构变形重构。

面向结构变形重构的传感器布局方法已经成为研究热点。其中利用有效独立法对位移和应变两种类型的传感器进行优化布局，通过逐步删除，目标函数(最小化变形重构误差)不断逼近最小值对应的自由度，直到达到给定的阈值，从而获得最终传感器优化位置[23]。基于应变的误差估计最小(strain-based estimation error minimization，S-EEM)方法是对有效独立法的改进，它利用有效独立法的思想对单个位移传感器逐一进行优化[24]。该方法极大地减小了重构误差，提高了重构精度，但是多适用于相对简单的结构，对于具有大量自由度的大型复杂结构，由于最终布局的传感器数目相对较少，需要删除大部分自由度才能得到较为理想的配置方案，所以该类方法计算相当耗时。为此，文献[25]介绍的面向结构动态响应重构的传感器优化布局方法基于误差估计最小方法逐步增加传感器以实现布局优化，针对多自由度复杂结构，该方法能够极大地提升计算效率，但是它没有考虑到传感器布局出现的聚集现象，使得增加的传感器可能成为冗余传感器，不仅对结构重构精度贡献甚微，而且由于传感器布局位置过于集中，在实际应用时安装困难[26]。

针对上述问题，本节主要研究面向结构变形重构的应变传感器优化布局方法。解决的关键问题是如何使传感器的最终布局位置不仅能保证较高的重构精度，而且能够以少量传感器获得尽可能多的结构信息，并剔除冗余信息。因此，本节在上述变形重构方程的基础上，考虑测试误差对重构精度的影响及传感器信息冗余度，提出一种两步序列应变传感器布局方法。最后，结合典型悬臂梁结构及某相控阵天线试验平台，根据布点空间分布可观性、重构精度与效率、模态应变保证准则(strain model assurance criterion，SMAC)、条件数等指标与基于应变的误差估计最小方法[24]进行对比。结果表明，两步序列应变传感器布局方法在计算效率、冗余性、模态应变正交性、条件数等方面都要优于 S-EEM 方法。

2.3.2　两步序列应变传感器布局方法

利用上述变形重构方程(2.9)，下面介绍一种两步序列应变传感器布局方法[27]。图 2.9 为两步序列应变传感器布局方法的流程图。

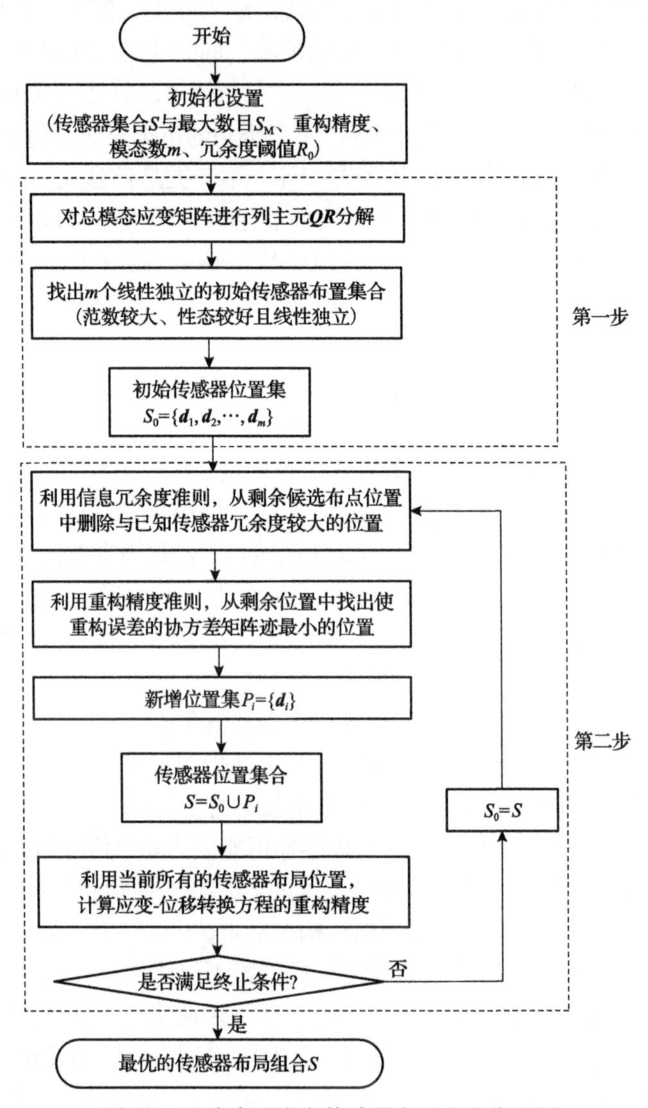

图 2.9　两步序列应变传感器布局方法流程图

两步序列应变传感器布局方法如下：第一步，依据列主元 $\boldsymbol{QR}$ 分解确定较大范数且性态良好的初始传感器布局位置；第二步，在第一步的基础上逐步增加传感器，直至达到收敛要求的最终传感器布局。对于大规模工程结构，逐步累加方式的计算量比逐步减少方式要小很多。此外，所提出的方法在第二步中考虑传感器的冗余问题，删除与已有布局集合冗余的传感器布点位置，在接下来的计算中也会大大减少计算量，因此这种方法比较适合实际工程问题。

1. 第一步传感器布局

第一步传感器布局是第二步传感器布局的基础，布局方法需要满足初始传感器数量少、求解效率高、重构方程可解等条件。应变-位移转换矩阵 $\boldsymbol{T}(\boldsymbol{d})$ 是在最小二乘意义下进行的求解，需要满足传感器数目大于或等于截断模态数目，因此所提方法确定的初始传感器的配置集合数目等于截断模态数目。列主元 $\boldsymbol{QR}$ 分解能够满足以上初始布局的条件，并且可以在大量候选自由度中迅速有效地选取出一组初始传感器布置集合，是一种简捷高效的初始传感器布局方法[27]。

假设模态应变矩阵对应的可测自由度(候选布点位置)组成的子矩阵为 $\boldsymbol{\Psi}_{\mathrm{c}}$($\boldsymbol{\Psi}_{\mathrm{c}} \in \mathbb{R}^{n_{\mathrm{c}}\times m}$)，一般 $n_{\mathrm{c}} > m$，且模态应变子矩阵的秩 $\operatorname{rank}\boldsymbol{\Psi}_{\mathrm{c}} = m$，即列满秩。列主元 $\boldsymbol{QR}$ 分解将矩阵分解为正交矩阵和上三角矩阵，当矩阵满秩时，$\boldsymbol{Q}$ 的前 m 列组成一组正交基。由模态相关理论可知，应变可表示为模态应变与模态坐标形成的线性组合。然而，模态应变矩阵中最线性无关的模态应变向量将组成应变与模态坐标的最小实现方程。因此，将模态应变子矩阵进行转置，再进行列主元 $\boldsymbol{QR}$ 分解，就会得到一组行最线性无关的传感器配置集合，能够保证各线性方程组相对独立。

对从有限元模型提取出的模态应变子矩阵的转置矩阵 $\boldsymbol{\Psi}_{\mathrm{c}}^{\mathrm{T}}$ 进行列主元 $\boldsymbol{QR}$ 分解，即

$$
\begin{cases}
\boldsymbol{\Psi}_{\mathrm{c}}^{\mathrm{T}}\boldsymbol{E} = \boldsymbol{QR} = \boldsymbol{Q}\begin{bmatrix} R_{11} & \cdots & R_{1m} & \cdots & R_{1n_{\mathrm{c}}} \\ R_{21} & \cdots & R_{2m} & \cdots & R_{2n_{\mathrm{c}}} \\ \vdots & \ddots & \vdots & \ddots & \vdots \\ 0 & \cdots & R_{mm} & \cdots & R_{mn_{\mathrm{c}}} \end{bmatrix} \\
\boldsymbol{Q} \in \mathbb{R}^{m\times m}, \quad \boldsymbol{R} \in \mathbb{R}^{m\times n_{\mathrm{c}}}, \quad \boldsymbol{E} \in \mathbb{R}^{n_{\mathrm{c}}\times n_{\mathrm{c}}}, \quad R_{11} > R_{22} > \cdots > R_{mm} \\
\left\|\boldsymbol{\Psi}_{\mathrm{c}}^{\mathrm{T}}\right\|_2 = \left\|\boldsymbol{\Psi}_{\mathrm{c}}\right\|_2 = \left\|\boldsymbol{E}^{\mathrm{T}}\boldsymbol{\Psi}_{\mathrm{c}}\right\|_2 = \left\|\boldsymbol{QR}\right\|_2 = \left\|\boldsymbol{R}\right\|_2
\end{cases}
\tag{2.13}
$$

式中，$\boldsymbol{E}$ 为置换矩阵(由 0 和 1 组成)，是将单位矩阵进行行列变换得到的矩阵，根据“1”所在的位置即可得到传感器的布局位置，$\boldsymbol{\Psi}_{\mathrm{c}}$ 中对应于 $\{r_1\},\{r_2\},\cdots,\{r_m\}$ 的行就是 $\boldsymbol{\Psi}_{\mathrm{c}}$ 的行向量中具有较大范数、性态较好且线性独立的子集(此处 $\{r_i\}$ 表示矩阵 $\boldsymbol{R}$ 的第 i 列)。

由以上分析可得列主元 $\boldsymbol{QR}$ 分解算法的基本步骤如下：

(1) 将模态应变矩阵对应的可测自由度组成的子矩阵进行转置运算得到 $\boldsymbol{\Psi}_{\mathrm{c}}^{\mathrm{T}}$。

(2) 对 $\boldsymbol{\Psi}_{\mathrm{c}}^{\mathrm{T}}$ 的第 j 列进行反射变换前，计算并比较第 $j \sim n_{\mathrm{c}}$ 列的范数，找出范数

最大且与第 j 列距离最接近的列，标记为 pin(j)，然后将该列与第 j 列互换位置。

(3) 对 $\boldsymbol{\Psi}_{\mathrm{c}}^{\mathrm{T}}$ 进行第 j 次反射变换。

(4) 重复步骤(2)和(3)，直至程序结束。

步骤(2)中互换位置的转换矩阵是由单位矩阵的第 pin(j) 列与第 j 列互换位置得到的，对所有列进行位置变化就形成了置换矩阵 $\boldsymbol{E}$ 。对模态应变矩阵对应的可测自由度组成的子矩阵进行 $\boldsymbol{QR}$ 分解时，上三角矩阵 $\boldsymbol{R}$ 的对角线元素依大小降序排列，通过置换矩阵 $\boldsymbol{E}$ 中元素"1"的排列形式即可选择出初始传感器布局位置。

2. 第二步传感器布局

在第一步传感器布局的基础上，考虑重构误差和信息冗余性因素，采用逐步累加的方式确定最终的传感器布局方案。下面介绍重构误差与信息冗余性的表征形式，然后基于此给出第二步的布局优化模型。

1) 考虑测量不确定性的重构误差

根据式(2.2)和应变-位移重构方程(2.9)，可得变形估计误差为

$$\begin{aligned}\boldsymbol{\delta}(\boldsymbol{d}) &= \hat{\boldsymbol{q}}(t)-\boldsymbol{q}(t)\\ &= \boldsymbol{\Phi}_s\boldsymbol{\Psi}_M^+(\boldsymbol{d})(\boldsymbol{\varepsilon}_m(t)+\boldsymbol{e}(t))-\boldsymbol{\Phi}_s\boldsymbol{q}_m(t)\\ &= \boldsymbol{\Phi}_s\boldsymbol{\Psi}_M^+(\boldsymbol{d})\boldsymbol{e}(t)\\ &= \boldsymbol{T}(\boldsymbol{d})\boldsymbol{e}(t)\end{aligned} \tag{2.14}$$

在实际应用中，高阶模态的截断误差、传感器安装存在的位置误差和传感器测量系统的噪声对应变传感器测量结果均有影响。假设方程(2.7)中的测量误差相互独立且均服从 $\boldsymbol{e}(t)=\boldsymbol{N}(0,e_\varepsilon^2)$ ，则变形估计误差的协方差可以表达为

$$\begin{aligned}\boldsymbol{E}(\boldsymbol{\delta}(\boldsymbol{d})\boldsymbol{\delta}^{\mathrm{T}}(\boldsymbol{d})) &= \boldsymbol{E}(\boldsymbol{T}(\boldsymbol{d})\boldsymbol{e}(t)\boldsymbol{e}^{\mathrm{T}}(t)\boldsymbol{T}^{\mathrm{T}}(\boldsymbol{d}))\\ &= \boldsymbol{T}(\boldsymbol{d})\boldsymbol{E}(\boldsymbol{e}(t)\boldsymbol{e}^{\mathrm{T}}(t))\boldsymbol{T}^{\mathrm{T}}(\boldsymbol{d})\end{aligned} \tag{2.15}$$

式中， $\boldsymbol{E}(\boldsymbol{e}(t)\boldsymbol{e}^{\mathrm{T}}(t))$ 为测量噪声的协方差矩阵，且已假设测量噪声互相独立，则

$$\boldsymbol{E}(\boldsymbol{e}(t)\boldsymbol{e}^{\mathrm{T}}(t))=\begin{bmatrix} e_\varepsilon^2 & & \boldsymbol{0}\\ & \ddots & \\ \boldsymbol{0} & & e_\varepsilon^2\end{bmatrix}=\boldsymbol{\Sigma}^2 \tag{2.16}$$

将式(2.16)代入式(2.15)，可得到变形估计误差的协方差矩阵 $\boldsymbol{\Delta}$ 为

$$\begin{aligned}\boldsymbol{\Delta} &= \boldsymbol{E}(\boldsymbol{\delta}(\boldsymbol{d})\boldsymbol{\delta}^{\mathrm{T}}(\boldsymbol{d}))\\ &= \boldsymbol{T}(\boldsymbol{d})\boldsymbol{E}(\boldsymbol{e}(t)\boldsymbol{e}^{\mathrm{T}}(t))\boldsymbol{T}^{\mathrm{T}}(\boldsymbol{d})\\ &= (\boldsymbol{T}(\boldsymbol{d})\boldsymbol{\Sigma})(\boldsymbol{T}(\boldsymbol{d})\boldsymbol{\Sigma})^{\mathrm{T}}\\ &= e_\varepsilon^2\boldsymbol{T}(\boldsymbol{d})\boldsymbol{T}^{\mathrm{T}}(\boldsymbol{d})\end{aligned} \tag{2.17}$$

式中，矩阵 $\boldsymbol{\Delta}$ 中的每一个对角元素表示相应感兴趣位置变形估计误差的方差，对角线上的最大数值表示最大估计误差的方差，而矩阵的迹 trace$\boldsymbol{\Delta}$ 表示所有位置变形估计误差的方差和。由于 e_{ε}^2 为常量，可不考虑其对重构误差协方差的影响。因此，平均估计误差可以表示为

$$e_{\text{avg}}^2(\boldsymbol{d}) = \frac{\text{trace}(\boldsymbol{T}(\boldsymbol{d})\boldsymbol{T}^{\text{T}}(\boldsymbol{d}))}{N_{\text{s}}} \tag{2.18}$$

式中，trace(•) 为矩阵的迹；N_{s} 为已布局集合中的传感器数目。

2) 信息冗余性

结构为连续体，节点间距离越近，其动态特性越相似，包含的结构信息重合度越大，删除其中一个节点对整体系统的变形监测影响不大，保留则会造成传感器信息的冗余，也会增加下一代的计算时间。信息冗余归因于过细的有限元网格划分，网格划分越密集，信息冗余性越严重。虽然网格稀疏划分会对信息冗余现象有所改善，但是稀疏的网格会出现有限元计算精度下降的矛盾问题。因此，信息的冗余性也应该作为传感器优化布局过程中需考虑的因素。

为了描述传感器获取的结构信息的冗余性，规定第 k 个候选布点位置对应的模态应变信息矩阵为

$$\boldsymbol{A}_k = \boldsymbol{\Psi}_{\text{c},k}^{\text{T}}\boldsymbol{\Psi}_{\text{c},k} \tag{2.19}$$

式中，$\boldsymbol{A}_k$ 为 $m \times m$ 对阵矩阵；$\boldsymbol{\Psi}_{\text{c},k}$ 为第 k 个可布点位置对应的模态应变向量，即模态应变子矩阵 $\boldsymbol{\Psi}_{\text{c}}$ 的第 k 行。

两个具有相近结构动态信息的候选布点的模态应变信息矩阵也相近。模态应变信息矩阵的差异可以通过它们的某种范数差异来度量，即

$$D_{ki}(\boldsymbol{d}) = \|\boldsymbol{A}_k - \boldsymbol{A}_i(\boldsymbol{d})\| \tag{2.20}$$

式中，$D_{ki}(\boldsymbol{d})$ 为第 k 个候选布点位置与已布置传感器集合第 i 个位置对应的模态应变信息矩阵的空间距离差异。

为了更好地比较各传感器之间模态应变信息的差异程度，需要对距离差异系数进行正则化处理，因此传感器间信息冗余度可以表示为

$$R_{ki}(\boldsymbol{d}) = \frac{\|\boldsymbol{A}_k - \boldsymbol{A}_i(\boldsymbol{d})\|}{\|\boldsymbol{A}_k\| + \|\boldsymbol{A}_i(\boldsymbol{d})\|} \tag{2.21}$$

由于 $\|\boldsymbol{A}_k - \boldsymbol{A}_i(\boldsymbol{d})\| \leqslant \|\boldsymbol{A}_k\| + \|\boldsymbol{A}_i(\boldsymbol{d})\|$ 对于任意模态应变信息矩阵均成立，所以 $0 \leqslant R_{ki}(\boldsymbol{d}) \leqslant 1$。存在两种极端情况：当 $\boldsymbol{A}_k$ 和 $\boldsymbol{A}_i(\boldsymbol{d})$ 正交时，$\|\boldsymbol{A}_k - \boldsymbol{A}_i(\boldsymbol{d})\| = \|\boldsymbol{A}_k\| +$

$\|\boldsymbol{A}_i(\boldsymbol{d})\|$，可得 $R_{ki}(\boldsymbol{d})=1$，此时传感器包含的模态应变信息无冗余；当 $\boldsymbol{A}_k=\boldsymbol{A}_i(\boldsymbol{d})$ 时，$\|\boldsymbol{A}_k-\boldsymbol{A}_i(\boldsymbol{d})\|=0$，可得 $R_{ki}(\boldsymbol{d})=0$，此时传感器包含的模态应变信息完全相同[28, 29]。

3) 优化模型

利用上述重构误差和信息冗余度的表征式，下面给出第二步传感器布局优化模型。该优化模型以重构误差最小为目标函数，以传感器布局信息冗余度和平均重构误差小于预设的阈值为约束条件，其数学模型可以表示为

$$
\begin{aligned}
&\text{find}: \boldsymbol{d}=\begin{bmatrix} x & y & z \end{bmatrix}^{\mathrm{T}} \\
&\min: \operatorname{trace}(\boldsymbol{T}(\boldsymbol{d})\boldsymbol{T}^{\mathrm{T}}(\boldsymbol{d})) \\
&\text{s.t.} \begin{cases} e_{\mathrm{avg}}^2(\boldsymbol{d}) \leqslant [e_{\mathrm{avg}}^2] \\ R_k^{\min}(\boldsymbol{d}) \geqslant R_0 \\ \boldsymbol{d} \in \boldsymbol{\Gamma}_{\mathrm{feas}} \end{cases}
\end{aligned} \tag{2.22}
$$

式中，$\boldsymbol{d}$ 为优化的传感器位置；$[e_{\mathrm{avg}}^2]$ 为平均估计误差的阈值；R_0 为冗余度阈值；$R_k^{\min}(\boldsymbol{d})$ 为第 k 个候选布点位置的最小冗余度；$\boldsymbol{\Gamma}_{\mathrm{feas}}$ 为传感器候选位置可行域。

3. 求解步骤

本节提出的两步序列应变传感器布局方法中，第一步 $\boldsymbol{QR}$ 分解得到的模态应变具有较大的空间交角，已经保证了结构应变信息的独立性，且满足基本的变形重构要求；第二步采用逐步累加的方式进行求解，求解过程中考虑模态应变信息的冗余性，寻找满足变形重构精度且与已布局传感器相对独立的传感器布局位置。该方法的具体求解步骤如下。

初始化：确定模态截断数目 m、传感器集合 S 与最大数目 S_{M}、重构精度、冗余度阈值 R_0、传感器候选布点位置等。

第一步：对模态应变矩阵对应的可测自由度组成的子矩阵的转置矩阵 $\boldsymbol{\Psi}_{\mathrm{c}}^{\mathrm{T}}$ 进行列主元 $\boldsymbol{QR}$ 分解，找出 m 个范数较大、性态较好且线性独立的初始传感器布局集合，详见上述列主元 $\boldsymbol{QR}$ 分解算法的基本步骤。

第二步：(1) 删除剩余候选布点位置中与已布局传感器的模态应变信息矩阵的距离差异系数小于 R_0 的布点位置。

(2) 将剩余候选布点位置中使变形重构矩阵协方差的迹最小的传感器加至当前传感器集合。

(3) 判断是否满足终止条件，满足则结束程序，否则重复步骤 (1)～(2)。

其中，两步序列应变传感器布局方法的终止条件有以下两种：

①是否满足预定的变形重构精度要求；

②是否达到系统允许的最大传感器数目 S_{M}。

4. 评价准则

1) 布点空间分布可观性

布点空间分布可观性可以作为一项判别所布局的传感器是否冗余的准则。用于传感器优化布局的有限元模型和测量系统不可避免会有误差，并且传感器也不可能准确无误地布置在最优位置。布点空间分布过于集中不仅会导致传感器的信息冗余，还降低了传感器的抗噪能力。因此，优化后的传感器应布局在模态强烈的位置，且各传感器间保持一定的距离，保证获取的结构模态信息准确且具有一定的线性无关性。

2) 重构精度与效率

均方根误差(root mean square error, RMSE)能够很好地反映重构误差与真实测量误差之间的差异，在同样的传感器数量条件下，传感器的位置布局不同则变形重构的精度也不同。此外，系统噪声及加载大小都会影响均方根误差的大小，因此采用均方根误差与最大变形的百分比(相对 RMSE)来评价重构精度。不同优化布局方法的优化效率不同，在相同的计算条件下可以用计算时间来反映传感器优化布局方法的效率。

3) 模态应变保证准则

由于最终安装传感器的自由度会远小于结构自身的可测自由度，同时不可避免地会引入测量误差，已经难以确保所测模态向量的正交性，在极端情况下可能会由于向量的空间交角过小，关键模态无意丢失。李东升等[30]提出的模态保证准则(model assurance criterion, MAC)是评价模态向量空间交角的一个指标，即所形成的 MAC 矩阵非对角线元素越小越好。Zhang 等[31]证明了模态应变具有正交特性，并参照模态保证准则的思想，得到模态应变保证准则，即

$$\mathrm{SMAC}_{ij}=\frac{(\boldsymbol{\Psi}_i^{\mathrm{T}}\boldsymbol{\Psi}_j)^2}{(\boldsymbol{\Psi}_i^{\mathrm{T}}\boldsymbol{\Psi}_i)(\boldsymbol{\Psi}_j^{\mathrm{T}}\boldsymbol{\Psi}_j)} \tag{2.23}$$

式中，$\boldsymbol{\Psi}_i$ 和 $\boldsymbol{\Psi}_j$ 分别为模态应变矩阵的第 i 、j 列。

4) 条件数

根据矩阵条件数的定义[32]，应变-位移转换矩阵 $\boldsymbol{T}(\boldsymbol{d})$ 的条件数为

$$\mathrm{cond}(\boldsymbol{T}(\boldsymbol{d}))=\left\|\boldsymbol{T}(\boldsymbol{d})\right\|\left\|\boldsymbol{T}(\boldsymbol{d})^{-1}\right\|=\frac{\alpha_{\max}}{\alpha_{\min}} \tag{2.24}$$

式中，$\mathrm{cond}(\cdot)$ 表示矩阵条件数；$\alpha_{\max}$ 和 $\alpha_{\min}$ 分别为奇异值的最大值和最小值。

条件数是矩阵病态的度量，其值越接近于 1，矩阵性态和鲁棒性越好。条件

数反映了方程求解过程中解的稳定性，由少量应变推出位移是通过应变-位移转换矩阵实现的，本质上也是线性方程组的求解过程。因此，可利用应变-位移转换矩阵的条件数评价传感器的布局方案。

2.4　传感器布局优化的试验对比

本节以典型悬臂梁和某相控阵天线试验平台为对象，通过与 S-EEM 方法[33]进行对比来验证两步序列应变传感器布局方法的有效性。S-EEM 方法是以重构误差最小为目标，从候选位置中删除不满足的位置；而两步序列应变传感器布局方法是在第一步已布好传感器的基础上，以重构误差最小为目标和布局信息冗余性为约束条件，从候选传感器位置中序列地增加传感器布局位置，直到满足预设的停止条件[34]。所有对比试验使用的计算机性能参数为：处理器 Intel i5-4590，时钟频率 3.30GHz，内存 8GB，操作系统为 Win7 64 位旗舰版。

2.4.1　悬臂梁的布局优化结果

矩形等截面悬臂梁结构长度为 450mm，截面尺寸分别为 20mm 和 2mm，密度为 7580kg/m^3，弹性模量为 210GPa，泊松比为 0.3，自由端 Z 向加载集中力。利用 ANSYS 有限元软件的 beam188 单元建模，将其均匀划分为 30 个单元。然后，对有限元模型进行模态分析，提取 Z 向有效质量比作为各阶模态贡献程度指标。图 2.10 为悬臂梁前 10 阶累积模态贡献率。一般情况下，只要累积模态贡献率大于 80%，计算精度就能满足工程精度需要[31]。由图 2.10 可以看出，前 3 阶累积模态贡献率已经达到 86.7%，因此选取前 3 阶模态进行传感器优化布局，前 3 阶模态频率如表 2.2 表示。

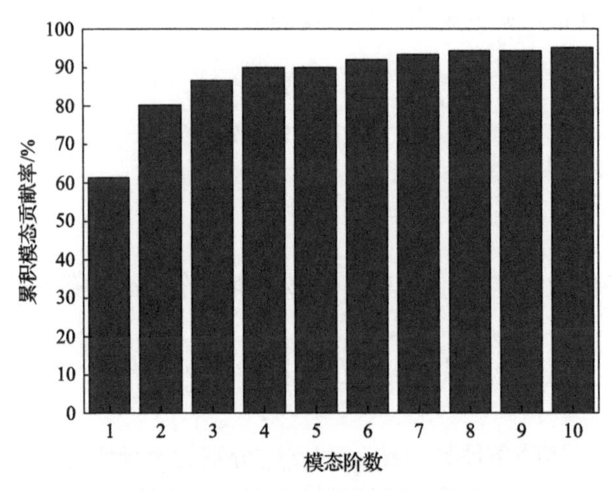

图 2.10　悬臂梁前 10 阶累积模态贡献率

表 2.2　悬臂梁前 3 阶模态频率

模态阶数	频率/Hz
1	8.25
2	51.84
3	145.80

针对所建立的悬臂梁有限元模型，分别通过上述四个评价准则对两步序列应变传感器布局方法与 S-EEM 方法进行对比与评价分析。

1. 布点空间分布可观性

图 2.11 给出了悬臂梁模型由两步序列应变传感器布局方法及 S-EEM 方法确定的传感器数目为 4、7、10 时的优化布局方案。两种方法传感器均布局在靠近固定端的位置，即模态应变较强的部分，测点信噪比较高。S-EEM 方法的布局方案中传感器在 3 个局部聚集，而两步序列应变传感器布局方法的布局方案比较合理，布点空间分布相对分散，相比 S-EEM 方法，其冗余现象不明显。

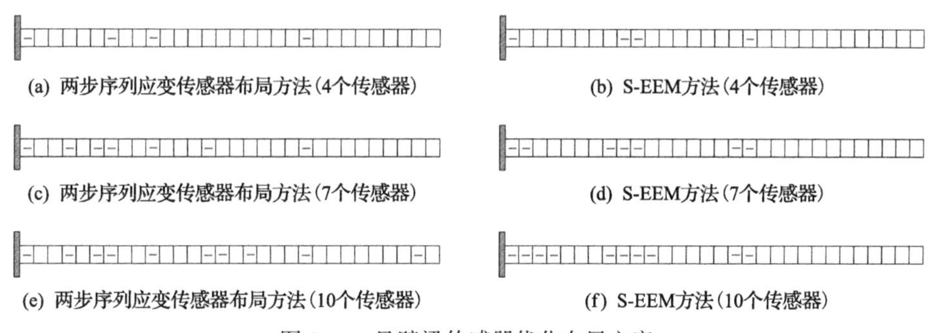

图 2.11　悬臂梁传感器优化布局方案

2. 重构精度与效率

在实际变形重构过程中，测量系统总会有误差存在。为了验证两步序列应变传感器布局方法在系统测量噪声下变形重构的有效性，在自由端施加高斯随机载荷，并在应变中加入 10%的随机高斯噪声进行 100 次变形重构仿真试验。图 2.12 给出了在传感器数目为 10 的布局结果下，两种方法的自由端节点变形和误差对比曲线。

由图 2.12(a)可以看出，两步序列应变传感器布局方法与 S-EEM 方法均能够很好地逼近仿真变形结果，可见在该传感器布局方案下，两种方法对该悬臂梁的变形重构都很适用。由图 2.12(b)可以看出，两种方法的重构误差平均值相近，说明在存在系统误差的情况下，两种方法的变形重构能力相当。

为了进一步研究误差大小及传感器数目对变形重构的影响，在自由端加−4000N 的集中载荷，并且在应变中分别加入 5%和 25%的随机高斯噪声进行 100 次变形重构仿真试验。

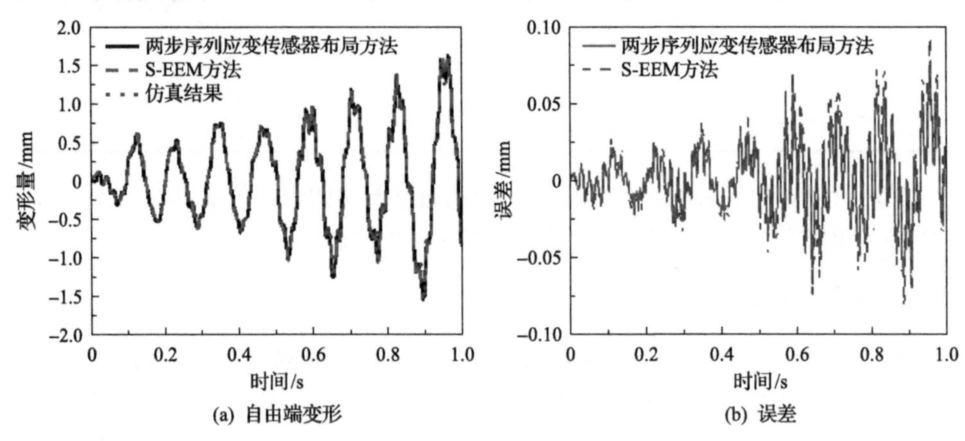

(a) 自由端变形　　(b) 误差

图 2.12　悬臂梁自由端变形和误差对比曲线(10 个传感器)

图 2.13 为悬臂梁相对 RMSE 平均值随传感器数目的变化曲线。可以看出，两种方法相对 RMSE 平均值在彼此上下小幅波动，说明两种方法重构精度基本相当。随着传感器数目的增加，两种方法的相对 RMSE 平均值逐渐降低最后趋于平缓，这也反映了后来所加传感器对重构精度的影响越来越小。此外，相对 RMSE 随噪声的增大而增大，且增大比例与噪声增大比例大致相同。

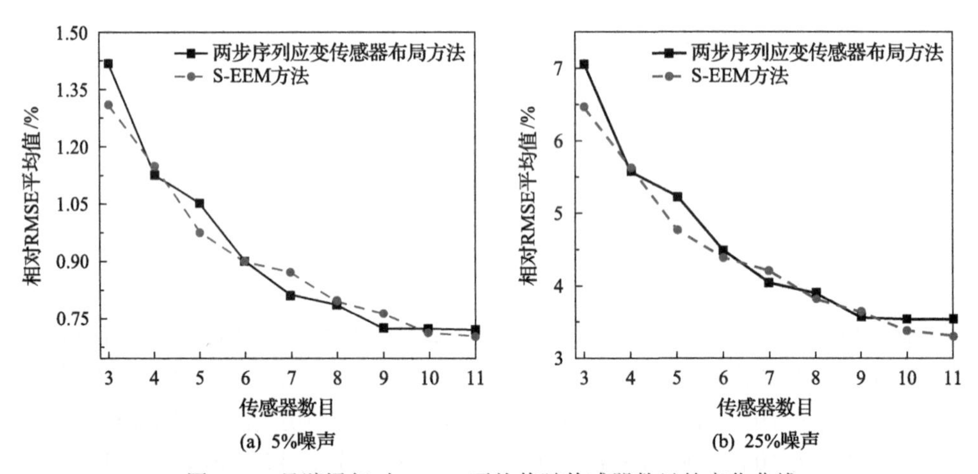

(a) 5%噪声　　(b) 25%噪声

图 2.13　悬臂梁相对 RMSE 平均值随传感器数目的变化曲线

图 2.14 为悬臂梁计算时间随传感器数目的变化曲线。可以看出，在与 S-EEM 方法重构精度相当的情况下，两步序列应变传感器布局方法所用时间少于 S-EEM 方法。此外，由于优化算法的不同，两步序列应变传感器布局方法传感器数目越少，所用时间越短，S-EEM 方法则刚好相反，然而最终传感器数目一般远小于候选点数目，因此两步序列应变传感器布局方法在计算效率方面更胜一筹。

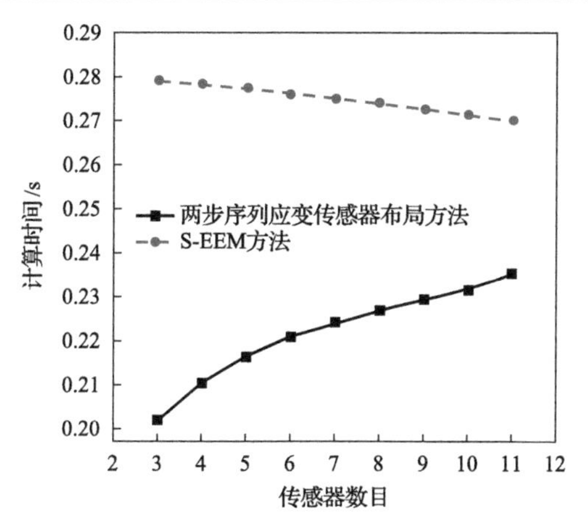

图 2.14　悬臂梁计算时间随传感器数目的变化曲线

3. 模态应变保证准则

图 2.15(a)为悬臂梁 SMAC 矩阵非对角元素最大值随传感器数目的变化曲线。可以看出，两步序列应变传感器布局方法除配置传感器数目为 5 的情况外，其他情况的 SMAC 矩阵非对角元素最大值随传感器数目的增加而下降，而 S-EEM 方法波动比较厉害，两步序列应变传感器布局方法更稳定。在传感器数目相同时，两步序列应变传感器布局方法所配置的传感器集合的 SMAC 矩阵非对角元素最大值均要低于 S-EEM 方法，因此两步序列应变传感器布局方法在应变模态正交性方面表现更优。

4. 条件数

图 2.15(b)为悬臂梁应变-位移转换矩阵条件数随传感器数目的变化曲线。可

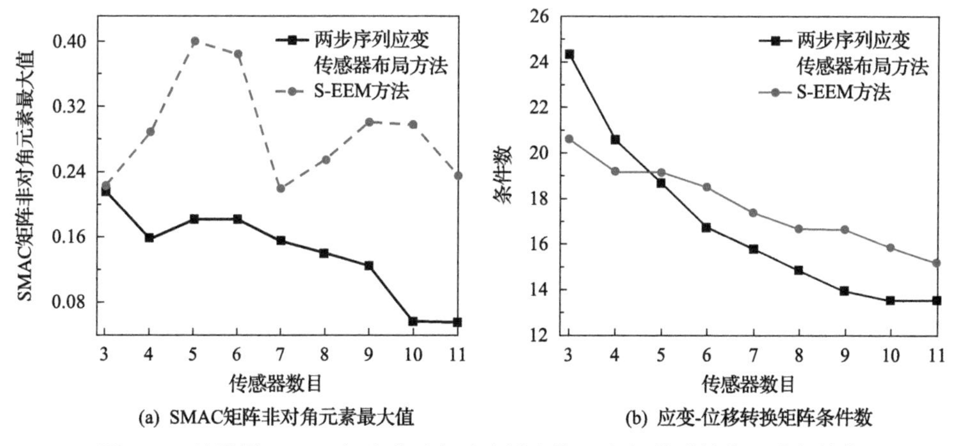

图 2.15　悬臂梁 SMAC 矩阵非对角元素最大值、应变-位移转换矩阵条件数随传感器数目的变化曲线

以看出，两种方法的条件数均随着传感器数目的增加而减小，但是两步序列应变传感器布局方法的减小速度明显比 S-EEM 方法快。随着传感器数目的增加，S-EEM 方法会出现传感器聚集的现象，导致获取的应变模态信息相关性较高，极易出现应变-位移转换矩阵的病态。当传感器数目大于 4 时，两步序列应变传感器布局方法传感器配置的条件数均要低于 S-EEM 方法，说明该方法应变-位移转换矩阵的性态更优。

2.4.2 试验平台的布局优化结果

为了进一步验证提出方法的适用性和可行性，下面以某相控阵天线试验平台面板为对象进行验证和分析。

该试验平台面板实物图如图 2.16 所示。天线面板厚度为 6mm，外形为对称的八边形，其几何尺寸如图 2.17 所示，其中五角星代表两个变形重构验证点。面板弹性模量为 70GPa，泊松比为 0.3，密度为 10044kg/m^3，调整机构 1、2、3 全约束，调整机构 7、8、9 施加 Z 方向的力。利用 ANSYS 有限元软件 shell163 单元

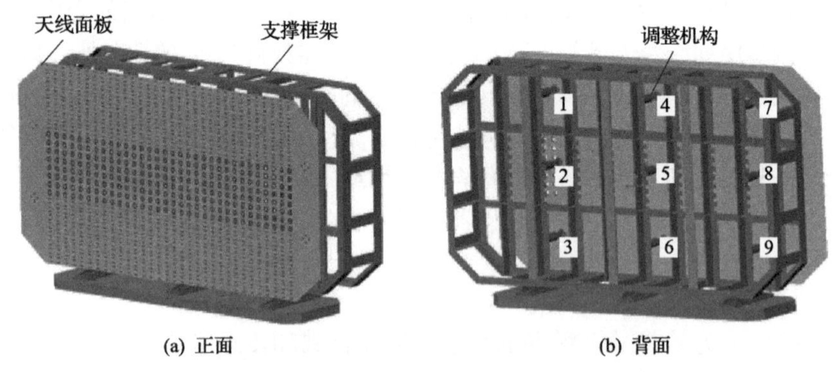

图 2.16　某相控阵天线试验平台面板实物图

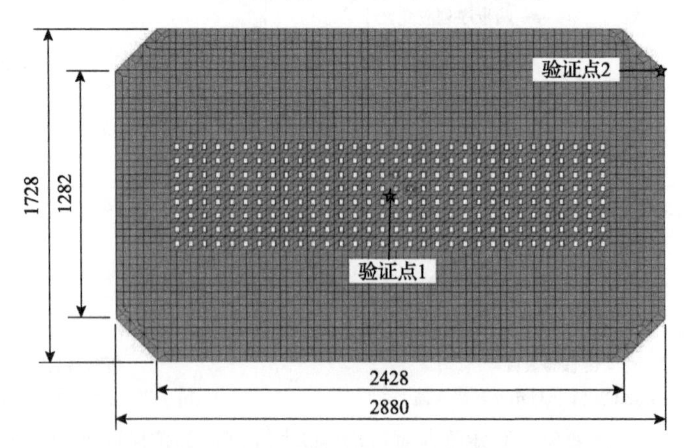

图 2.17　试验平台面板有限元模型及几何尺寸(单位：mm)

进行建模(见图 2.17)，除去面板边缘与喇叭单元安装孔处 1264 个不能安装传感器的节点位置，共剩余 3379 个候选节点。光纤栅区长度为 10～15mm，所划正方形网格中相近两节点的距离为 36mm，可以满足安装空间的需要。

图 2.18 为试验平台前 10 阶 Z 向累积模态贡献率。可以看出，前 7 阶累积模态贡献率已经达到 81%，故选取前 7 阶模态进行传感器优化布局，前 7 阶模态频率如表 2.3 所示。

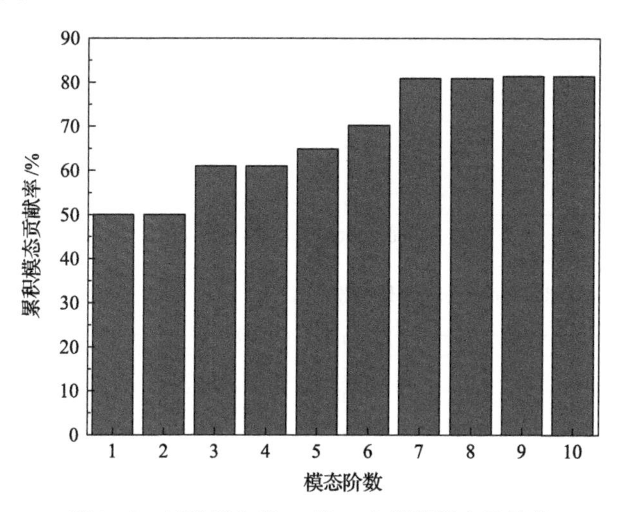

图 2.18　试验平台前 10 阶 Z 向累积模态贡献率

表 2.3　试验平台前 7 阶模态频率

模态阶数	频率/Hz
1	0.45
2	1.47
3	2.78
4	5.05
5	6.03
6	6.40
7	8.52

针对该相控阵雷达试验平台面板，分别通过上述四个评价准则对两步序列应变传感器布局方法与 S-EEM 方法进行对比、评价与分析。

1. 布点空间分布可观性

图 2.19 为两种方法在 15、25、35 个传感器时的优化布局方案。可以看出，S-EEM 方法布点近似对称地分布在面板悬臂端应变较大的位置处，上下边缘处出现传感器集中分布的现象，且随着传感器数目的增加，这种现象更严重，而两步

序列应变传感器布局方法传感器空间分布比较分散，面板悬臂端、中间及边缘处均有分布，信息冗余现象不明显。相对而言，布点空间分布可观性较为合理，避免了传感器布局位置集中导致的信息冗余现象。

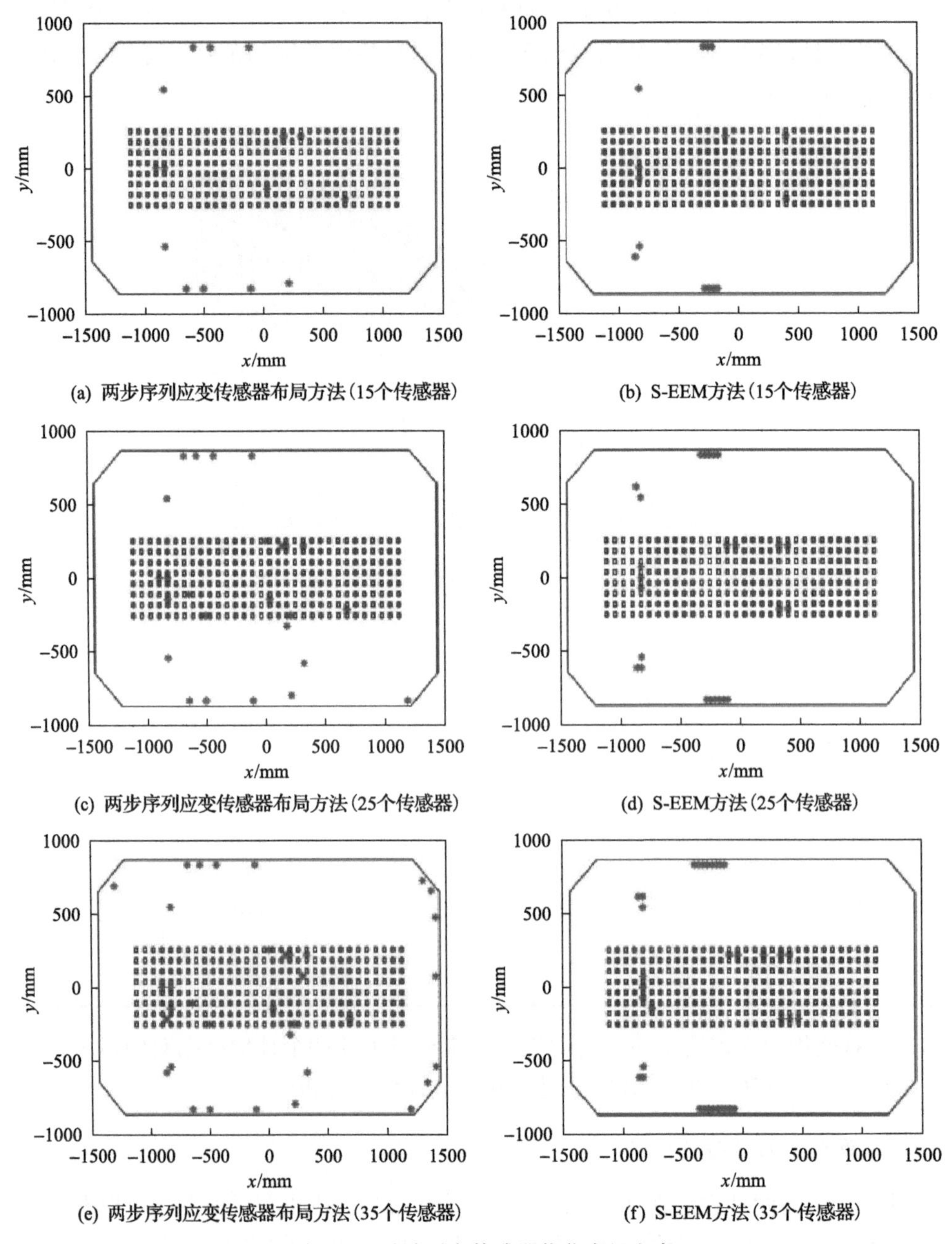

(a) 两步序列应变传感器布局方法(15个传感器)　(b) S-EEM方法(15个传感器)

(c) 两步序列应变传感器布局方法(25个传感器)　(d) S-EEM方法(25个传感器)

(e) 两步序列应变传感器布局方法(35个传感器)　(f) S-EEM方法(35个传感器)

图 2.19　试验平台传感器优化布局方案

2. 重构精度与效率

为了验证在系统测量噪声下的有效性，调整机构 7、8、9 对应节点施加如图 2.20(a)所示的随机载荷，图 2.20(b)为图 2.17 中验证点 1 和 2 采集的应变时间历程图，采集频率为 40Hz，然后进行实时变形重构。图 2.20(c)和(d)为在传感器数目为 35 的布局方案下，两种方法在验证点的重构变形和误差对比曲线。

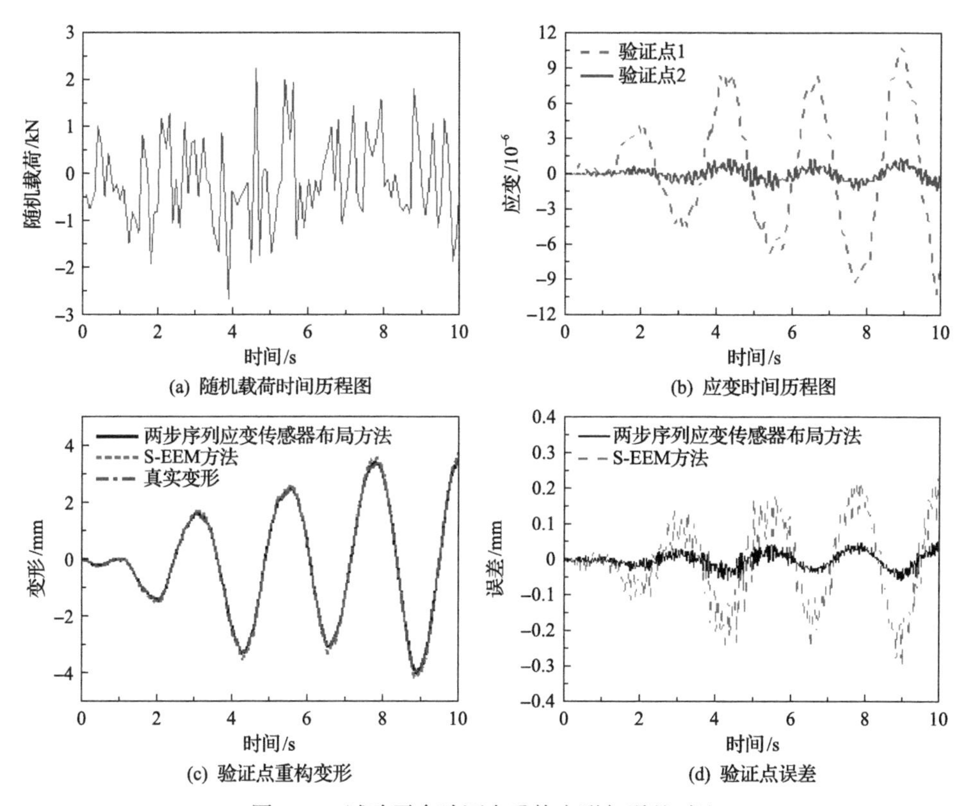

图 2.20　试验平台验证点重构变形与误差对比

从图 2.20 可以看出，对于两个验证点，两种方法的变形重构都能与真实变形结果吻合，而且两步序列方法的误差略低于 S-EEM 方法。

为了模拟真实情况，并且研究噪声大小和传感器数目对变形重构的影响，在 25%的噪声干扰下进行 100 次变形重构，再取重构变形的相对 RMSE 的统计平均值与 S-EEM 方法进行对比验证。图 2.21 为在 25%的噪声下相对 RMSE 平均值随传感器数目的变化曲线。可以看出，两种方法的相对 RMSE 平均值随传感器数目的增加逐渐降低，且在传感器数目大于一定值之后，相对 RMSE 平均值基本保持稳定，说明之后加入更多的传感器对重构精度的提高有限。图 2.22 为在 25%的噪声下计算时间随传感器数目的变化曲线。可以看出，两步序列应变传感器布局方法的计算效率高于 S-EEM 方法。因此，对于大型空间多自由度结构，两步序列应变传感器布局方法更高效。

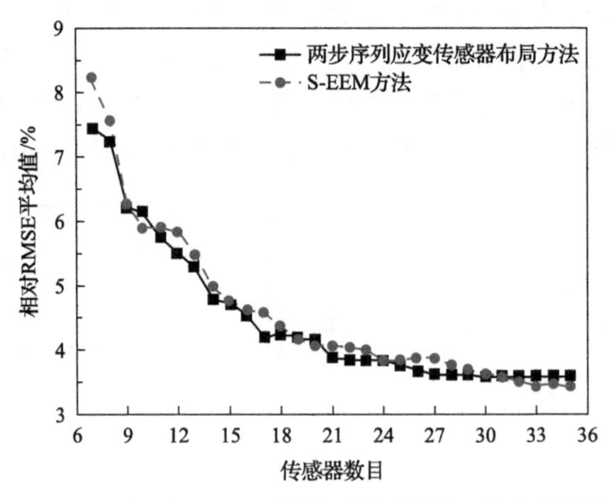

图 2.21　相对 RMSE 平均值随传感器数目的变化曲线

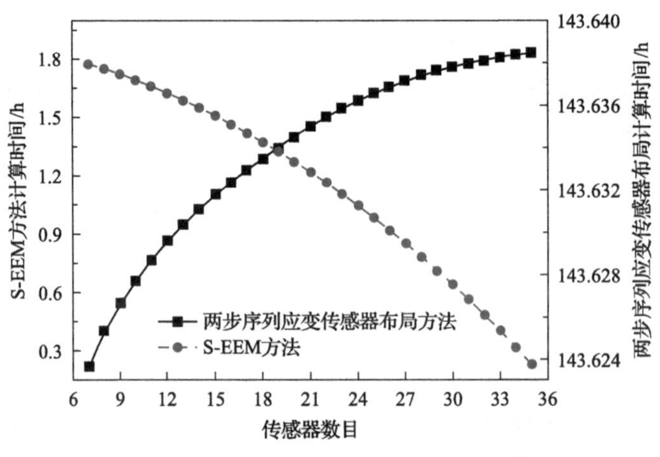

图 2.22　计算时间随传感器数目的变化曲线

3. 模态应变保证准则

如图 2.23(a)给出了研究对象传感器布局方案的 SMAC 矩阵非对角线元素最大值随传感器数目的变化曲线。可以看出，当传感器数目较少时，两种方法 SMAC 矩阵非对角元素最大值相差不大，当传感器数目达到 13 个时，S-EEM 方法出现了突然增加的现象，之后几乎趋于平稳，而两步序列应变传感器布局方法传感器布局的 SMAC 矩阵非对角元素最大值比较稳定，且在传感器数目较大时一直低于 S-EEM 方法。显然，在传感器数目较多的情况下，两步序列应变传感器布局方法更合理，能够保证较大的模态向量空间交角。

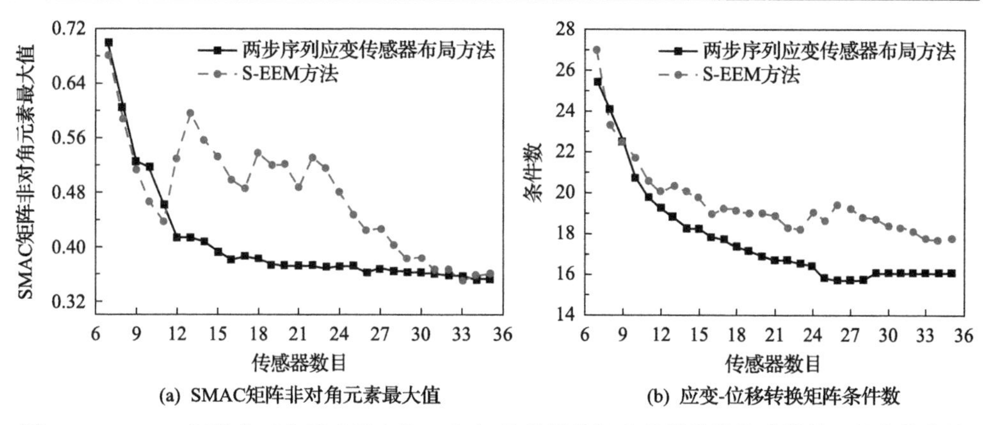

图 2.23　SMAC 矩阵非对角元素最大值、应变-位移转换矩阵条件数随传感器数目的变化曲线

4. 条件数

图 2.23(b)给出了应变-位移转换矩阵的条件数随传感器数目的变化曲线。可以看出，当传感器数目较少时，两种方法的应变-位移转换矩阵条件数相差不大，且随着传感器数目的增加均呈下降趋势，但是在传感器数目大于 9 时，两步序列应变传感器布局方法的应变-位移转换矩阵条件数明显低于 S-EEM 方法。虽然 S-EEM 方法整体呈下降趋势，但是在布置某些传感器数目时有波动现象。显然，在条件数方面，两步序列应变传感器布局方法布局方案更合理，并且优化效果也更稳定。

2.5　结构变形重构的测试结果

本节利用智能蒙皮天线和某相控阵天线试验平台来评估结构变形重构方法，为基于测量应变的变形感知在相控阵天线中的工程应用奠定基础。

2.5.1　智能蒙皮天线的测试结果

智能蒙皮天线是将集成天线阵列的射频功能件(由天线阵列、馈电网络和微波电路等组成)嵌入防护层结构中，并利用复合成型工艺制造的一种多功能天线[35,36]。蒙皮天线中的天线阵列、微波电路与载体结构高度融合和集成，它既可以作为承载功能的防护结构，也可以作为收发无线电磁波的微波天线。智能蒙皮天线是新一代无人机、预警机、隐身战舰、智能战车信息感知系统的核心[37]。

在实际应用中，智能蒙皮天线通常安装在飞机、军舰和装甲车辆的结构表面。在服役中，由于热载荷、机械振动和气动载荷等外部载荷的作用，蒙皮天线结构产生变形。结构的变形改变了天线单元位置，影响天线电磁性能。为了解决这个问题，本节提出一种嵌入光纤光栅应变传感器的智能蒙皮天线，该天线是一种兼具电磁收发、结构承载、结构状态感知和电性能自适应调控功能的新型天线结构，可以应用于新一代机载、星载、舰载和车载等武器平台的雷达和通信系统中[36]。

图 2.24(a)为智能蒙皮天线的结构组成示意图。该结构主要由蒙皮、蜂窝层、感知层、阵面骨架等组成，其中感知层中嵌入了光纤光栅应变传感器。利用复合材料制造工艺，把各组成部分黏接到一起形成智能蒙皮天线[38]。图 2.24(b)为本案例使用的智能蒙皮天线结构的有限元模型，其长度为 360mm，宽度为 200mm，厚度约为 4.6mm。天线结构中的天线层由阵面骨架和 32 个矩形微带天线单元组成，天线中心工作频率为 5.8GHz，天线单元介质基板的整体尺寸为 28mm×28mm×0.508mm，辐射贴片的面积为 5.19mm×5.19mm。表 2.4 为蒙皮天线样件各层的材料和厚度。

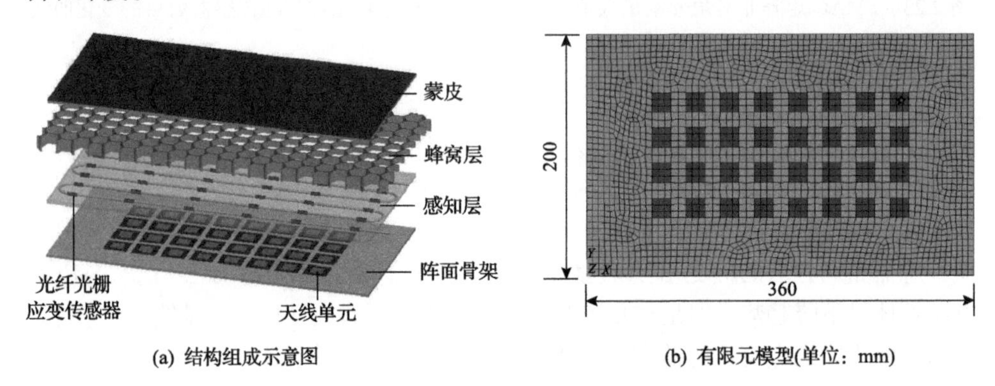

(a) 结构组成示意图　　(b) 有限元模型(单位：mm)

图 2.24　智能蒙皮天线的结构

表 2.4　蒙皮天线样件各层的材料和厚度

组成	材料	厚度/mm
蒙皮	玻璃布	0.3
蜂窝层	Nomex 蜂窝	2
感知层	聚酰亚胺薄膜	0.05
阵面骨架	光敏树脂	2
天线单元	RO4350B	0.508

利用 ANSYS 有限元软件建立智能蒙皮天线样件的有限元模型。选择 ANSYS 中的 shell181 单元来模拟智能蒙皮天线结构，在该单元中，设置单元第一层模拟蒙皮，第二层模拟蜂窝，由于感知层十分微薄，可以忽略其结构，第三层与第四层并列黏接，分别模拟阵面骨架和天线单元，各层材料属性根据表 2.4 的材料确定。然后，对有限元模型进行网格划分，删除无法安置传感器的天线单元区域和边缘区域的节点，共得到 2393 个单元和 2500 个节点。为了模拟悬臂板工况，对有限元模型的一端节点进行全约束，另一端施加随机载荷，并对有限元模型进行

模态分析，图 2.25 为该模型前 10 阶累积模态贡献率。可以看出，前 7 阶累积模态贡献率已达 95%。当累积模态贡献率大于 90%时，足以获得足够数量的主要模态[34]。因此，选择前 7 阶模态进行结构变形重构。

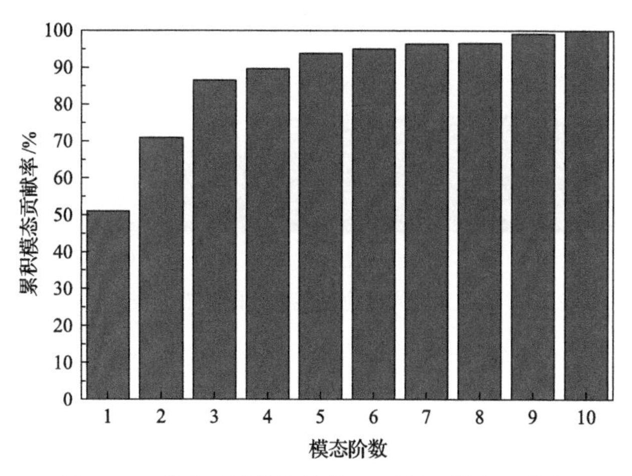

图 2.25　蒙皮天线样件的前 10 阶累积模态贡献率

利用本章提出的传感器布局方法，通过优化可以得到 15 个光纤光栅应变传感器在感知层中的布局位置，如图 2.26 所示。最后，利用复合材料制造技术，获得图 2.27 所示的嵌入光纤光栅应变传感器的智能蒙皮天线样件。利用该样件开展静态变形和动态变形下的结构变形重构试验。

1. 静态变形的重构结果

利用智能蒙皮天线样件搭建静态变形重构试验系统，如图 2.28 所示。该试验

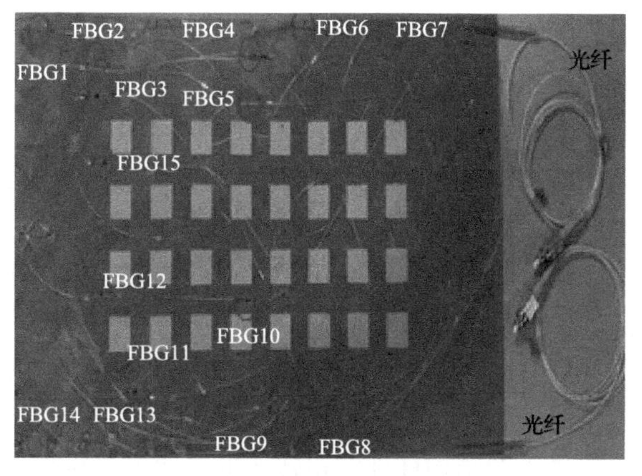

图 2.26　15 个光纤光栅应变传感器的布局位置

FBG. 光纤布拉格光栅

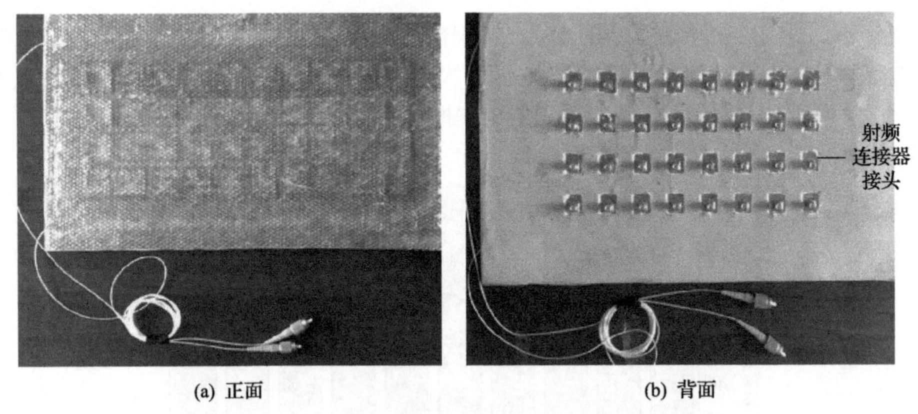

图 2.27　嵌入光纤光栅应变传感器的智能蒙皮天线样件

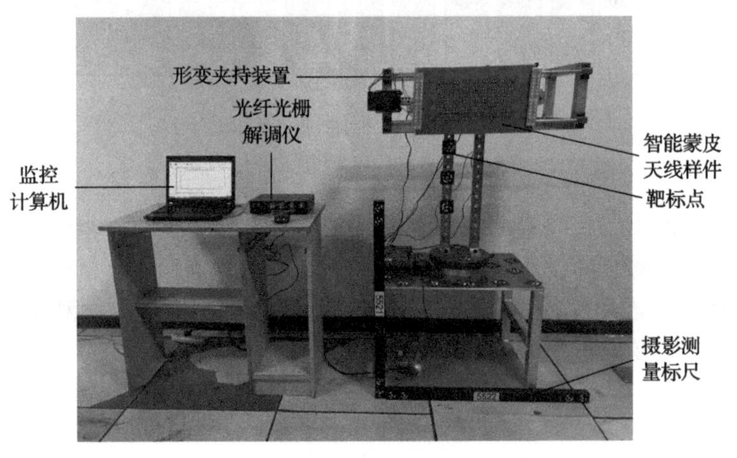

图 2.28　智能蒙皮天线静态变形重构试验系统

系统由变形夹持装置、智能蒙皮天线样件和测量仪器等组成。测量仪器主要包括光纤光栅解调仪和数字摄影测量系统。光纤光栅解调仪的功能是把测量的光信号转化为应变，它的两个通道以 1000Hz 的采样速率采集 15 个光纤光栅应变传感器的应变信息。然后把应变通过串口输入监控计算机，利用结构变形重构算法获得天线结构变形量。数字摄影测量系统由数码相机、摄影测量标尺和靶标点组成，主要负责监测天线结构的真实位移。对比靶标点处的重构位移和测量位移，可以评估变形重构方法的正确性。

智能蒙皮天线样件安装在变形夹持装置上，该装置主要由直线步进电机、扭转步进电机、升降夹板、光杠、顶板、扭转夹板和支撑架等组成，如图 2.29 所示。扭转步进电机可以提供天线结构样件的扭转变形，两个直线步进电机提供悬臂梁变形和拱变形形。利用扭转步进电机和直线步进电机的数字控制器，可以精确地产生蒙皮天线的变形量。利用三个电机组合可以模拟多种工况，图 2.30 为三种典型工况下的变形示意图。

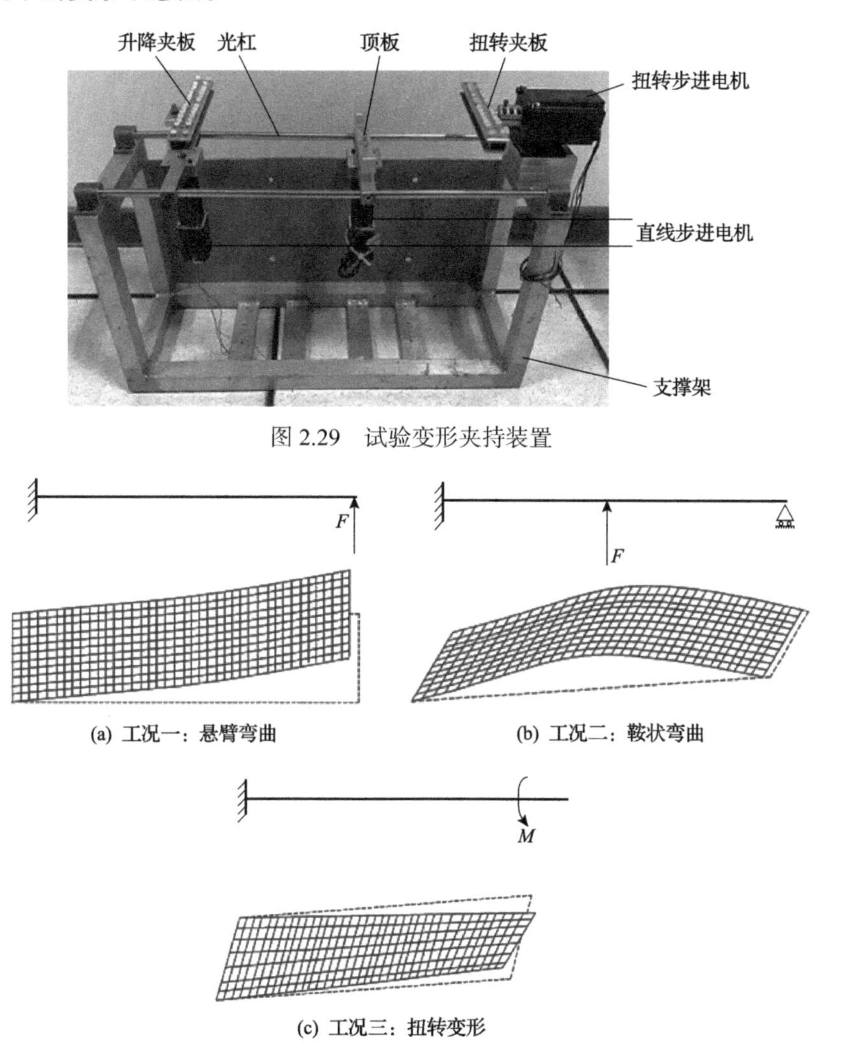

图 2.29　试验变形夹持装置

(a) 工况一：悬臂弯曲

(b) 工况二：鞍状弯曲

(c) 工况三：扭转变形

图 2.30　三种典型工况下的变形示意图

利用天线结构中嵌入的光纤光栅应变传感器测量的应变信息分别进行三种工况下的变形重构。在摄影靶标点处，天线结构的重构位移和实测位移对比如图 2.31～图 2.33 所示。根据重构和实测的 32 个靶标点处的位移，计算出重构的均方根误差、最大重构误差和相对误差。表 2.5 为三种静态变形下的重构精度，其中相对误差是整体重构误差与整体变形量的比值，它不受激励大小的影响，直接反映重构精度的高低，其计算表达式为

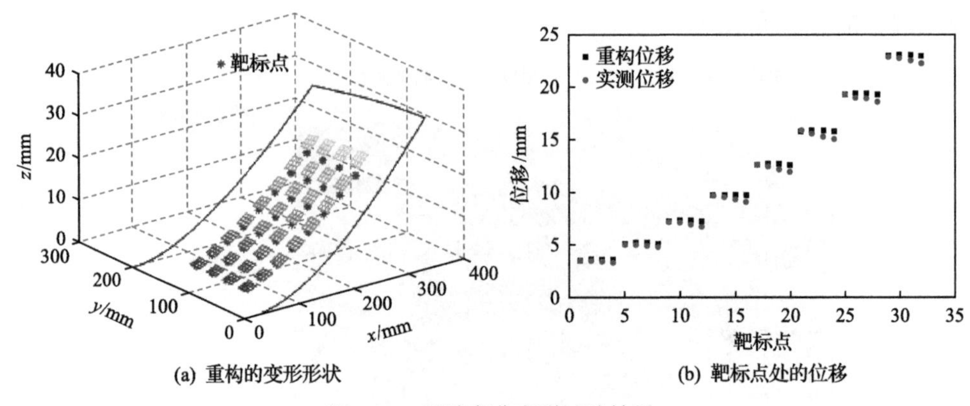

(a) 重构的变形形状　　(b) 靶标点处的位移

图 2.31　悬臂弯曲变形试验结果

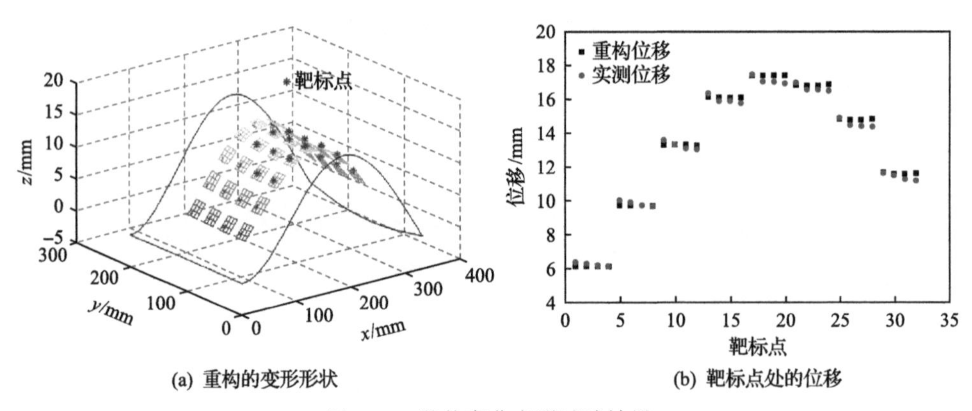

(a) 重构的变形形状　　(b) 靶标点处的位移

图 2.32　鞍状弯曲变形试验结果

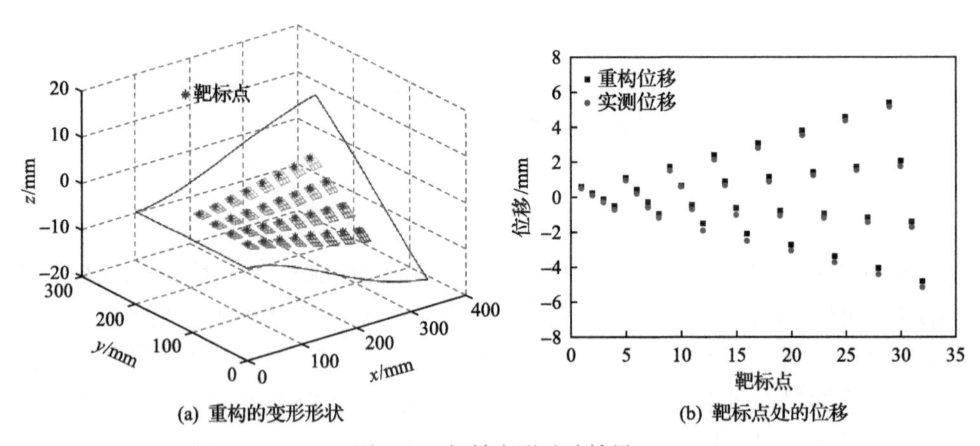

(a) 重构的变形形状　　(b) 靶标点处的位移

图 2.33　扭转变形试验结果

表 2.5　静态变形下的重构精度

工况	均方根误差/mm	最大重构误差/mm	相对误差/%
悬臂弯曲	0.3854	0.7778	1.68
鞍状弯曲	0.2527	0.4493	1.45
扭转变形	0.2706	0.4115	0.92

$$P = \frac{\|\boldsymbol{q} - \hat{\boldsymbol{q}}\|}{\|\boldsymbol{q}\|} \times 100\% \tag{2.25}$$

式中，$\boldsymbol{q}$ 和 $\hat{\boldsymbol{q}}$ 分别表示实测位移和重构位移；$\|\cdot\|$ 表示范数，通常使用 2 范数。

试验结果表明，重构后的形状与实测结果吻合较好，在 32 个靶标点处的重构位移与实测位移接近，均方根误差小于 0.39mm，最大重构误差小于 0.8mm。在该研究中，中心工作频率 5.8GHz 的智能蒙皮天线采用 6 位数字移相器，其量化误差为 0.8088mm。如果重构误差低于 0.8088mm 的阈值，移相器就不会产生相位变化，无法实现对变形天线辐射方向图的自适应补偿。因此，该天线能允许的天线单元最大重构误差为 0.8088mm。从表 2.5 可以看出，静态变形下的重构精度能够满足天线辐射方向图自适应补偿的要求。

2. 动态变形的重构结果

图 2.34 为智能蒙皮天线动态变形重构试验系统，该系统由变形夹持装置、变形监测装置和动态追踪测量仪器等组成。其中，变形夹持装置如图 2.29 所示。变

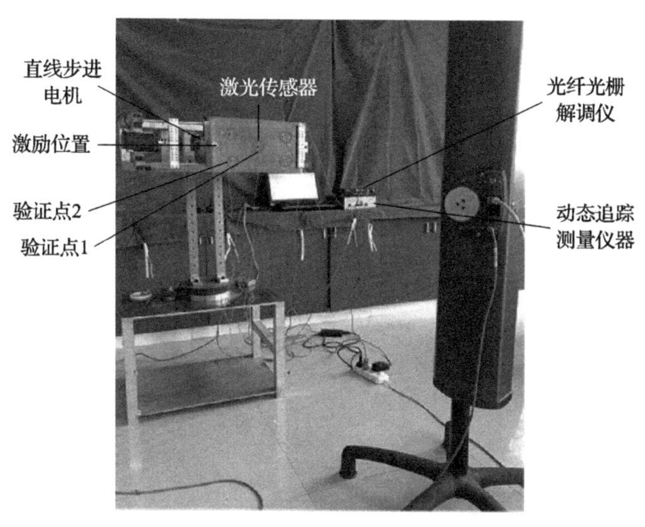

图 2.34　智能蒙皮天线动态变形重构试验系统

形监测装置由光纤光栅解调仪和后台重构程序组成。利用光纤光栅解调仪采集 15 个光纤光栅应变传感器的应变响应，并实时重构天线阵面结构的位移。动态追踪测量仪器用以验证重构位移的精度。由于动态追踪测量仪器中传感器的安装个数限制，每次仅可对少量传感器加装处的位移进行监测，因此本节在天线阵面结构中选取两个验证点，其位置如图 2.34 所示。利用动态追踪测量仪器实时追踪两个验证点的动态位移，并与重构算法估计的两个验证点处位移对比，进而实现变形重构准确性的验证。

图 2.34 中的激励位置是用于输入外部激励的，用以产生天线结构动态变形。为了便于控制天线结构变形量，试验采用正弦位移激励，如图 2.35 所示。电机启动后，天线阵面结构呈前后摆动状态，此时启动光纤光栅解调仪和后台重构程序采集应变信息并实时重构天线面板所有节点的位移信息，同时开启动态追踪测量仪器，采集验证点位置的实时位移信息。图 2.36 为光纤光栅解调仪两个通道对应

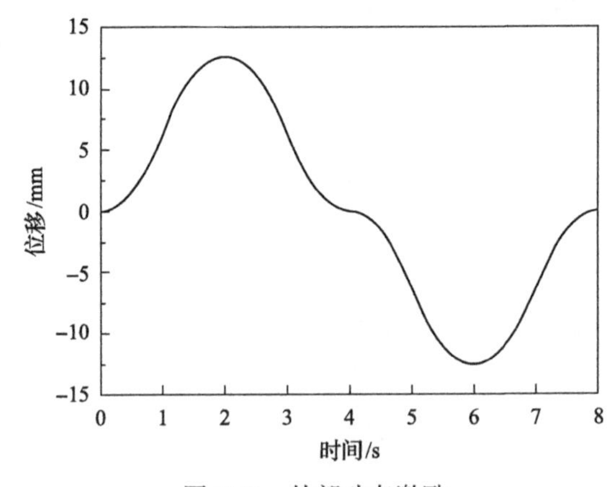

图 2.35 外部动态激励

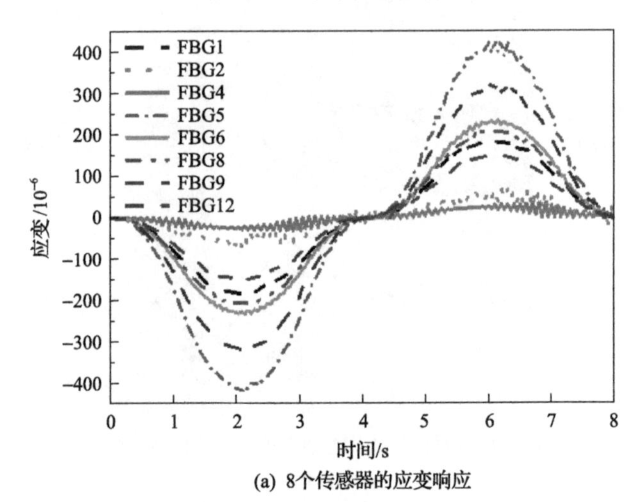

(a) 8个传感器的应变响应

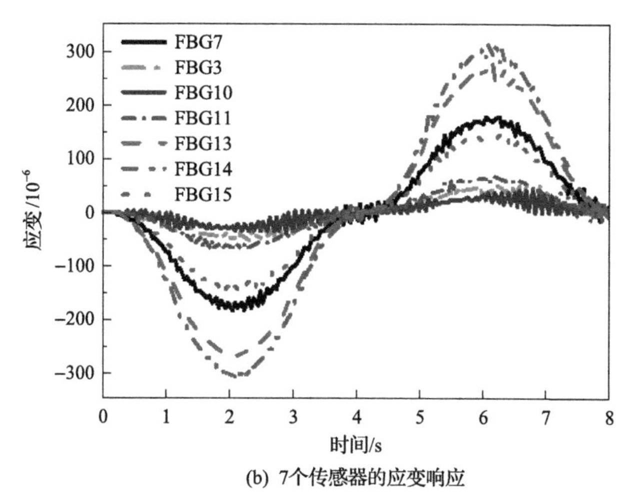

(b) 7个传感器的应变响应

图 2.36　光纤光栅应变传感器的应变响应时间历程曲线

的光纤光栅应变传感器的应变响应时间历程曲线，传感器编号如图 2.26 所示。

动态追踪测量仪器的精确度较高，因此可以认为它采集到的位移信息为对应位置处的真实位移。图 2.37 给出了验证点 1 和 2 的重构位移、真实位移和重构误差随时间的变化曲线。由图可知，验证点 1 的重构误差曲线更平缓，范围也更小。为了更清晰地描述重构精度，表 2.6 给出了动态变形下的重构精度。由于嵌入光纤光栅应变传感器的蒙皮天线允许的辐射方向图补偿阈值为 0.8088mm，从表 2.6 可以看出，验证点 2 的最大重构误差为 0.6087mm，低于补偿阈值。试验结果表明，动态变形下的天线阵面结构变形重构精度也可以满足天线电补偿要求。

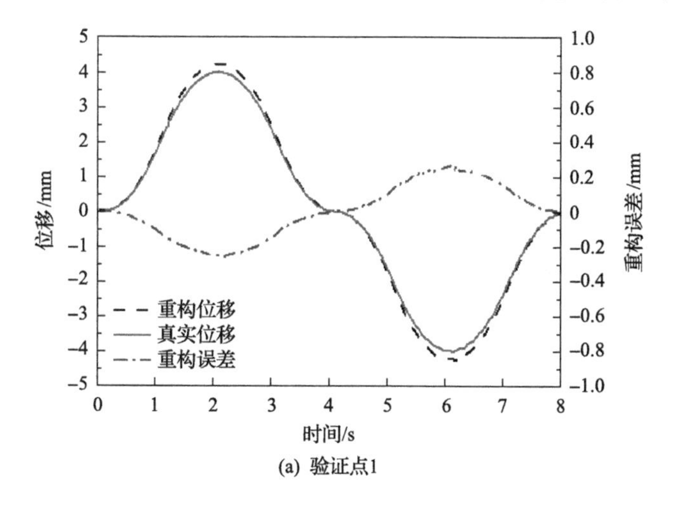

(a) 验证点1

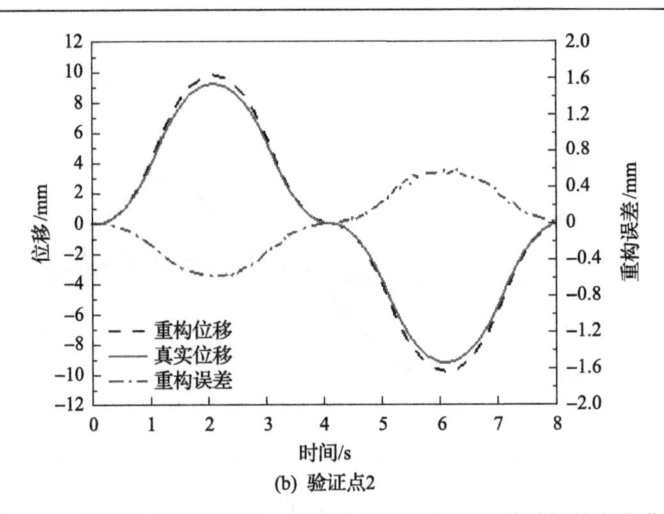

(b) 验证点2

图 2.37　验证点的重构位移、真实位移和重构误差随时间的变化曲线

表 2.6　动态变形下的重构精度

验证点	均方根误差/mm	最大重构误差/mm	相对误差/%
验证点 1	0.1546	0.2659	6.28
验证点 2	0.3543	0.6087	6.2

2.5.2　相控阵天线试验平台的测试结果

下面以 2.4.2 节所述的相控阵天线试验平台为例，进一步评估位移场重构方法的有效性。

该平台主体结构由天线面板、控制面板形状的 9 个调整机构和平台的支撑框架组成，如图 2.38 所示。天线面板安装在 9 个调整机构上，通过控制 9 个调整机构，天线面板产生不同的结构变形。图 2.39 为利用该试验平台搭建的天线阵面变形试验测试系统。

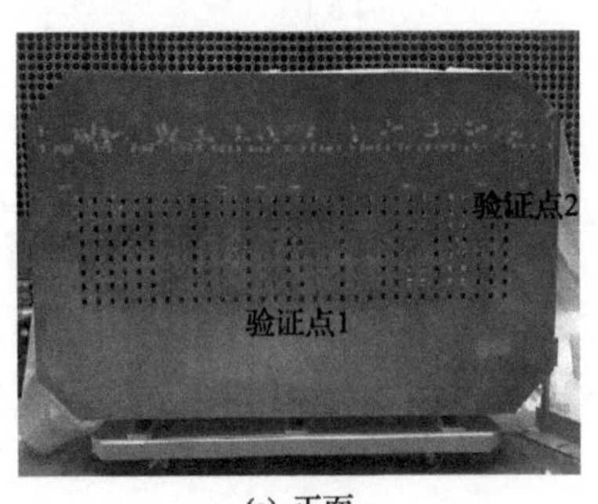

(a) 正面

(b) 背面

图 2.38　天线阵面变形试验平台

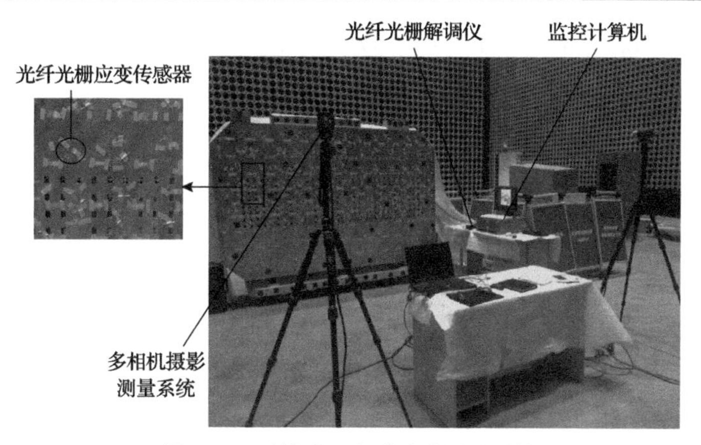

图 2.39　天线阵面变形试验测试系统

为了评估重构位移的准确性，试验使用了多相机摄影测量系统，直接测量面板表面粘贴靶标处的位移。图 2.40 为光纤光栅应变传感器在天线面板上的布局位置。在每个位置，以正交方式布置 2 个光纤光栅应变传感器，因此该天线面板总共布置了 70 个光纤光栅应变传感器。

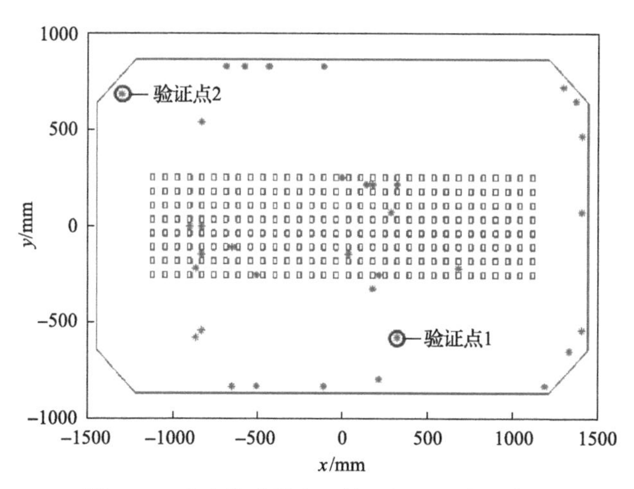

图 2.40　应变传感器在天线面板上的布局位置

1. 天线阵面变形的重构结果

在图 2.39 所示的天线阵面变形试验平台中，调整机构 1、2 和 3 固定不动，调整机构 4、5 和 6 没有安装在阵面中，通过控制电机，调整机构 7、8 和 9 产生外部位移载荷，从而使天线面板产生弯曲变形。图 2.41 为调整机构 7、8 和 9 产生的外部位移载荷。在该载荷作用下，利用光纤光栅应变传感器测量的应变信息重构天线阵面结构位移场，然后与多相机摄影测量系统测量的真实位移进行对比。图 2.42 为动态变形情况下，两个验证点的重构位移、真实位移和重构误差。

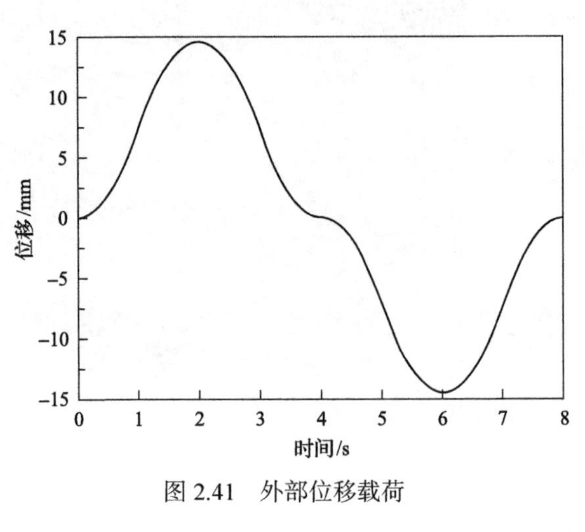

图 2.41　外部位移载荷

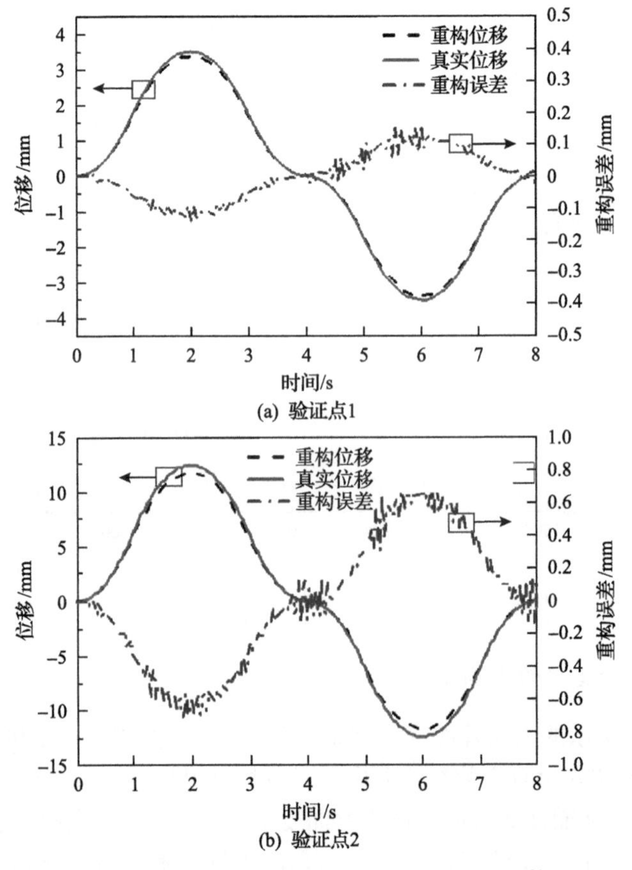

图 2.42　两个验证点的重构位移、真实位移和重构误差

两个验证点的位置如图 2.38(a)所示。从图 2.42 可以看出，重构位移与真实位移基本一致。验证点 2 比验证点 1 的重构误差大，原因是随着天线面板变形量的增加，重构误差也会变大。

图 2.43 为几个典型时刻天线阵面重构位移场。可以看出，在靶标点处，重构位移与真实位移几乎位于同一表面，这表明二者的误差非常小。表 2.7 给出了两个验证点处所有时刻重构位移与真实位移的重构误差统计值。

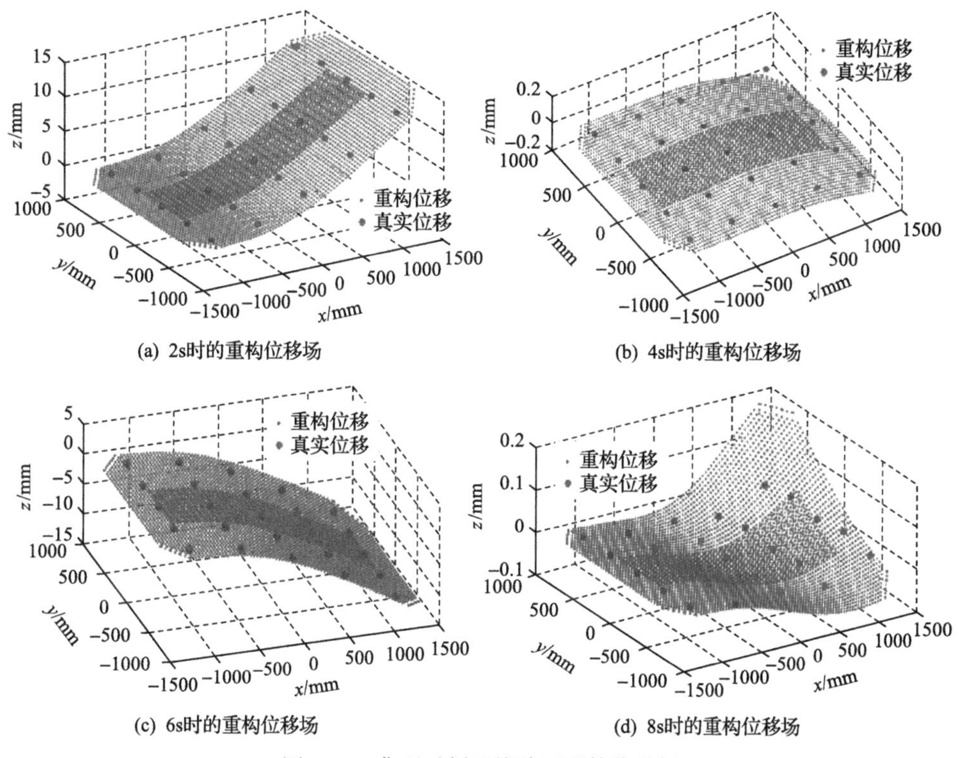

图 2.43　典型时刻天线阵面重构位移场

表 2.7　天线阵面的重构精度

位置	均方根误差/mm	最大重构误差/mm	相对误差/%
验证点 1	0.0741	0.1587	3.43
验证点 2	0.3977	0.7240	5.22

2. 天线阵面变形的重构误差分析

根据上述两个天线阵面的测试结果，可知天线阵面变形重构误差的原因如下：

(1)有限元模型建模误差。基于模态法的结构变形重构方法简单，而且便于工程实时计算。但正如方程(2.9)所表明的，该方法的准确性依赖于转换矩阵和测量应变。然而，在实际应用中建立准确的有限元模型是比较困难的，模型不准确会影响转换矩阵，进而影响变形重构精度。在实际工程中，建议通过有限元模型修正来降低结构变形重构误差。

(2)应变测量误差。试验中光纤光栅应变传感器与天线阵面粘贴得不牢固会影响测量的应变数据的准确性。除此之外，应变传感器的布局位置也影响应变测量的准确性。因此，在实际使用光纤光栅应变传感器时，首先使用其他测量仪器校准光纤光栅应变传感器测量的应变值的准确性，并通过最优传感器布局方法来实现少量应变传感器下的天线阵面变形重构精度。

2.6 本章小结

本章介绍了相控阵天线阵面结构变形感知方法，研究了不完备测量信息下的变形重构和传感器布局问题和基于模态法的阵面变形重构技术，在此基础上，考虑测试误差对重构精度的影响及传感器信息的冗余度问题，提出了一种面向变形重构的两步序列应变传感器布局方法。通过智能蒙皮天线和相控阵天线试验平台的变形重构试验，验证上述变形感知方法。本章内容是后续章节机械补偿和电补偿内容的基础。

参考文献

[1] 金林, 刘小飞, 李斌, 等. 微波新技术在现代相控阵雷达中的应用与发展. 微波学报, 2013, 29(5-6): 8-16.

[2] 唐宝富, 顾叶青, 王超. 智能结构在相控阵天线阵面中的应用研究. 现代雷达, 2014, 36(11): 8-10.

[3] 封思远, 保宏, 张旭东. 基于模糊网络的机翼天线变形测量方法. 现代雷达, 2015, 37(11): 59-63.

[4] 周金柱, 宋立伟, 杜雷刚, 等. 动载荷对结构功能一体化天线力电性能的影响. 机械工程学报, 2016, 52(9): 105-115.

[5] 陈竹梅, 平丽浩, 徐东海, 等. 机载大尺寸天线平面度控制与测试研究. 现代雷达, 2010, 32(4): 83-87.

[6] 宋南海, 梅启元, 向熠. 大型相控阵雷达阵面平面度测量方法研究. 电子机械工程, 2015, 31(3): 38-41.

[7] 汪赞, 孔德庆, 陈志平. 大型射电望远镜面形精度测量方法研究综述. 天文研究与技术, 2020, 17(1): 52-59.

[8] 郭蒙, 何汉辉, 肖定邦. 基于应变测量方法的卫星天线阵列变形检测. 航天器环境工程, 2012, 29(6): 663-666.

[9] 王长武, 平丽浩. 雷达天线实时变形测试系统. 现代雷达, 2006, 28(12): 90-103.

[10] Rapp S, Kang L H, Han J H, et al. Displacement field estimation for a two-dimensional structure using fiber Bragg grating sensors. Smart Material and Structures, 2009, 18(2): 025006.

[11] 李海洋, 周金柱, 唐宝富, 等. 面向智能蒙皮天线电补偿的位移场重构. 电子机械工程, 2017, 33(1): 19-24.

[12] Kammer D C. Effect of model error on sensor placement for on-orbit modal identification of large space structures. Journal of Guidance Control and Dynamics, 1992, 15(2): 334-341.

[13] Schedlinski C, Link M. An approach to optimal pick-up and exciter placement//Proceedings of SPIE International Society for Optical Engineering, New York, 1996: 376-382.

[14] Chang M, Pakzad S N. Optimal sensor placement for modal identification of bridge systems considering number of sensing nodes. Journal of Bridge Engineering, 2014, 19(6): 1-12.

[15] Mahdavi S H, Razak H A. Optimal sensor placement for time-domain identification using a wavelet-based genetic algorithm. Smart Materials and Structures, 2016, 25: 1-13.

[16] Rama M R A, Anandakumar G. Optimal placement of sensors for structural system identification and health monitoring using a hybrid swarm intelligence technique. Smart Materials and Structures, 2007, 16: 2658-2672.

[17] Shuo F, Jing Q J. 3D sensor placement strategy using the full-range pheromone ant colony system. Smart Materials and Structures, 2016, 25: 1-14.

[18] Yi T H, Li H N, Zhang X D. Sensor placement on Canton Tower for health monitoring using asynchronous-climb monkey algorithm. Smart Materials and Structures, 2012, 21: 1-12.

[19] Vincenzi L, Simonini L. Influence of model errors in optimal sensor placement. Journal of Sound and Vibration, 2017, 389: 119-133.

[20] Papadimitriou C. Optimal sensor placement methodology for parametric identification of structural systems. Journal of Sound and Vibration, 2004, 278(4): 923-947.

[21] Lam H F, Zhang F L, Ni Y C, et al. Operational modal identification of a boat-shaped building by a Bayesian approach. Engineering Structures, 2017, 138: 381-393.

[22] Yi T H, Huang H B, Li H N. Development of sensor validation methodologies for structural health monitoring: a comprehensive review. Measurement, 2017, 109: 200-214.

[23] Zhang X H, Zhu S, Xu Y L, et al. Integrated optimal placement of displacement transducers and strain gauges for better estimation of structural response. International Journal of Structural Stability and Dynamics, 2011, 11(3): 48-51.

[24] Chen W, Zhao W G, Zhu H P, et al. Optimal sensor placement for structural response estimation. Journal of Central South University, 2014, 21(10): 3993-4001.

[25] Wang J, Law S S, Yang Q S. Sensor placement method for dynamic response reconstruction. Journal of Sound and Vibration, 2014, 333(9): 2469-2482.

[26] Friswell M I, Castrotriguero R. Clustering of sensor locations using the effective independence method. AIAA Journal, 2015, 53(5): 1-3.

[27] 蔡智恒, 周金柱, 唐宝富, 等. 面向结构变形重构的应变传感器优化布局. 振动与冲击, 2019, 38(14): 83-88.

[28] Lian J, He L, Ma B, et al. Optimal sensor placement for large structures using the nearest neighbour index and a hybrid swarm intelligence algorithm. Smart Materials and Structures, 2013, 22(9): 095015.

[29] Stephan C. Sensor placement for modal identification. Mechanical Systems and Signal Processing, 2012, 27(1): 461-470.

[30] 李东升, 张莹, 任亮, 等. 结构健康监测中的传感器布置方法及评价准则. 力学进展, 2011, 41(1): 39-50.

[31] Zhang X, Li J L, Xing J C, et al. Optimal sensor placement for latticed shell structure based on an improved particle swarm optimization algorithm. Mathematical Problems in Engineering, 2014, (2): 1214-1225.

[32] Diao H A, Wei Y, Qiao S. Structured condition numbers of structured Tikhonov regularization problem and their estimations. Journal of Computational and Applied Mathematics, 2016, 308: 276-300.

[33] Zhang X H, Xu Y L, Zhu S, et al. Dual-type sensor placement for multi-scale response reconstruction. Mechatronics, 2014, 24(4): 376-384.

[34] Zhou J, Cai Z, Zhao P, et al. Efficient sensor placement optimization for shape deformation sensing of antenna structures with fiber Bragg grating strain sensors. Sensors, 2018, 18: 1-21.

[35] Zhou J, Huang J, Tang B, et al. Development and coupling analysis of active skin antenna. Smart Materials and Structures, 2017, 26: 1-17.

[36] Zhou J, Cai Z, Kang L, et al. Deformation sensing and electrical compensation of smart skin antenna structure with optimal fiber Bragg grating strain sensor placements. Composite Structures, 2019, 211: 416-432.

[37] 何庆强, 姚明, 任志刚, 等. 结构功能一体化相控阵天线高密度集成设计方法. 电子元件与材料, 2015, 34(5): 61-65.

[38] Zhou J, Li H, Kang L, et al. Design, fabrication and testing of active skin antenna with 3D printing array framework. International Journal of Antennas and Propagation, 2017, (4): 1-15.

第 3 章　天线变形的机械补偿

天线变形的机械补偿方法是在天线阵面结构中加入主动调节装置，根据传感器测量的天线结构变形，控制调整结构的反变形量，可将由外部载荷引起的结构变形降至最低。机械补偿方法主要用来解决两类天线变形问题：一类是天线结构在长期服役过程中因结构材料老化、蠕变等积累引起的慢变形；另一类是针对天线结构在载荷作用下的大变形，如星载、机载天线在振动载荷下的振动大变形，该变形通常超过了天线阵面所在波长的几倍。通过机械补偿，可主动降低以上天线变形对天线电性能的影响。

近些年，国内外通过安装自动调整机构来实现超大口径天线阵面保型已经成为天线变形控制的重要手段。如图 3.1 所示，500m 口径球面射电望远镜反射面由 1788 个球面单元拼合而成，每个单元由三个促动器支撑和驱动，在计算机的控制下，能在观测方向形成瞬时 300m 口径的旋转抛物面，在地面上改正了球差，实现望远镜的全偏振及宽频观测[1]。

(a) 500m口径球面射电望远镜俯瞰图

(b) 球面单元现场照片

(c) 促动器照片

图 3.1　500m 口径球面射电望远镜

因此，设计具有天线变形智能调整能力的相控阵雷达天线阵面结构，补偿变形带来的电磁性能恶化，是解决服役过程中天线阵面精度控制问题的可行方法和关键技术。

3.1　机械补偿原理

随着科学技术的发展，大型相控阵雷达日益广泛地应用于陆海空天等领域中，而相控阵雷达天线变形对天线性能的影响越来越大。通过 Ruze 公式，由可容忍的增益误差简单计算出可接受的天线变形均方根误差[2]。但是，随着增益要求的增高，可接受的均方根误差越来越难以实现，而且多波束等天线类型得到应用，这类天线不仅增益高，而且要满足交叉极化、副瓣和整体辐射特性的要求[3]。即使满足了均方根误差要求，由于结构设计和安装的原因，工程中天线的性能也难以保证，这就需要从机电耦合的角度分析天线变形对电性能的影响，从而进行机械补偿。

天线阵面机械补偿原理如图 3.2 所示。天线阵面机械补偿是一个闭环的过程，首先通过阵面变形测量系统得到天线阵面的实际精度，将天线阵面实际位姿与设计期望位姿相比较，通过精细调整和协调控制算法，可以得到不同调整机构作动器的调整控制量，然后经基于控制算法的控制器产生驱动信号，控制作动器调整补偿阵面变形，测量系统重新对阵面位姿进行测量，满足指标要求时，可不再进行调整，否则继续进行补偿调整，直到阵面精度满足要求。

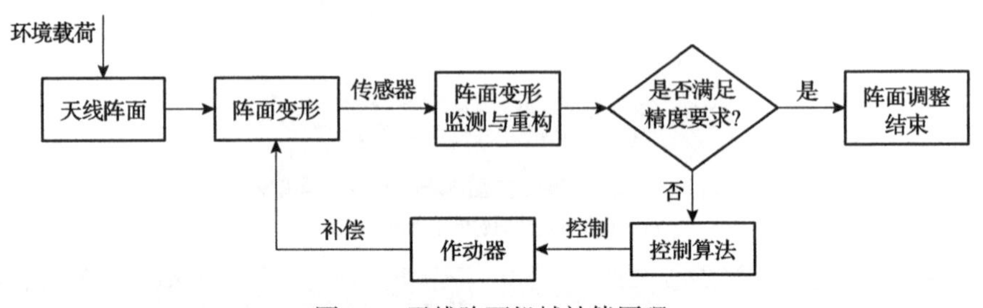

图 3.2　天线阵面机械补偿原理

将天线变形的机械补偿方法以数学问题进行简化描述[4]，天线阵面简化假设为一个平面，通过有限元分析可进行如图 3.3 所示的网格划分，假设作动器布置在阵面有限元模型的第 j 节点处，可得到作动器在第 j 节点处施加某一作用力时第 i 节点的位移，即

$$\mu_i = \mu_i^0 - \sum_{j=1}^{n} \alpha_{ij} f_j \tag{3.1}$$

式中，$\mu_i^0 = \mu_i' - \delta\mu_i$，$\mu_i'$、$\delta\mu_i$ 分别表示第 i 节点期望位移和初始位移；α_{ij} 为在第 j 节点处施加单位作用力时第 i 节点的位移；f_j 为第 j 节点处施加的作用力；n 为作动器总数。

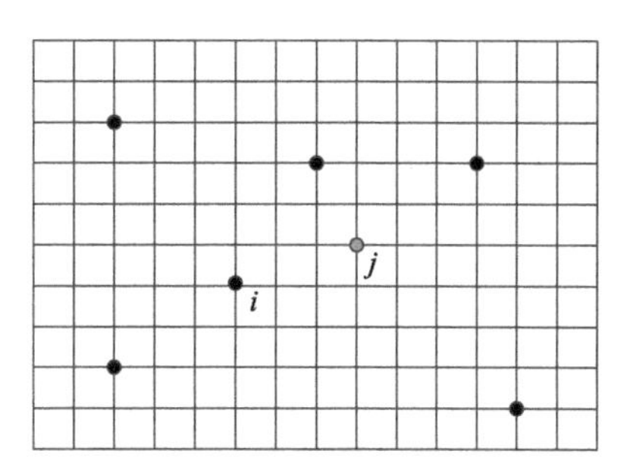

图 3.3　节点间位移关系示意图

用天线阵面有限元模型上所有节点位移的均方根来表示该阵面变形误差的大小，即

$$\Delta\delta = \left(\frac{1}{m}\sum_{i=1}^{m}\mu_i^2\right)^{\frac{1}{2}} = \left\{\frac{1}{m}\left[\sum_{i=1}^{m}\left(\mu_i^0 - \sum_{j=1}^{n}\alpha_{ij}f_j\right)\right]^2\right\}^{\frac{1}{2}} \tag{3.2}$$

式中，m 为节点总数。

令 $w=\Delta\delta^2$，当 w 取最小值时，存在

$$\frac{\partial w}{\partial f_k} = 0, \quad k = 1,2,\cdots,n \tag{3.3}$$

由式(3.1)～式(3.3)可得

$$\boldsymbol{F} = (\boldsymbol{AC})^{-1}(\boldsymbol{AB}) \tag{3.4}$$

式中，

$$\boldsymbol{A} = \boldsymbol{C}^{\mathrm{T}} = \begin{bmatrix} \alpha_{11} & \alpha_{12}\cdots & \alpha_{1m} \\ \alpha_{21} & \alpha_{22}\cdots & \alpha_{2m} \\ \vdots & \vdots & \vdots \\ \alpha_{n1} & \alpha_{n2}\cdots & \alpha_{nm} \end{bmatrix}$$

$$\boldsymbol{B} = \begin{bmatrix} \mu_1^0 & \mu_2^0 & \cdots & \mu_m^0 \end{bmatrix}^{\mathrm{T}}$$

$$\boldsymbol{F} = \begin{bmatrix} f_1 & f_2 & \cdots & f_n \end{bmatrix}^{\mathrm{T}}$$

当天线阵面作动器位置已知时，可通过式(3.4)给出保证阵面变形误差最小时

的任一作动器的输出力大小。作动器与阵面的连接关系如图 3.4 所示。

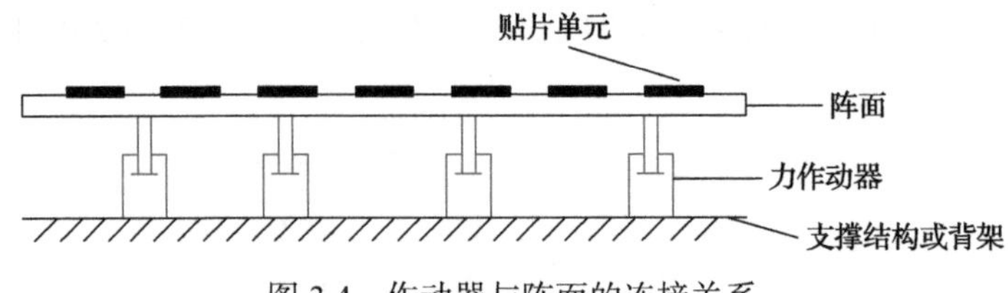

图 3.4　作动器与阵面的连接关系

相控阵天线阵面结构补偿的关键技术包括变形测量技术、机械补偿作动器技术、精细调整和控制技术。

3.2　机械补偿作动器

将机械补偿作动器应用到天线系统中已受到广泛关注。利用智能结构控制阵面形状关键在于确定有限量作动器的布局和作动器调整量。在阵面形状控制中，作动器的位置至关重要，恰当的作动器布置不仅可以实现阵面形状可控，而且所消耗的能量也较少。

天线阵面应用作动器技术对结构变形进行补偿，在天线阵面设计阶段，天线阵面与作动器需进行一体化设计，可以在保证天线阵面精度的前提下，使得作动器受力合理，且调整空间大，有利于作动器的选型。然而，不同载体的相控阵雷达(如大型地面相控阵雷达、车载相控阵雷达、机载及星载相控阵雷达)所需的作动器安装空间、作动器输出能量也是不同的，大型地面、车载等相控阵雷达结构尺寸大，安装空间要求相对较低，而机载、星载等轻型相控阵雷达对尺寸、重量要求苛刻。因此，针对不同载体、不同类型的相控阵雷达进行天线阵面与作动器设计时，所选的作动器类型、一体化的设计方法也是不同的，下面进行详细的介绍。

3.2.1　作动器的种类与特性

将相控阵雷达的结构特点与选用作动器的特性进行总结分类。地面、车载、舰载等大型相控阵雷达结构规模大，对安装空间、重量、尺寸的限制要求较小，结构材料多选用不锈钢、铝合金等金属材料，该类相控阵天线的作动器多布置在天线阵面与安装框架的中间，因此将该类作动器称为外部作动器；星载、机载等轻型相控阵雷达结构受运输载体的要求，作动器的尺寸与重量要求极为苛刻，结构材料多选用蜂窝夹层等复合材料，可将作动器布置在复合结构成型时，内置到结构里面，因此将类作动器称为内部作动器。除以上两大类作动器外，目前研究者正在开展自适应结构的研究。

1. 外部作动器

大型有源相控阵雷达天线较早进行了阵面结构补偿，该相控阵天线的结构尺寸巨大，在实际拼装过程中由于装配误差、制造误差的存在，反射面很难满足精度要求，在阵面外部集成阵面调整机构，也是智能天线阵面的初级形态，通过阵面测试系统实时监测阵面的变形精度，并将其反馈给阵面控制系统，进而通过调整机构实现阵面变形的自适应调整，使得阵面精度满足要求。

如图3.5所示的某大型地面有源相控阵雷达[5]，为了保证阵面精度，将天线阵面分成多个子阵面，每个子阵面由图中所示的六个调整机构支撑定位并与天线楼相固定。这种调整机构可在±10mm范围内连续可调，并且能承受3000kg的轴向载荷。该作动器的作用方向是阵面的法向，为一维姿态调整，基本工作原理是：监控计算机通过以太网给微型控制器发送姿态指令，微型控制器接收到有关模拟平台运动参数的指令后，经过空间运动模型变换后求解出各个调整机构的伸缩量，通过总线传递给驱动器，由驱动器内部计算机得到信息并驱动电机转动，进而使得调整机构按照指令进行拉伸和压缩运动。

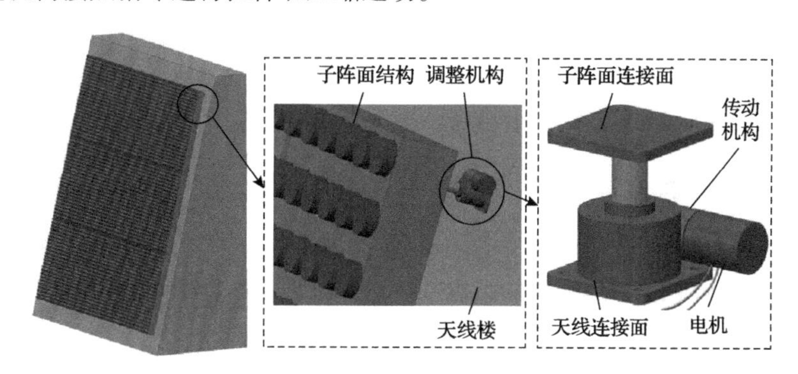

图3.5 大型地面相控阵天线调整机构[5]

而对于空间姿态要求更高的天线阵面，需要考虑天线阵面的多自由度调整，Stewart并联机构可以有效地解决该问题。图3.6为单个Stewart并联机构在天线阵面样机上的验证应用，该样机将单个阵面与Stewart并联机构进行了一体化集成优化设计，阵面反射面和背架为Stewart的动平台和静平台，对Stewart机构动、静平台上的支撑固定点位置进行优化设计。图3.7为多个Stewart并联机构在天线阵面样机上的验证应用，它是单个Stewart并联机构应用验证的升级，是考虑阵面尺寸大及单个Stewart并联机构调整承载、调整范围有限等因素的影响而进行的多个Stewart并联机构的进一步深化研究。

以上三种作动器都是阵面外部集成方式在工程上的应用，便于工程维护，但该类集成方式下的天线阵面主要有如下一些缺点：各类传输线缆、传感器及执行

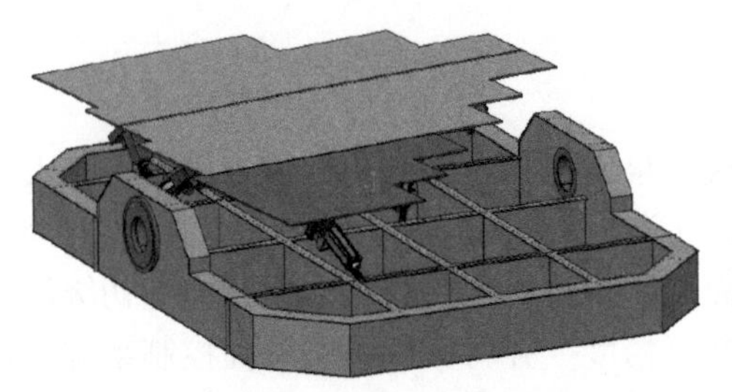

图 3.6 单个 Stewart 并联机构在天线阵面样机上的验证应用

图 3.7 多个 Stewart 并联机构在天线阵面样机上的验证应用

机构布置在阵面外部导致阵面不美观及其他零件布置困难；各类传输信号之间可能会有干扰等问题。由于阵面内部集成方式的实际困难，这种集成方式在智能结构发展初期应用得较为广泛，但也有一定的局限性。

2. 内部作动器

星载相控阵雷达结构对重量的要求尤为严格，因此它具有外观轻薄、刚度较低的特点，但星载相控阵天线的结构刚度对其电性能的影响又较为显著。因此，内部作动器是这类相控阵天线设计的有效选择。

典型的星载相控阵天线结构如图 3.8 所示，由于星载结构质量的限制，每一单翼结构的反射面板采用蜂窝夹层结构的方式来实现，该类结构便于在面板内集成各类传感器(如光纤光栅传感器)和执行机构(如图中所示的压电薄膜执行机

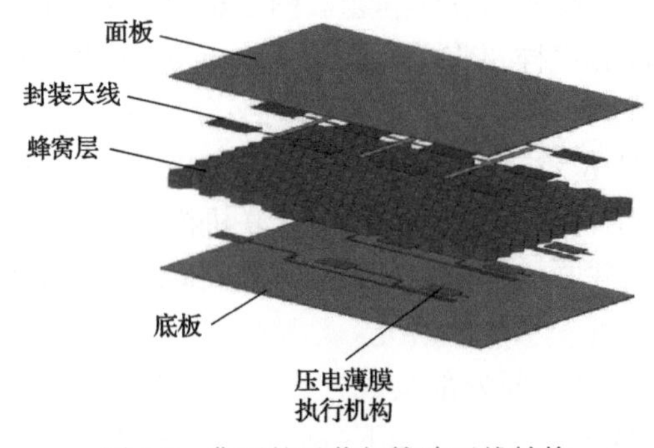

图 3.8 典型的星载相控阵天线结构

构)，采用阵面集成的传感器和执行机构的布置方式可使阵面结构较为简洁，有利于阵面组件等设备的布置且减小设备间的相互干扰。

典型的薄膜天线结构如图3.9所示，其叠层从外表面至内表面依次为导电层、聚酰亚胺薄膜、黏结层和补强板。这种天线结构也是一种典型的层压结构，设计中可以将传感器、执行机构及信号传输线集成于天线内部。由于薄膜天线的自身刚度较小，可采用较小模量的执行机构(压电片等)对其进行主动调节，因此相对于刚度较高的金属阵面结构而言，智能薄膜天线更便于在实际产品中应用。

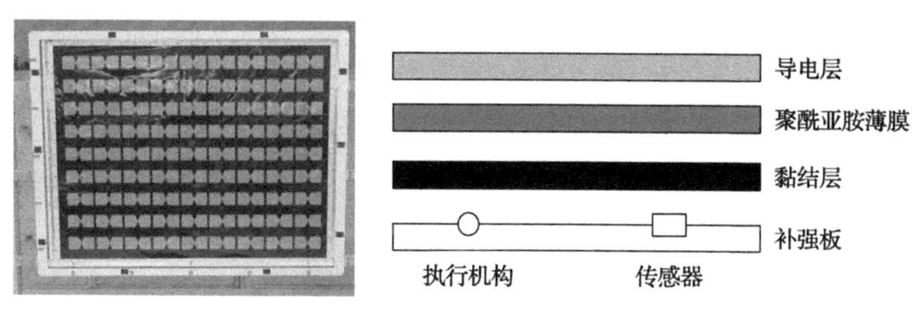

图3.9　典型的薄膜天线结构

内部集成方式下的天线阵面具有外形美观、不影响其他阵面结构的设计等优点，但该设计方式下的天线阵面在材料集成技术、作动器/传感器预埋技术、信号传输技术、设备维修技术、电子元件在力作用下的应力影响等方面有待进一步取得突破。目前，作动器集成在机构内部的情况常见于复合材料层压而成的夹层结构中，这类结构的制造加工技术相对成熟且便于执行元件的预埋处理。但目前将作动器预埋于承载能力较强的金属结构中还不多见。

3. 自适应结构

自适应结构是雷达结构朝着智能化发展的主要途径之一，对现有自适应结构进行总结，其可分为智能减振自适应结构、可变体自适应结构等几种类型。

1)智能减振自适应结构

随着航天技术的发展，为了满足低能耗、高精度、低成本等要求，机载、星载相控阵天线结构向轻量化、柔性化的方向发展，但是它们在服役过程中存在振动等问题，结构轻量化与服役环境振动的矛盾变得更加突出，动态、随机的振动问题将直接影响相控阵天线的指向，恶化雷达性能。

为了解决星载、机载相控阵天线在服役过程中的振动等问题，传统的结构减振降噪技术多为被动减振，而被动减振技术的刚度、阻尼等参数多为固定值，难以满足雷达服役过程中的全部工况要求。

智能减振自适应结构是解决该问题的一个有效方法，它是利用传感器和作动器集成在结构中，首先利用传感器检测结构的振动特性，对检测的信号进行一定的信息处理决策后，指挥作动器对结构的振动噪声进行抑制，如图 3.10 所示。由于压电陶瓷材料具有刚度高、频带宽、转换率高、质量轻等特点，且压电陶瓷既可以做传感器又可以做作动器，具有传感和作动的双重功能，将压电陶瓷材料应用于智能减振自适应结构中可以达到精密定位和振动控制的目的。压电主动构件结构如图 3.11 所示，在压电主动构件内部增加叠簧施加预应力，预应力的大小可以通过调力螺母调整，通过在构件两端添加钢球，以保证压电堆作动器避免受到扭矩作用。

图 3.10　智能减振自适应结构

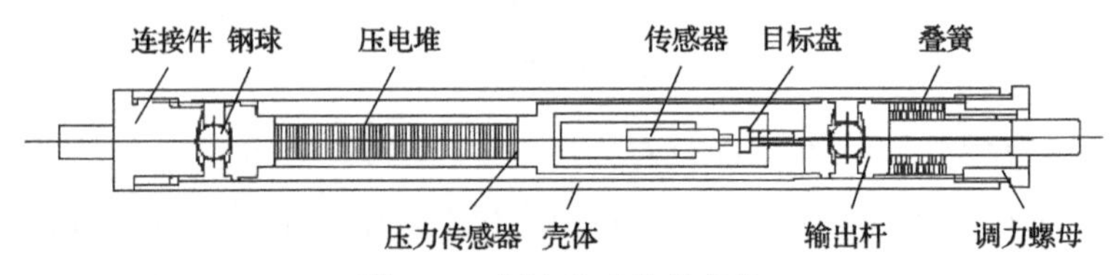

图 3.11　压电主动构件结构

图 3.12 为星载有源相控阵天线简图。天线阵面背架结构设计采用智能减振自适应结构，将传统桁架结构与压电主动构件相结合，通过控制输入电压来控制输出杆长度，进而调控天线阵面变形，达到抑制天线阵面振动的效果，从而保证天线的电性能。

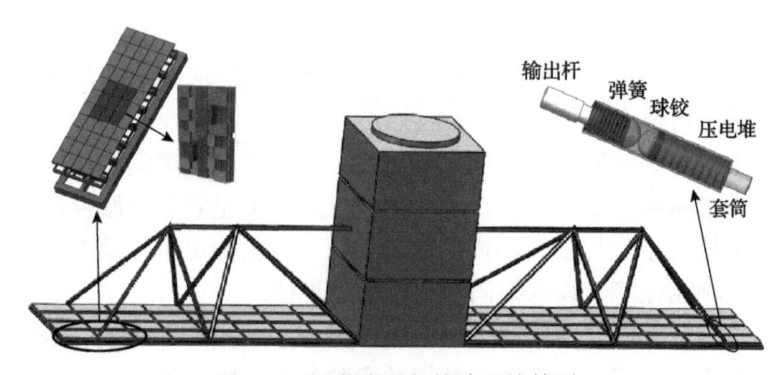

图 3.12　星载有源相控阵天线简图

2）可变体自适应结构

美国国防部高级研究计划局（Defense Advanced Research Projects Agency, DARPA）于 2007 年启动了“变形飞机结构（Morphing Aircraft Structures, MAS）”项

目。自适应变体飞机如图 3.13 所示[6]。这种变形飞机可以在飞行过程中平滑地改变飞机机体气动外形，使飞行器在执行不同任务、在不同飞行包络线下都保持最佳飞行性能，不仅要求它具有超长的续航能力、极佳的燃油经济性和极高的机动能力，也要求其天线能够嵌入机体结构中。图 3.14 为结构功能一体化相控阵天线结构[7]。

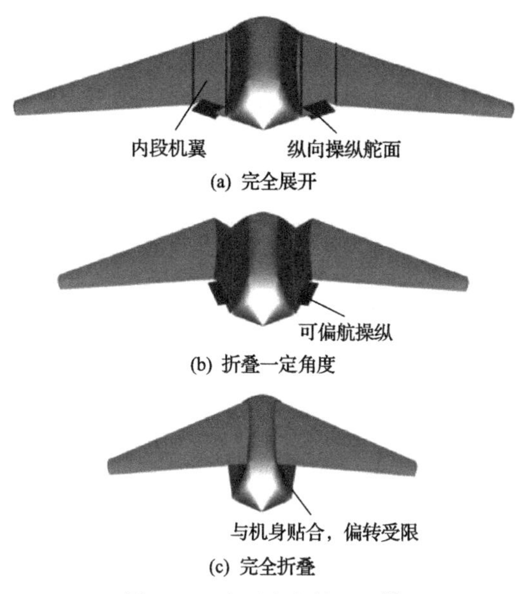

图 3.13　自适应变体飞机[6]

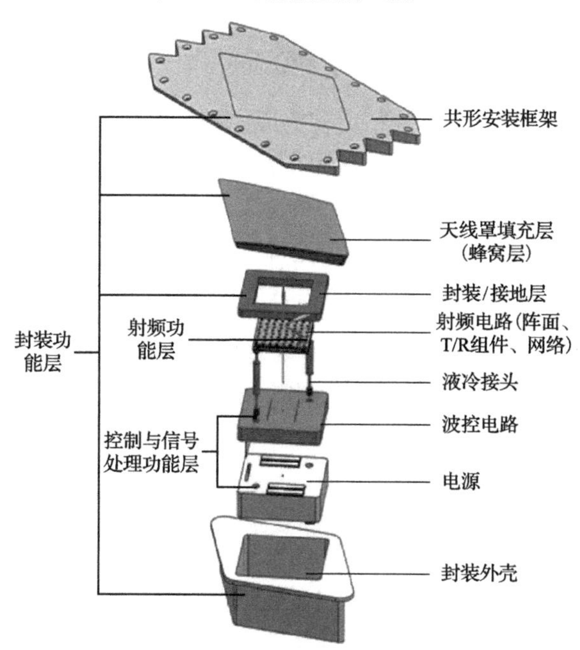

图 3.14　结构功能一体化相控阵天线结构[7]

这是一种结构功能一体化的天线阵面，该蒙皮天线将射频功能器件与飞机蒙皮结构一体化设计，天线阵面的结构需要进行可变体自适应设计，以减少天线重量和空间占用率。

3.2.2 作动器布局优化

无论是外部作动器还是内部作动器，在应用于天线阵面结构变形控制的过程中时均需要解决一个共同的关键问题：在有限的天线阵面结构空间、重量等边界条件的约束下，确定有限量作动器的布局和作动器调整量。下面将针对这一关键问题的研究进行详细的描述。

如何评估大型有源相控阵天线阵面的精度是首要面对的问题。对于大型有源相控阵天线阵面结构，在载荷、加工、装配等因素的作用下，设计平面 P 变形为曲面 S，其对应的吻合平面为 P'，如图 3.15 所示。

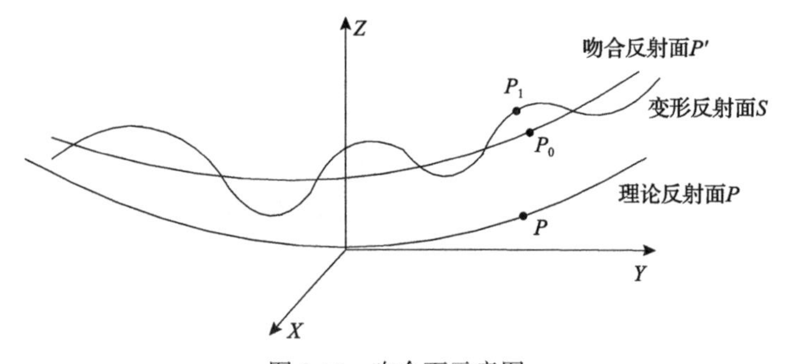

图 3.15　吻合面示意图

变形曲面相对于原始平面的精度称为原始精度，而相对于吻合平面的精度称为吻合精度，以吻合精度作为设计指标是合适的，其计算公式为[8]

$$\mathrm{RMS}_B=\sqrt{\sum_{i=1}^{m}\frac{\delta_i^2}{m}} \tag{3.5}$$

式中，δ_i 为实际变形面相对于吻合面的偏差值；m 为平面节点数。

根据选用的机械补偿作动器不同，相应的天线阵面与作动器的集成设计方法也有所差异。针对 3.2.1 节提出的外部作动器、内部作动器，分别对其设计方法进行详细的介绍说明。

1. 天线阵面与一维调整机构的集成设计

对于外部作动器的第一种类型，主要是能够实现一维运动的螺旋升降机构作为结构补偿的执行机构，与天线阵面集成设计时，除天线阵面精度指标要求外，作动器所受轴向力和横向剪切力是影响螺旋升降机构选型的关键因素。因此，以多工况阵面精度为目标、以调整机构位置为设计变量，在设计空间内，增加调整机构轴向力和剪切力约束条件，数学优化模型为

$$
\begin{aligned}
&\text{var} = \begin{bmatrix} x_1 & x_2 & \cdots & x_n & y_1 & y_2 & \cdots & y_n \end{bmatrix}^{\mathrm{T}} \\
&\min \quad v = \sum_{l=1}^{m} \mathrm{RMS}_l \\
&\text{s.t.} \quad \begin{cases} (x_i, y_i) \in \Delta, & i = 1, 2, \cdots, n \\ F_{\mathrm{a}} \leqslant A \\ F_{\mathrm{s}} \leqslant B \end{cases}
\end{aligned}
\tag{3.6}
$$

式中，$x_1, x_2, \cdots, x_n, y_1, y_2, \cdots, y_n$ 为螺旋升降机构的位置坐标；在整个天线阵面的设计域范围 Δ 内，为了综合考虑天线阵面在多载荷工况下的性能，目标函数中 RMS 项为天线阵面多种工况下的组合(以 m 个工况为例)；A 为作动器轴向力约束条件；B 为作动器剪切力约束条件。增加 A、B 两个约束条件，有利于作动器的选型。

在实际工程中，受天线阵面馈电设备的影响，作动器的安装位置是不连续的，属于离散变量的优化设计问题。为了减少计算工作量，假设作动器安装位置在阵面上可连续变化，最后再将优化结果采用就近原则映射到相应的交点处。这样处理简化了该问题的复杂性，而且在工程应用中也是可行的。

2. 天线阵面与单个 Stewart 并联机构的集成设计

对于规模不大的天线阵面结构，应用单个 Stewart 并联机构可以实现阵面变形补偿和空间姿态的调整。天线阵面与单个 Stewart 并联机构集成设计的关键问题是对 Stewart 机构的设计优化，通常是将雅可比矩阵的条件数作为 Stewart 机构的描述参数，此条件数表征了雅可比矩阵的各向同性，可以用来衡量力的变化系数。该值越接近 1，所需的支腿驱动力越小。这对工程实际中 Stewart 支撑腿的选型相当有意义。

因此，天线阵面与单个 Stewart 并联机构的集成设计需要同时考虑天线阵面精度和调整机构条件数，属于多目标的优化问题。利用指数函数的形式将多目标问题转换成单目标优化问题，做到既能考虑到优化问题的多目标，又能兼顾计算量和实际工程。在这里，以机构条件数作为指数的幂，当条件数增大时，能明显地恶化目标函数，起到惩罚的效果。因此，综合考虑 Stewart 平台机构运动性能与阵面自重保型的调整机构一体化优化设计的数学优化模型为[8]

$$
\begin{aligned}
&\text{var} = \begin{bmatrix} x_1 & x_2 & \cdots & x_{12} & y_1 & y_2 & \cdots & y_{12} & \Delta h \end{bmatrix}^{\mathrm{T}} \\
&\min \quad \nu = \sum_{l=1}^{m} \mathrm{RMS}_l \times 1.05^{\mathrm{cond}(\boldsymbol{J}(\text{var},\varOmega))} \\
&\text{s.t.} \quad \begin{cases} (x_i, y_i) \in \varDelta, & i = 1,2,\cdots,12 \\ 0.2 < \Delta h < 0.4 \end{cases}
\end{aligned}
\tag{3.7}
$$

式中，$x_1, x_2, \cdots, x_{12}, y_1, y_2, \cdots, y_{12}$ 分别为 Stewart 平台的上下球铰和虎克铰的 X、Y 坐标；Δh 为支腿在垂直阵面方向上的投影长度；$\varDelta$ 为上球铰、下虎克铰允许布置的范围；$\varOmega$ 为调整机构的工作空间；$\mathrm{cond}(\boldsymbol{J}(\text{var}, \varOmega))$ 为调整机构雅可比矩阵的条件数。

同时，为了综合考虑天线阵面在多载荷工况下的性能，目标函数中 RMS 项为天线阵面多种工况下的组合(以 m 个工况为例)。由于受到天线背面馈电系统位置的限制，Stewart 平台的上球铰只能安装在各辐射单元的交叉位置处。为了减少计算工作量，可将球铰的安装位置在阵面上连续变化，最后再将优化结果采用就近原则映射到相应的交点处。

3. 天线阵面与多个 Stewart 并联机构的集成设计

天线阵面与单个 Stewart 并联机构的集成多应用于阵面规模不大且安装空间充裕的情况下。在阵面规模较大、安装空间受限时，可使用多个 Stewart 并联机构。该类型的集成优化设计与一维调整机构的集成优化设计类似，均是以多工况阵面精度为目标、以调整机构位置为设计变量，数学优化模型为

$$
\begin{aligned}
&\text{var} = \begin{bmatrix} x_1 & x_2 & \cdots & x_n & y_1 & y_2 & \cdots & y_n \end{bmatrix}^{\mathrm{T}} \\
&\min \quad \nu = \sum_{l=1}^{m} \mathrm{RMS}_l \\
&\text{s.t.} \quad (x_i, y_i) \in \varDelta, \quad i = 1,2,\cdots,n
\end{aligned}
\tag{3.8}
$$

式中，$x_1, x_2, \cdots, x_n, y_1, y_2, \cdots, y_n$ 为 Stewart 并联机构的位置坐标。

在整个天线阵面的设计域范围 $\varDelta$ 内，为了综合考虑天线阵面在多载荷工况下的性能，目标函数中 RMS 项为天线阵面多种工况下的组合(以 m 个工况为例)。

4. 天线阵面与内部作动器的集成设计

以内部作动器为应用对象的轻薄天线阵面结构是相控阵天线结构与智能结构两个研究领域的有机结合，是未来相控阵天线结构发展的重要方向。压电材料、形状记忆合金、电致伸缩材料、磁致伸缩材料等均是目前研究较多的内部作动器，相较于外部作动器，内部作动器的调整能力要小很多，因此内部作动器的集成设

计更加关注的是确定有限量作动器的布局和作动器调整量。

在形状控制中，内部作动器的位置是保证被控系统在控制力的作用下获得最佳精度或性能的关键，根据上述分析，可得如下优化模型[5]：

$$
\boldsymbol{X}=\begin{bmatrix} x_1 & x_2 & \cdots & x_n & y_1 & y_2 & \cdots & y_n \end{bmatrix}
$$

$$
\min \quad J=\frac{1}{2}(\boldsymbol{P}^{-1}\boldsymbol{\delta})^{\mathrm{T}}\boldsymbol{P}(\boldsymbol{P}^{-1}\boldsymbol{\delta})-\boldsymbol{\delta}^{\mathrm{T}}(\boldsymbol{P}^{-1}\boldsymbol{\delta})
$$

$$
\text{s.t.}\begin{cases} -\boldsymbol{PA}-\boldsymbol{A}^{\mathrm{T}}\boldsymbol{P}+\boldsymbol{PB}(\boldsymbol{X})\boldsymbol{R}^{-1}\boldsymbol{B}^{\mathrm{T}}(\boldsymbol{X})\boldsymbol{P}-\boldsymbol{C}^{\mathrm{T}}\boldsymbol{QC}=\boldsymbol{0} \\ \boldsymbol{\delta}\approx(\boldsymbol{PB}(\boldsymbol{X})\boldsymbol{R}^{-1}\boldsymbol{B}^{\mathrm{T}}(\boldsymbol{X})-\boldsymbol{A}^{\mathrm{T}})^{-1}\boldsymbol{C}^{\mathrm{T}}\boldsymbol{Q}\hat{\boldsymbol{y}} \\ \underline{x}\leqslant x_i\leqslant \overline{x},\ i=1,2,\cdots,n \\ \underline{y}\leqslant y_i\leqslant \overline{y},\ i=1,2,\cdots,n \\ d_0^2-(x_i-x_j)^2-(y_i-y_j)^2\leqslant 0,\ i=1,2,\cdots,n; j=1,2,\cdots,n \\ k\leqslant n \end{cases} \tag{3.9}
$$

式中，x_i、y_i 分别为作动器位置的横、纵坐标，$i=1,2,\cdots,n$，n 为作动器个数；$\underline{x}$、$\overline{x}$ 分别为 x_i 的上、下界；$\underline{y}$、$\overline{y}$ 分别为 y_i 的上、下界；d_0 为第 i 个和第 j 个作动器之间的最小约束距离；k 为截断模态数；$\boldsymbol{Q}$、$\boldsymbol{R}$ 分别为输出权系数对称矩阵和控制权系数对称矩阵，且 $\boldsymbol{Q}$ 为半正定矩阵，$\boldsymbol{R}$ 为正定矩阵。

3.3　精细调整和控制

将相控阵天线阵面结构与机械补偿作动器集成设计，在应用过程中，机械补偿作动器的调整量多少、调整过程的协调性以及采用何种控制策略都是需要着重研究的问题。相控阵天线阵面结构通常规模较大，且与作动器的刚度相比，天线阵面刚度较小，在作动器进行变形补偿的运动过程中，应将天线阵面结构视为柔性体，因此天线变形的机械补偿系统是一个典型的刚柔耦合系统。需要从天线阵面与作动器的刚柔耦合动力学建模出发，通过建立耦合动力学模型对来研究天线阵面结构与作动器调整过程中的作用机理；研究机械补偿作动器的协调控制策略，保证在整个变形补偿过程中结构安全可靠；与相控阵雷达的控制系统相结合，研究变形补偿的专用控制系统。

3.3.1　天线阵面与作动器动力学建模

天线阵面与作动器动力学建模的过程主要分为运动学描述和动力学描述[9]。运动学描述是研究如何选取合适的坐标系和变量来描述天线阵面与作动器的运动状态，用来进行运动学描述的方法主要有分布参数法、离散坐标法、混合坐标法和模态综合-混合坐标法等。动力学描述主要是根据所选择的运动学描述方法，采用适当的基本原理列出动力学方程，动力学建模中常用的方法有牛顿-欧拉法、拉格朗日法和凯恩方法。

1. 系统运动学描述方法

1) 分布参数法

分布参数法是将天线阵面视为分布参数系统，其运动用分布参数来描述；而把作动器视为刚体，用离散坐标来描述天线阵面的姿态运动。

对于简单的结构系统(如杆、梁、板等简单结构)，分布参数法能够得到方程的解析解，对于实际工程中的复杂结构系统，该方法难以应用，一是因为实际工程结构的分布参数的偏微分方程难以直接写出，二是因为整个系统的分布参数方程求解起来非常困难，根本得不到精确解。因此，分布参数法通常只能用于工程简化模型的定性分析，难以适应实际应用的需要。

2) 离散坐标法

离散坐标法是将系统中的柔性部件离散化处理，等效成具有互联关系的刚体系或者质点系，相互之间的互联关系用无质量的弹簧和黏性阻尼器相连接，这样就得到全系统用离散坐标描述的多刚体系统。

离散坐标法的优点在于系统具有大变形的情况。同样，该方法对于相对简单的系统是很有效的，对于较复杂的实际工程系统，刚体系或质点系的数量也是较大的，整个系统方程组的维数也就相应较高。该方法通常还会忽略系统的局部变形，带来较大误差。

3) 混合坐标法

混合坐标法是将离散坐标法和模态坐标法相结合的一种综合方法。它的优点是便于耦合分析和控制系统设计，该方法运用牛顿-欧拉法或拉格朗日法进行动力学描述。

4) 模态综合-混合坐标法

对于大型天线阵面，单纯地应用混合坐标法比较困难，将模态综合法与混合坐标法有机结合是一种有效的工程实用方法。结构建模的模态通常包含系统模态集和部件模态集。对于小规模阵面结构，可以直接利用有限元求解系统的特征方程得到系统模态集；而对于规模较大的阵面结构，结构相对复杂，难以直接通过有限元系统进行求解，可以通过系统的子结构模态建立全系统动力学方程。

2. 系统动力学建模方法

动力学建模过程中，有了合适的运动学描述之后，还需要建立系统的动力学方程，建立动力学方程的主要原理是牛顿-达朗贝尔原理，最常用的动力学建模方法有牛顿-欧拉法、拉格朗日法及凯恩方法等。

1) 牛顿-达朗贝尔原理

通过引入惯性力可以把系统的动力学问题转化为静力学问题来求解，系统的动力学方程实质上是牛顿-欧拉方程的变形，可表示为

$$\begin{cases} \boldsymbol{F}+\boldsymbol{F}^{*}=\boldsymbol{0} \\ \boldsymbol{M}+\boldsymbol{M}^{*}=\boldsymbol{0} \end{cases} \tag{3.10}$$

式中，$\boldsymbol{F}$、$\boldsymbol{F}^{*}$ 分别为主动力和惯性力；$\boldsymbol{M}$、$\boldsymbol{M}^{*}$ 分别为主动力矩和惯性力矩。

牛顿-达朗贝尔原理的优点是可以从系统任意点的平衡位置出发，也能得到系统的简单旋转运动方程。牛顿-达朗贝尔原理等价于牛顿第二定律，是用来建立多柔性体系统的基本原理。

2) 牛顿-欧拉法

牛顿-欧拉法是建立系统动力学方程最基本也是最直接的方法，它对系统的各部分都应用牛顿-欧拉平动方程和转动方程：

$$\begin{cases} \dfrac{\mathrm{d}}{\mathrm{d}t}\boldsymbol{P}=\boldsymbol{F} \\ \dfrac{\mathrm{d}}{\mathrm{d}t}\boldsymbol{H}=\boldsymbol{M} \end{cases} \tag{3.11}$$

式中，$\boldsymbol{P}$、$\boldsymbol{H}$ 分别为系统的动量和角动量；$\boldsymbol{F}$、$\boldsymbol{M}$ 分别为对应的作用力和力矩。

对于多刚体系统，可以采用牛顿-欧拉法，该方法原理简明、概念清楚，若系统的动力学方程是以各刚体单独通过牛顿-欧拉方程逐个得到的，该方法称为牛顿-欧拉放大体法；若系统的动力学方程是由外而内以刚体子集列出牛顿-欧拉方程得到的，该方法称为牛顿-欧拉嵌套体法。两个方法相比较，牛顿-欧拉放大体法更加直观，而牛顿-欧拉嵌套体法更容易消除内部约束力和约束力矩。

3) 拉格朗日法

利用拉格朗日法可以建立起相控阵天线系统的动力学方程。应用第二类拉格朗日方程解决完整约束系统问题：

$$\frac{\mathrm{d}}{\mathrm{d}t}\left(\frac{\partial \boldsymbol{L}}{\partial q_i}\right)-\frac{\partial \boldsymbol{L}}{\partial q_i}=\boldsymbol{Q}_i,\quad i=1,2,\cdots,n \tag{3.12}$$

式中，$\boldsymbol{L}$ 为系统的拉格朗日函数；q_i 为系统第 i 个广义坐标；$\boldsymbol{Q}_i$ 为系统第 i 个广义力。

应用第一类拉格朗日方程可解决非完整约束系统问题：

$$\frac{\mathrm{d}}{\mathrm{d}t}\left(\frac{\partial \boldsymbol{L}}{\partial q_i}\right)-\frac{\partial \boldsymbol{L}}{\partial q_i}=\boldsymbol{Q}_i+\sum_{k=1}^{m}\lambda_k\alpha_{ki},\quad i=1,2,\cdots,n \tag{3.13}$$

式中，λ_k 为拉格朗日乘子。

上述拉格朗日方程中采用的广义坐标 q 均为系统的真坐标，称真拉格朗日方程。在实际工程应用中，阵面的平动和转动常用其平动速度 v 和转动速度 ω 来作为广义坐标建立系统动力学方程，v 和 ω 称为伪坐标，相应的拉格朗日方程称为伪拉格朗日方程，即

$$\begin{aligned}&\frac{\mathrm{d}}{\mathrm{d}t}\left(\frac{\partial \boldsymbol{L}}{\partial v}\right)+\tilde{\omega}\frac{\partial \boldsymbol{L}}{\partial v}=\boldsymbol{F}\\&\frac{\mathrm{d}}{\mathrm{d}t}\left(\frac{\partial \boldsymbol{L}}{\partial \omega}\right)+\tilde{\omega}\frac{\partial \boldsymbol{L}}{\partial \omega}+\tilde{v}\frac{\partial \boldsymbol{L}}{\partial v}=\boldsymbol{M}\end{aligned} \tag{3.14}$$

采用拉格朗日法建立系统的动力学方程的优点在于方程中不出现无功约束力，而且可以得到与系统自由度相一致的个数最少的二阶微分方程，特别是对于具有完整约束的保守系统，该方法非常简便；但对于复杂系统，因为拉格朗日函数对速度的求导变得很麻烦，加上如果要计算内部约束力，还是牛顿-欧拉法更方便。

4)凯恩方法

凯恩方法是通过新的变量引入广义速率

$$u_i=\sum_{j=1}^{n}\omega_{i,j}\dot{q}_j+x_i,\quad i=1,2,\cdots,n \tag{3.15}$$

式中，$\dot{q}_j$ 为系统独立的广义速率；$\omega_{i,j}$、x_i 为广义速率 $\dot{q}_j$ 和时间 t 的函数。

上述关系式要求是可逆的。凯恩方法用广义速率对系统的刚体和质点进行描述，建立起系统对于惯性系的动力学方程。设相控阵雷达系统由 M 个刚体与 N 个运动质点构成，其中第 r 个刚体的转动速度 ω_r 和平动速度 v_r 分别为

$$\omega_r=\sum_{i=1}^{n}\omega_i^r u_i+\Omega_r,\quad r=1,2,\cdots,M \tag{3.16}$$

$$v_r=\sum_{i=1}^{n}v_i^r u_i+V_r,\quad r=1,2,\cdots,M \tag{3.17}$$

第 j 个质点的速度 $\dot{R}_j$ 为

$$\dot{R}_j=\sum_{i=1}^{n}v_i^j u_i+V_j,\quad j=1,2,\cdots,N \tag{3.18}$$

式中，ω_i^r 为第 r 个刚体的第 i 偏角速度；v_i^r 为第 r 个刚体质心的第 i 偏速度；v_i^j

为第j质点的第i偏速度。

凯恩方法是一种兼具牛顿-欧拉法和拉格朗日法优点的方法，该方法在建立动力学方程时，既可以消除系统的无功约束力，又可以得到相对简单的系统动力学方程。但是凯恩方法的物理含义还不是非常明显，而且该方法的建模也需要一些技巧，这使得其在实用方面受到限制。

5)惯性完备性准则

对于低频模态分布不密集的相控阵天线系统，应用惯性完备性准则可以对系统的模态截断，降低系统模型的模态阶数。惯性完备性准则实质上是截断对耦合系数影响较小的那些模态，惯性完备性是指对柔性结构惯量或质量的逼近程度，即

$$\begin{cases}\sum_{j=1}^{m}\boldsymbol{F}_{aij}\boldsymbol{F}_{aij}^{\mathrm{T}}\approx J_{ai}\\ \sum_{j=1}^{m}\boldsymbol{F}_{taij}\boldsymbol{F}_{taij}^{\mathrm{T}}\approx m_{ai}\end{cases}\tag{3.19}$$

惯性完备性准则实质上是一个关于柔性耦合系数与部件质量和惯量特征的恒等式，它在工程实践中具有非常重要的应用价值。模态参数与耦合系数之间还存在其他一些恒等式，这些恒等式不仅具有非常重要的工程实用价值，而且在理论研究上也很有意义。

3. 天线阵面与作动器耦合建模

进行阵面和调整机构系统的刚柔耦合动力学建模，需要对该系统进行一定的简化，将阵面简化为薄板，将作动器简化为几个在指定区域的固定支撑，同时通过对多种动力学建模方法的对比，优先选用凯恩方法。首先推导出在空间中做任意刚体运动的矩形薄板的动力学方程，之后通过代入调整机构对应的边界条件及初值条件进行简化，推导出在空间做刚体运动的阵面薄板的刚柔耦合动力学方程。刚柔耦合动力学建模流程如图3.16所示。

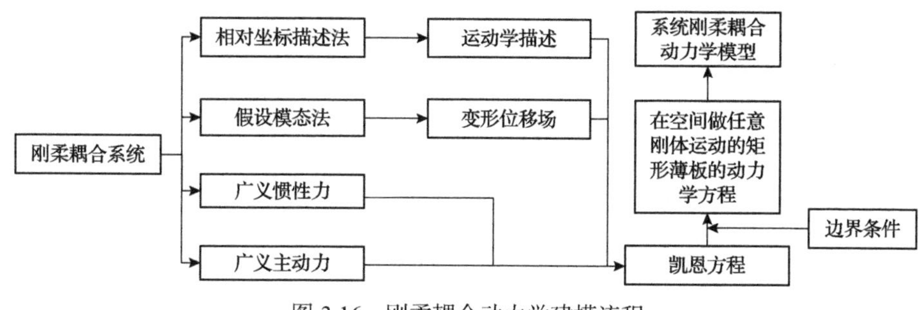

图3.16　刚柔耦合动力学建模流程

在空间中做任意刚体运动的矩形薄板如图 3.17 所示，坐标系 $O\text{-}XYZ$ 为连体浮动坐标系，将连体浮动坐标系中的 XOY 平面与未变形时薄板的中面视为共面重合，将它在惯性坐标系 N 下的刚体运动看成矩形薄板的刚体运动。矩形薄板的弹性变形如图 3.18 所示，矩形薄板变形前中面上任意一点 P_0(在连体浮动坐标系中的坐标为(x, y))在发生变形后变动到了 P 点，用 $\boldsymbol{u}=[u_1 \quad u_2 \quad u_3]$表示其位移矢量。

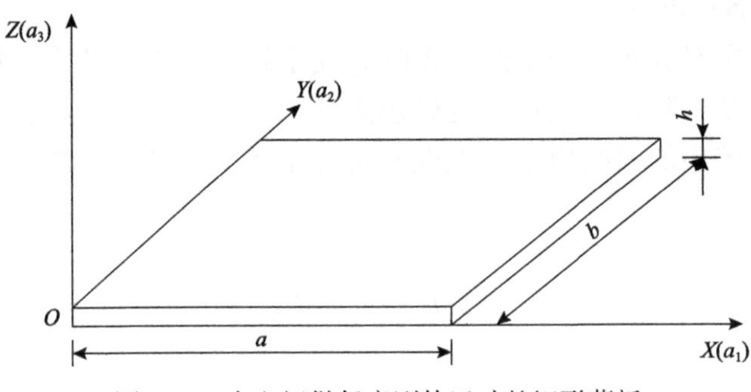

图 3.17　在空间做任意刚体运动的矩形薄板

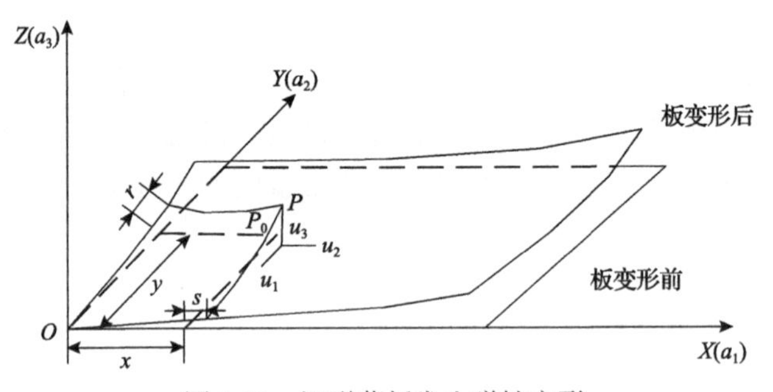

图 3.18　矩形薄板发生弹性变形

P 点在惯性坐标系 N 中的速度矢量表达式为

$$\boldsymbol{V}_P = \boldsymbol{V}_{P,A} + \boldsymbol{\omega}_A \times (\boldsymbol{p} + \boldsymbol{u}) + \boldsymbol{V}_A \tag{3.20}$$

式中，$\boldsymbol{V}_P$ 为 P 点在惯性坐标系 N 中的速度矢量；$\boldsymbol{V}_A$、$\boldsymbol{\omega}_A$ 分别为连体浮动坐标系 $O\text{-}XYZ$ 相对于惯性坐标系 N 的速度和角速度矢量；$\boldsymbol{p}$、$\boldsymbol{u}$ 分别为 P_0 在连体浮动坐标系 $O\text{-}XYZ$ 中的位置和位移矢量；$\boldsymbol{V}_{P,A}$ 为 P 点相对于连体浮动坐标系 $O\text{-}XYZ$ 的速度矢量。

将各项在连体浮动坐标系中三个坐标轴的分量表达式代入式(3.20)，可得

$$\begin{aligned} \boldsymbol{V}_P = & [v_1 + \dot{u}_1 + \omega_2 u_3 - \omega_3 (y + u_2)]a_1 + [v_2 + \dot{u}_2 - \omega_1 u_3 + \omega_3 (x + u_1)]a_2 \\ & + [v_3 + \dot{u}_3 + \omega_1 (y + u_2) - \omega_2 (x + u_1)]a_3 \end{aligned} \tag{3.21}$$

式中，v_1、v_2、v_3 分别为 $\boldsymbol{V}_A$ 在连体浮动坐标系中沿三个坐标轴的分量；$\dot{u}_1$、$\dot{u}_2$、$\dot{u}_3$

分别为$\boldsymbol{V}_{P,A}$在连体浮动坐标系中沿三个坐标轴的分量；ω_1、ω_2、ω_3分别为$\boldsymbol{\omega}_A$在连体浮动坐标系中沿三个坐标轴的分量；u_1、u_2、u_3分别为P_0在连体浮动坐标系 $O\text{-}XYZ$ 中的三个位移分量；x、y为矩形薄板变形前中面上任意一点P_0在连体浮动坐标系中的坐标；a_1、a_2、a_3轴分别为连体浮动坐标系中的X、Y、Z轴。

将式(3.21)对时间进行求导，可以得到点P在惯性坐标系N中的加速度矢量表达式，即

$$\boldsymbol{a}_P=\frac{\mathrm{d}\boldsymbol{V}_P}{\mathrm{d}t}+\boldsymbol{\omega}_A\times\boldsymbol{V}_P=\boldsymbol{A}_1a_1+\boldsymbol{A}_2a_2+\boldsymbol{A}_3a_3 \tag{3.22}$$

式中，$\boldsymbol{a}_P$为点P在惯性坐标系N中的加速度矢量；t为时间。

在图 3.17 中，可使用s、r、u_3这三个变量建立挠性矩形板的位移场，s和r分别表示矩形薄板中面上任一点P的两个弧长变量，u_3表示沿a_3方向的笛卡儿直角坐标。采用假设模态法分别对s、r、u_3三个变量进行离散，可得

$$s(x,y,t)=\sum_{i=1}^{N_1}\phi_{1i}(x,y)q_{1i}(t) \tag{3.23}$$

$$r(x,y,t)=\sum_{i=1}^{N_2}\phi_{2i}(x,y)q_{2i}(t) \tag{3.24}$$

$$u_3(x,y,t)=\sum_{i=1}^{N_3}\phi_{3i}(x,y)q_{3i}(t) \tag{3.25}$$

式中，ϕ_{1i}、ϕ_{2i}、ϕ_{3i}为模态函数，将其简化为薄板的固有振型；q_{1i}、q_{2i}、q_{3i}为固有振型对应的广义坐标；N_1、N_2、N_3为对应的模态截断阶数。

将变量s和r用变形矢量的分量u_1、u_2、u_3表示，使用二项式定理并略去高阶小量，可得

$$u_1=s-\frac{1}{2}\int_0^x\left(\frac{\partial u_3}{\partial\zeta}\right)^2\mathrm{d}\zeta \tag{3.26}$$

$$u_2=r-\frac{1}{2}\int_0^y\left(\frac{\partial u_3}{\partial\eta}\right)^2\mathrm{d}\eta \tag{3.27}$$

将式(3.23)～式(3.25)代入式(3.26)和式(3.27)，可得

$$u_1=\sum_{i=1}^{N_1}\phi_{1i}q_{1i}-\frac{1}{2}\sum_{i=1}^{N_3}\sum_{j=1}^{N_3}\int_0^x\phi_{3i,\zeta}\phi_{3j,\zeta}q_{3i}q_{3j}\mathrm{d}\zeta \tag{3.28}$$

$$u_2=\sum_{i=1}^{N_2}\phi_{2i}q_{2i}-\frac{1}{2}\sum_{i=1}^{N_3}\sum_{j=1}^{N_3}\int_0^y\phi_{3i,\eta}\phi_{3j,\eta}q_{3i}q_{3j}\mathrm{d}\eta \tag{3.29}$$

笛卡儿直角坐标系的三个分量对时间的一阶导数和二阶导数的形式(即对应的速度和加速度)为

$$\dot{u}_1=\sum_{i=1}^{N_1}\phi_{1i}\dot{q}_{1i}-\sum_{i=1}^{N_3}\sum_{j=1}^{N_3}\int_0^x\phi_{3i,\zeta}\phi_{3j,\zeta}q_{3i}\dot{q}_{3j}\mathrm{d}\zeta \tag{3.30}$$

$$\dot{u}_2=\sum_{i=1}^{N_2}\phi_{2i}\dot{q}_{2i}-\sum_{i=1}^{N_3}\sum_{j=1}^{N_3}\int_0^y\phi_{3i,\eta}\phi_{3j,\eta}q_{3i}\dot{q}_{3j}\mathrm{d}\eta \tag{3.31}$$

$$\ddot{u}_1=\sum_{i=1}^{N_1}\phi_{1i}\ddot{q}_{1i}-\sum_{i=1}^{N_3}\sum_{j=1}^{N_3}\int_0^x\phi_{3i,\zeta}\phi_{3j,\zeta}\dot{q}_{3i}\dot{q}_{3j}\mathrm{d}\zeta-\sum_{i=1}^{N_3}\sum_{j=1}^{N_3}\int_0^x\phi_{3i,\zeta}\phi_{3j,\zeta}q_{3i}\ddot{q}_{3j}\mathrm{d}\zeta \tag{3.32}$$

$$\ddot{u}_2=\sum_{i=1}^{N_2}\phi_{2i}\ddot{q}_{2i}-\sum_{i=1}^{N_3}\sum_{j=1}^{N_3}\int_0^y\phi_{3i,\eta}\phi_{3j,\eta}\dot{q}_{3i}\dot{q}_{3j}\mathrm{d}\eta-\sum_{i=1}^{N_3}\sum_{j=1}^{N_3}\int_0^y\phi_{3i,\eta}\phi_{3j,\eta}q_{3i}\ddot{q}_{3j}\mathrm{d}\eta \tag{3.33}$$

$$\dot{u}_3=\sum_{i=1}^{N_3}\phi_{3i}(x,y)\dot{q}_{3i}(t) \tag{3.34}$$

$$\ddot{u}_3=\sum_{i=1}^{N_3}\phi_{3i}(x,y)\ddot{q}_{3i}(t) \tag{3.35}$$

广义速率的表达式为$[\dot{q}_{1i}\quad \dot{q}_{2j}\quad \dot{q}_{3k}]^{\mathrm{T}}$，偏速度的表达式为$\boldsymbol{V}_r^P=\dfrac{\partial \boldsymbol{V}^P}{\partial \dot{q}_r}$，据此推导出偏速度的各表达式，即

$$\boldsymbol{V}_r^P=\begin{cases}\phi_{1i}a_1, \quad r=i=1,2,\cdots,N_1\\ \phi_{2j}a_2, \quad r=N_1+j;j=1,2,\cdots,N_2\\ \left(-\sum_{j=1}^{N_3}\int_0^x\phi_{3l,\zeta}\phi_{3k,\zeta}q_{3l}\mathrm{d}\zeta\right)a_1+\left(-\sum_{j=1}^{N_3}\int_0^y\phi_{3l,\eta}\phi_{3k,\eta}q_{3l}\mathrm{d}\eta\right)a_2+\phi_{3k}a_3,\\ \qquad r=N_1+N_2+k;k=1,2,\cdots,N_3\end{cases} \tag{3.36}$$

广义惯性力$\boldsymbol{F}_r^*$的表达式为

$$\boldsymbol{F}_r^*=-\int_0^b\int_0^a\rho\boldsymbol{V}_r^P\cdot\boldsymbol{a}^P\mathrm{d}x\mathrm{d}y \tag{3.37}$$

式中，a、b分别为矩形薄板沿X、Y轴的长度；ρ为矩形薄板的面积密度；$\boldsymbol{V}_r^P$为

偏速度；$\boldsymbol{a}^P$ 为点 P 在惯性坐标系 N 中的加速度。

对于研究的矩形薄板，其变形势能包括板的面内变形势能和弯曲变形势能两部分，即

$$U = U_{\mathrm{m}} + U_{\mathrm{b}} \tag{3.38}$$

式中，U_{m} 为板面内变形势能；U_{b} 为板弯曲变形势能。

使用变量 s、r 和 u_3 表示 U_{m} 和 U_{b}，则有

$$U_{\mathrm{m}} = \frac{1}{2}\int_0^b \int_b^a \left\{ \beta_1 \left[\left(\frac{\partial s}{\partial x} \right)^2 + \left(\frac{\partial r}{\partial y} \right)^2 + 2\nu \frac{\partial s}{\partial x}\frac{\partial r}{\partial y} \right] + \beta_2 \left(\frac{\partial s}{\partial x} + \frac{\partial r}{\partial y} \right)^2 \right\} \mathrm{d}x\mathrm{d}y \tag{3.39}$$

$$U_{\mathrm{b}} = \frac{1}{2}\int_0^b \int_b^a \beta_3 \left[\left(\frac{\partial^2 u_3}{\partial x^2} \right)^2 + \left(\frac{\partial^2 u_3}{\partial y^2} \right)^2 + 2\nu \frac{\partial^2 u_3}{\partial x^2}\frac{\partial^2 u_3}{\partial y^2} + 2(1-\nu)\left(\frac{\partial^2 u_3}{\partial x \partial y} \right)^2 \right] \mathrm{d}x\mathrm{d}y \tag{3.40}$$

式中，

$$\beta_1 = \frac{Eh}{1-\nu^2} \tag{3.41}$$

$$\beta_2 = Gh \tag{3.42}$$

$$\beta_3 = \frac{Eh^3}{12(1-\nu^2)} \tag{3.43}$$

式中，E 为矩形薄板的弹性模量；G 为矩形薄板的剪切模量；ν 为矩形薄板的泊松比；h 为矩形薄板的厚度。

将式(3.39)、式(3.40)代入式(3.38)，可得广义坐标形式下的势能表达式，即

$$\begin{aligned} U = \frac{1}{2}\int_0^b \int_0^a \Bigg\{ & \beta_1 \left(\sum_{i=1}^{N_1}\sum_{j=1}^{N_1} \phi_{1i,x}\phi_{1j,x} q_{1i} q_{2j} + \sum_{i=1}^{N_2}\sum_{j=1}^{N_2} \phi_{2i,y}\phi_{2j,y} q_{2i} q_{2j} + 2\nu \sum_{i=1}^{N_1}\sum_{j=1}^{N_2} \phi_{1i,x}\phi_{2j,y} q_{1i} q_{2j} \right) \\ & + \beta_2 \left(\sum_{i=1}^{N_1} \phi_{1i,y} q_{1i} + \sum_{j=1}^{N_2} \phi_{2j,x} q_{2j} \right)^2 + \beta_3 \left[\sum_{i=1}^{N_3}\sum_{j=1}^{N_3} \phi_{3i,xx}\phi_{3j,xx} q_{3i} q_{3j} + \sum_{i=1}^{N_3}\sum_{j=1}^{N_3} \phi_{3i,yy}\phi_{3j,yy} q_{3i} q_{3j} \right. \\ & \left. + 2\nu \sum_{i=1}^{N_3}\sum_{j=1}^{N_3} \phi_{3i,xx}\phi_{3j,yy} q_{3i} q_{3j} + 2(1-\nu) \sum_{i=1}^{N_3}\sum_{j=1}^{N_3} \phi_{3i,xy}\phi_{3j,xy} q_{3i} q_{3j} \right] \Bigg\} \mathrm{d}x\mathrm{d}y \end{aligned} \tag{3.44}$$

根据广义主动力的计算公式 $F_r=-\dfrac{\partial U}{\partial q_r}$，得到广义主动力的表达式，即

$$F_r=-\begin{cases}\sum_{j=1}^{N_1}K_{ij}^{S1}q_{1j}+\sum_{j=1}^{N_2}K_{ij}^{S2}q_{2j}, & r=i=1,2,\cdots,N_1\\ \sum_{k=1}^{N_2}K_{jk}^{S3}q_{2k}+\sum_{k=1}^{N_1}K_{jk}^{S4}q_{1k}, & r=N_1+j;\ j=1,2,\cdots,N_2\\ \sum_{i=1}^{N_3}K_{ki}^{B}q_{3i}, & r=N_1+N_2+k;\ k=1,2,\cdots,N_3\end{cases}\tag{3.45}$$

式中，

$$K_{ij}^{S1}=\int_0^b\int_0^a(\beta_1\phi_{1i,x}\phi_{1j,x}+\beta_2\phi_{1i,y}\phi_{1j,x})\mathrm{d}x\mathrm{d}y\tag{3.46}$$

$$K_{ij}^{S2}=\int_0^b\int_0^a(\beta_1\nu\phi_{1i,x}\phi_{2j,y}+\beta_2\phi_{1i,y}\phi_{2j,x})\mathrm{d}x\mathrm{d}y\tag{3.47}$$

$$K_{jk}^{S3}=\int_0^b\int_0^a(\beta_1\phi_{2j,y}\phi_{2k,y}+\beta_2\phi_{2j,x}\phi_{2k,x})\mathrm{d}x\mathrm{d}y\tag{3.48}$$

$$K_{jk}^{S4}=\int_0^b\int_0^a(\beta_1\nu\phi_{2j,y}\phi_{1k,x}+\beta_2\phi_{2j,x}\phi_{1k,y})\mathrm{d}x\mathrm{d}y\tag{3.49}$$

$$\begin{aligned}K_{ki}^{B}=\int_0^b\int_0^a\beta_3[&\phi_{3k,xx}\phi_{3i,xx}+\phi_{3k,yy}\phi_{3i,yy}+\nu\phi_{3k,xx}\phi_{3i,yy}\\&+\nu\phi_{3k,yy}\phi_{3i,xx}+2(1-\nu)\phi_{3k,xy}\phi_{3i,xy}]\mathrm{d}x\mathrm{d}y\end{aligned}\tag{3.50}$$

在得到矩形薄板的广义惯性力和广义主动力表达式后，将其代入凯恩方程，可得矩形薄板在空间做任意刚体运动时的动力学方程为

$$\begin{aligned}&\sum_{j=1}^{N_1}M_{ij}^{11}\ddot{q}_{1j}-2\omega_3\sum_{j=1}^{N_2}M_{ij}^{12}\dot{q}_{2j}+2\omega_2\sum_{j=1}^{N_3}M_{ij}^{13}\dot{q}_{3j}-(\omega_2^2+\omega_3^2)\sum_{j=1}^{N_1}M_{ij}^{11}q_{1j}\\&+(\omega_1\omega_2-\dot{\omega}_3)\sum_{j=1}^{N_2}M_{ij}^{12}q_{2j}+(\omega_1\omega_3+\dot{\omega}_2)\sum_{j=1}^{N_3}M_{ij}^{13}q_{3j}+\sum_{j=1}^{N_1}K_{ij}^{S1}q_{1j}+\sum_{j=1}^{N_2}K_{ij}^{S2}q_{2j}\\&=(\omega_2^2+\omega_3^2)X_{1i}+(\dot{\omega}_3-\omega_1\omega_2)Y_{1i}-(\dot{v}_1+\omega_2v_3-\omega_3v_2)Z_{1i}\end{aligned}\tag{3.51}$$

$$
\begin{aligned}
&\sum_{i=1}^{N_2} M_{ij}^{22}\ddot{q}_{2j} + 2\omega_3\sum_{i=1}^{N_1} M_{ji}^{21}\dot{q}_{1i} - 2\omega_1\sum_{k=1}^{N_3} M_{jk}^{23}\dot{q}_{3k} - (\omega_1^2+\omega_3^2)\sum_{i=1}^{N_2} M_{ji}^{22} q_{2k} \\
&+ (\omega_1\omega_2+\dot{\omega}_3)\sum_{i=1}^{N_1} M_{ji}^{21} q_{1i} + (\omega_2\omega_3-\dot{\omega}_1)\sum_{k=1}^{N_3} M_{jk}^{23} q_{3k} + \sum_{k=1}^{N_2} K_{jk}^{S3} q_{2k} + \sum_{k=1}^{N_1} K_{jk}^{S4} q_{1k} \\
&= -(\dot{\omega}_3+\omega_2\omega_1)X_{1i} + (\omega_1^2+\omega_3^2)Y_{1i} - (\dot{v}_2+\omega_3 v_1-\omega_1 v_3)Z_{2j}
\end{aligned} \tag{3.52}
$$

$$
\begin{aligned}
&\sum_{i=1}^{N_3} M_{ki}^{33}\ddot{q}_{3i} - 2\omega_2\sum_{i=1}^{N_1} M_{ki}^{31}\dot{q}_{1i} + 2\omega_1\sum_{i=1}^{N_2} M_{ki}^{32}\dot{q}_{2i} + (\omega_3\omega_1-\dot{\omega}_2)\sum_{i=1}^{N_1} M_{ki}^{31} q_{1i} \\
&+ (\omega_3\omega_2+\dot{\omega}_1)\sum_{i=1}^{N_2} M_{ki}^{32} q_{2i} - (\omega_1^2+\omega_2^2)\sum_{i=1}^{N_3} M_{ki}^{33} q_{3i} + \sum_{i=1}^{N_3} K_{ki}^{B} q_{3i} + (\omega_3^2+\omega_2^2)\sum_{i=1}^{N_3} K_{ki}^{dX2} q_{3i} \\
&- (\dot{v}_1+\omega_2 v_3-\omega_3 v_2)\sum_{i=1}^{N_3} K_{ki}^{dX} q_{3i} + (\omega_3^2+\omega_1^2)\sum_{i=1}^{N_3} K_{ki}^{dY2} q_{3i} - (\dot{v}_2+\omega_3 v_1-\omega_1 v_3)\sum_{i=1}^{N_3} K_{ki}^{dY} q_{3i} \\
&- (\omega_2\omega_1-\dot{\omega}_3)\sum_{i=1}^{N_3} K_{ki}^{dY1} q_{3i} + (\omega_2\omega_1+\dot{\omega}_3)\sum_{i=1}^{N_3} K_{ki}^{dX1} q_{3i} \\
&= -(\omega_3\omega_1-\dot{\omega}_2)X_{3k} - (\omega_3\omega_2+\dot{\omega}_1)Y_{3k} - (\dot{v}_3+\omega_1 v_2-\omega_2 v_1)Z_{3k}
\end{aligned} \tag{3.53}
$$

式中，

$$M_{ij}^{lm} = \int_0^b\int_0^a \rho\phi_{li}\phi_{mj}\,\mathrm{d}x\mathrm{d}y$$

$$X_{mi} = \int_0^b\int_0^a \rho x\phi_{mi}\,\mathrm{d}x\mathrm{d}y$$

$$Y_{mi} = \int_0^b\int_0^a \rho y\phi_{mi}\,\mathrm{d}x\mathrm{d}y$$

$$Z_{mi} = \int_0^b\int_0^a \rho z\phi_{mi}\,\mathrm{d}x\mathrm{d}y$$

$$K_{ij}^{dX} = \int_0^b\int_0^a \rho(a-x)\phi_{3i,x}\phi_{3j,x}\,\mathrm{d}x\mathrm{d}y$$

$$K_{ij}^{dX1} = \int_0^b\int_0^a \rho[x(b-y)\phi_{3i,y}\phi_{3j,y}]\,\mathrm{d}x\mathrm{d}y$$

$$K_{ij}^{dX2} = \int_0^b\int_0^a \frac{1}{2}\rho(a^2-x^2)\phi_{3i,x}\phi_{3j,x}\,\mathrm{d}x\mathrm{d}y$$

$$K_{ij}^{dY}=\int_0^b\int_0^a\rho(b-y)\phi_{3i,y}\phi_{3j,y}\mathrm{d}x\mathrm{d}y$$

$$K_{ij}^{dY1}=\int_0^b\int_0^a\rho[y(a-x)\phi_{3i,x}\phi_{3j,x}]\mathrm{d}x\mathrm{d}y$$

$$K_{ij}^{dY2}=\int_0^b\int_0^a\frac{1}{2}\rho(b^2-y^2)\phi_{3i,y}\phi_{3j,y}\mathrm{d}x\mathrm{d}y$$

为求得天线阵面和多作动器系统的刚柔耦合动力学方程，将作动器调整机构的支撑条件转化为在支撑区域的边界条件，代入式(3.51)~式(3.53)得到简化的刚柔耦合系统的动力学方程。

由于天线阵面和作动器系统的边界条件并非弹性力学中的常规边界条件，不能采用常规方法来处理，因此对系统的边界条件进行简化。如图 3.19 所示，将阵面薄板按照调整机构的布局情况进行简化，根据弹性力学内容，将其简化为两对边固支、两对边自由的方式。

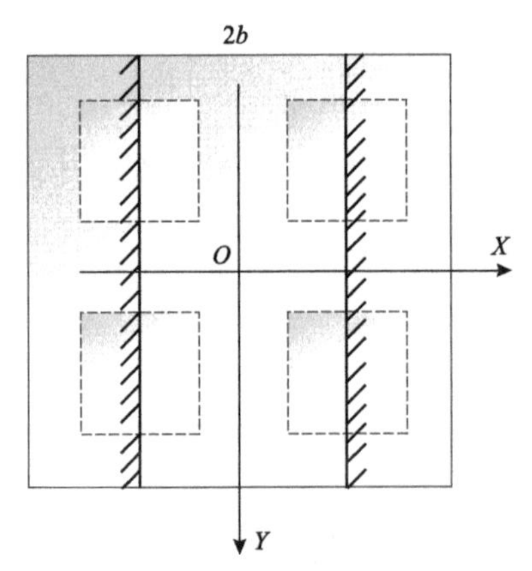

图 3.19　耦合系统边界条件简化图

两对边固支、两对边自由对应的边界条件为

$$\begin{cases}\omega|_{x=-b}=0,\quad \left.\dfrac{\partial\omega}{\partial x}\right|_{x=-b}=0\\ \omega|_{x=b}=0,\quad \left.\dfrac{\partial\omega}{\partial x}\right|_{x=b}=0\\ -D\left.\left(\dfrac{\partial^2\omega}{\partial y^2}+\nu\dfrac{\partial^2\omega}{\partial x^2}\right)\right|_{y=-a}=0,\quad -D\left.\left[\dfrac{\partial^3\omega}{\partial y^3}+(2-\nu)\dfrac{\partial^3\omega}{\partial x^2\partial y}\right]\right|_{y=-a}=0\\ -D\left.\left(\dfrac{\partial^2\omega}{\partial y^2}+\nu\dfrac{\partial^2\omega}{\partial x^2}\right)\right|_{y=a}=0,\quad -D\left[\dfrac{\partial^3\omega}{\partial y^3}+(2-\nu)\dfrac{\partial^3\omega}{\partial x^2\partial y}\right]_{y=a}=0\end{cases}\tag{3.54}$$

将式(3.54)代入式(3.51)～式(3.53)并化简，可得阵面和作动器刚柔耦合系统动力学模型：

$$\begin{cases} \sum_{j=1}^{N_1} M_{ij}^{13}\ddot{q}_{1j} + 2\dot{\theta}\sum_{j=1}^{N_3} M_{ij}^{13}\ddot{q}_{3j} - \dot{\theta}^2\sum_{j=1}^{N_1} M_{ij}^{11}\ddot{q}_{1j} + \ddot{\theta}\sum_{j=1}^{N_3} M_{ij}^{13}\ddot{q}_{3j} + \sum_{j=1}^{N_1} K_{ij}^{S1} q_{1j} = \dot{\theta}^2 X_{1i} \\ \sum_{i=1}^{N_3} M_{ki}^{33}\ddot{q}_{3j} - 2\dot{\theta}\sum_{i=1}^{N_1} M_{ki}^{31}\dot{q}_{1j} - \dot{\theta}^2\sum_{i=1}^{N_3} M_{ki}^{33} q_{3j} - \ddot{\theta}\sum_{i=1}^{N_1} M_{ki}^{31} q_{1j} + \sum_{i=1}^{N_3} K_{ki}^{B}\dot{q}_{3i} \\ \quad + \theta^2\sum_{i=1}^{N_3} K_{ki}^{dX2}\dot{q}_{3i} = \ddot{\theta} X_{3k} \end{cases} \tag{3.55}$$

3.3.2　天线阵面与作动器的协调控制和轨迹规划

为了解决天线阵面多作动器的协调控制问题，需要先对大型阵面进行运动轨迹规划，再根据运动学约束关系通过矩阵变换确定各调整机构轨迹的控制策略。

由于天线阵面从初始位姿运动到目标位姿的过程中没有障碍物，为使运动时间最短，选择首尾两点确定的直线作为运动路径。下面对天线阵面进行直线运动轨迹规划。天线阵面的初始位姿已经事先设定好，目标位姿需要根据实际情况确定其具体数值。在确定阵面的初始位姿和目标位姿后，便可进行直线运动轨迹规划，即求解出在该直线路径上若干插补点的位置和姿态角。

为了保证阵面在运动过程中位移和速度均连续，使用抛物线过渡的线性函数表示归一化因子 λ。抛物线过渡的线性函数指的是对初始点和目标点的位姿进行线性插值时，在两点的邻域内分别增加一段抛物线，由于抛物线对时间求二阶导数的结果是常数，即在这一区段内的加速度保持恒定，轨迹平滑过渡，使得轨迹上的位移和速度均保持连续。

令初始点和目标点附近的两段抛物线对应的运动时间相等，加速度值恒定，符号相反，则抛物线段的运动时间为

$$T_{\mathrm{b}} = \frac{v}{a} \tag{3.56}$$

式中，T_{b} 为抛物线段运动时间，s；v 为直线段运动速度，mm/s；a 为抛物线段加速度，$\mathrm{mm/s^2}$。

抛物线段的位移为

$$L_{\mathrm{b}} = \frac{1}{2}aT_{\mathrm{b}}^2 \tag{3.57}$$

式中，L_{b} 为抛物线段位移，mm。

直线运动对应的总位移和总时间分别为

$$L=\sqrt{(x_1-x_0)^2+(y_1-y_0)^2+(z_1-z_0)^2} \tag{3.58}$$

$$T=2T_b+\frac{L-2L_b}{v} \tag{3.59}$$

式中，L 为直线运动总位移，mm；x_0、y_0、z_0 为初始点的坐标，mm；x_1、y_1、z_1 为目标点的坐标，mm；T 为直线运动总时间，s。

对抛物线段的位移、时间和加速度分别进行归一化处理，可得

$$L_{b\lambda}=\frac{L_b}{L} \tag{3.60}$$

$$T_{b\lambda}=\frac{T_b}{T} \tag{3.61}$$

$$a_\lambda=\frac{2L_{b\lambda}}{T_{b\lambda}^2} \tag{3.62}$$

式中，$L_{b\lambda}$ 为位移的归一化参数；$T_{b\lambda}$ 为时间的归一化参数；a_λ 为加速度的归一化参数。

因此，可得归一化因子 λ 的计算公式为

$$\lambda=\begin{cases}\frac{1}{2}a_\lambda t^2, & 0\leqslant t\leqslant T_{b\lambda}\\ \frac{1}{2}a_\lambda T_{b\lambda}^2+a_\lambda T_{b\lambda}(t-T_{b\lambda}), & T_{b\lambda}<t\leqslant 1-T_{b\lambda}\\ \frac{1}{2}a_\lambda T_{b\lambda}^2+a_\lambda T_{b\lambda}(t-T_{b\lambda})-\frac{1}{2}a_\lambda(t+T_{b\lambda}-1)^2, & 1-T_{b\lambda}<t\leqslant 1\end{cases} \tag{3.63}$$

式中，t 为各插补点对应的离散时间，$t=\frac{i}{N}$，$i=0,1,2,\cdots,N$。

归一化因子 λ 是关于时间 t 的分段离散函数，$0\leqslant\lambda\leqslant 1$。当 $\lambda=0$ 时，对应初始点；当 $\lambda=1$ 时，对应目标点。λ 和 λ'(λ 的一阶导数)随离散时间 t 的变化曲线分别如图 3.20 和图 3.21 所示。

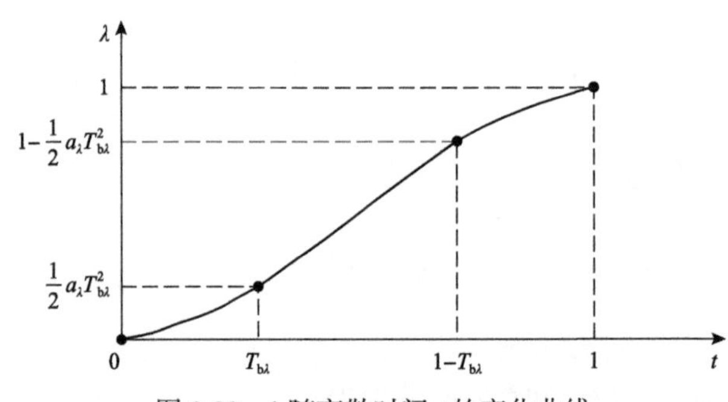

图 3.20　λ 随离散时间 t 的变化曲线

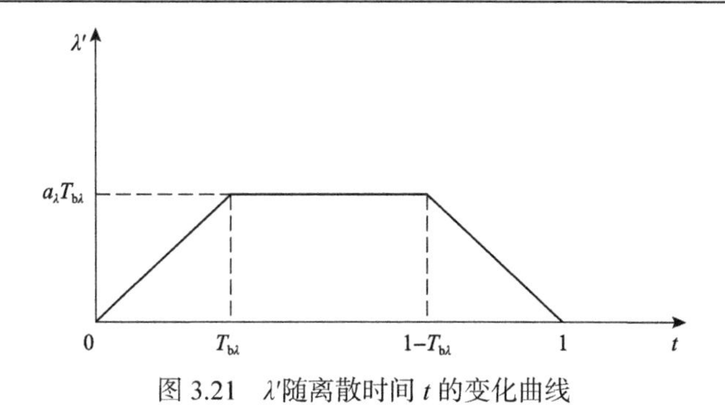

图 3.21　λ'随离散时间 t 的变化曲线

在求出归一化因子 λ 并给定插补点的个数 N 后，阵面轨迹上各插补点的位置和姿态可由式(3.64)求得：

$$\begin{cases} x_i = x_0 + \lambda \Delta x \\ y_i = y_0 + \lambda \Delta y \\ z_i = z_0 + \lambda \Delta z \\ \alpha_i = \alpha_0 + \lambda \Delta \alpha \\ \beta_i = \beta_0 + \lambda \Delta \beta \\ \gamma_i = \gamma_0 + \lambda \Delta \gamma \end{cases} \tag{3.64}$$

式中，(x_0, y_0, z_0) 为阵面的初始位置坐标，mm；$(\alpha_0, \beta_0, \gamma_0)$ 为阵面的初始姿态角，(°)；(x_i, y_i, z_i) 为阵面第 i 个插补点的位置坐标，mm；$(\alpha_i, \beta_i, \gamma_i)$ 为阵面第 i 个插补点的姿态角，(°)；i 为插补点的序号，$1 \leqslant i \leqslant N$；$\lambda$ 为归一化因子；Δx、Δy、Δz、$\Delta \alpha$、$\Delta \beta$、$\Delta \gamma$ 为目标位姿相对于初始位姿的增量，mm。

$$\begin{cases} \Delta x = x_1 - x_0 \\ \Delta y = y_1 - y_0 \\ \Delta z = z_1 - z_0 \\ \Delta \alpha = \alpha_1 - \alpha_0 \\ \Delta \beta = \beta_1 - \beta_0 \\ \Delta \gamma = \gamma_1 - \gamma_0 \end{cases} \tag{3.65}$$

式中，(x_1, y_1, z_1) 为阵面的目标位置坐标，mm；$(\alpha_1, \beta_1, \gamma_1)$ 为阵面的目标姿态角，(°)。

各调整机构与大型阵面之间的相对位姿保持固定不变。因此，对于阵面直线运动轨迹中的任一插补点，都可以利用相对位姿关系通过矩阵变换求解得到各作动器与阵面插补点对应的插补点位姿，从而求得各作动器的轨迹。

对轨迹规划过程中的天线阵面、作动器、大地坐标系等坐标系进行约定。天线阵面坐标系 $O\text{-}XYZ$ 的原点 O 位于阵面下底面的中心点；大地坐标系 $G\text{-}XYZ$ 的

原点 G 为某固定不变的位置点；各作动器基坐标系 B-XYZ 的原点 B 分别位于其静平台下底面的中心点；各作动器运动坐标系 P-XYZ 的原点 P 分别位于其动平台上表面的中心点。

在求解出阵面直线轨迹上各插补点的位姿后，考虑到各作动器与阵面固定连接，可通过矩阵变换分别求出各作动器的插补点位姿，从而保证各作动器在空间上的同步性。

作动器动平台中心点 P 在其基坐标系 B-XYZ 中的位姿即为当前时刻的插补点位姿。已知作动器 1 的动平台中心点 P_1 在阵面坐标系 O-XYZ 中的位姿为 $(x_{1O},y_{1O},z_{1O},\alpha_{1O},\beta_{1O},\gamma_{1O})$，为求得作动器 1 动平台中心点 P_1 在其基坐标系 B_1-XYZ 中的位姿，需要建立从当前阵面坐标系 O-XYZ 到基坐标系 B_1-XYZ 的齐次变换矩阵 ${}_O^{B_1}\boldsymbol{T}$ 有

$$
{}_O^{B_1}\boldsymbol{T}=\begin{bmatrix} {}_O^{B_1}\boldsymbol{R} & {}_O^{B_1}\boldsymbol{P} \\ 0 & 1 \end{bmatrix} \tag{3.66}
$$

式中，${}_O^{B_1}\boldsymbol{T}$ 为从阵面坐标系 O-XYZ 到基坐标系 B_1-XYZ 的齐次变换矩阵；${}_O^{B_1}\boldsymbol{R}$ 为旋转矩阵，它描述了阵面坐标系 O-XYZ 相对于基坐标系 B_1-XYZ 的方位；${}_O^{B_1}\boldsymbol{P}$ 为阵面坐标系 O-XYZ 相对于基坐标系 B_1-XYZ 的平移矢量。

基坐标系 B_1-XYZ 的姿态角为 $(\alpha_{B_1},\beta_{B_1},\gamma_{B_1})$，阵面坐标系 O-XYZ 的姿态角为 $(\alpha_C,\beta_C,\gamma_C)$，阵面坐标系 O-XYZ 相对于基坐标系 B_1-XYZ 的姿态角为 $(\Delta\alpha_1,\Delta\beta_1,\Delta\gamma_1)$，有

$$
\begin{cases}\Delta\alpha_1=\alpha_C-\alpha_{B_1}\\ \Delta\beta_1=\beta_C-\beta_{B_1}\\ \Delta\gamma_1=\gamma_C-\gamma_{B_1}\end{cases} \tag{3.67}
$$

根据式(3.67)，可得旋转矩阵 ${}_O^{B_1}\boldsymbol{R}$ 的表达式为

$$
{}_O^{B_1}\boldsymbol{R}=\begin{bmatrix}\cos\Delta\beta_1\cos\Delta\gamma_1 & \sin\Delta\alpha_1\sin\Delta\beta_1\cos\Delta\gamma_1-\cos\Delta\alpha_1\sin\Delta\gamma_1 & \cos\Delta\alpha_1\sin\Delta\beta_1\cos\Delta\gamma_1+\sin\Delta\alpha_1\sin\Delta\gamma_1\\ \cos\Delta\beta_1\sin\Delta\gamma_1 & \sin\Delta\alpha_1\sin\Delta\beta_1\cos\Delta\gamma_1+\cos\Delta\alpha_1\cos\Delta\gamma_1 & \cos\Delta\alpha_1\sin\Delta\beta_1\cos\Delta\gamma_1-\sin\Delta\alpha_1\cos\Delta\gamma_1\\ -\sin\Delta\beta_1 & \sin\Delta\alpha_1\cos\Delta\beta_1 & \cos\Delta\alpha_1\cos\Delta\beta_1\end{bmatrix} \tag{3.68}
$$

基坐标系 B_1-XYZ 的坐标为 $(x_{B_1},y_{B_1},z_{B_1})$，阵面坐标系 O-XYZ 的坐标为 (x_C,y_C,z_C)，阵面坐标系 O-XYZ 相对于基坐标系 B_1-XYZ 的平移矢量 ${}_O^{B_1}\boldsymbol{P}$ 为 $(\Delta x_1,\Delta y_1,\Delta z_1)$，有

$$\begin{cases}\Delta x_1 = x_C - x_{B_1} \\ \Delta y_1 = y_C - y_{B_1} \\ \Delta z_1 = z_C - z_{B_1}\end{cases} \tag{3.69}$$

将旋转矩阵 ${}_O^{B_1}\boldsymbol{R}$ 和平移矢量 ${}_O^{B_1}\boldsymbol{P}$ 代入齐次变换矩阵 ${}_O^{B_1}\boldsymbol{T}$ 的表达式即得齐次变换矩阵，即

$$\begin{bmatrix}\boldsymbol{P}_{1B_1} \\ 1\end{bmatrix} = \begin{bmatrix}{}_O^{B_1}\boldsymbol{R} & {}_O^{B_1}\boldsymbol{P} \\ 0 & 1\end{bmatrix}\begin{bmatrix}\boldsymbol{P}_{1O} \\ 1\end{bmatrix} = {}_O^{B_1}\boldsymbol{T}\begin{bmatrix}\boldsymbol{P}_{1O} \\ 1\end{bmatrix} \tag{3.70}$$

式中，$\boldsymbol{P}_{1B_1}$ 为作动器 1 的动平台中心点 P_1 在基坐标系 B_1-XYZ 中的坐标，mm；$\boldsymbol{P}_{1O}$ 为作动器 1 的动平台中心点 P_1 在阵面坐标系 O-XYZ 中的坐标，mm。

将动平台中心点 P_1 在阵面坐标系 O-XYZ 中的坐标 (x_{1O}, y_{1O}, z_{1O}) 代入式(3.70)中的 $\boldsymbol{P}_{1O}$，即得点 P_1 在基坐标系 B_1-XYZ 中的坐标 $\boldsymbol{P}_{1B_1} = (x_{B_1}, y_{B_1}, z_{B_1})$。动平台 1 此时的插补点姿态角与阵面的姿态角相同，均为 $(\alpha_C, \beta_C, \gamma_C)$，则当前阵面对应的动平台插补点位姿为 $(x_{B_1}, y_{B_1}, z_{B_1}, \alpha_C, \beta_C, \gamma_C)$。采用上述方法即可求得与阵面任意时刻对应的第 1 个作动器的插补点位姿，从而可求得该作动器的轨迹。同理，其他几个作动器的轨迹也可按照该方法求得。

3.4　天线变形机械补偿应用验证

将天线阵面与作动器集成设计，实现相控阵雷达结构变形的自适应机械补偿，是未来相控阵雷达朝智能化发展的重要方向，其关键技术与方法均需要提前进行仿真和应用验证，主要包含天线阵面与作动器的集成优化设计方法、自适应机械补偿精细调整与控制方法等。

3.4.1　天线阵面与单个 Stewart 并联机构的应用验证

如图 3.22 所示，美国海基雷达天线为有源相控阵天线，呈八角形平面阵列，直径为 12.5m，天线阵列面积高达 248m^2，整个雷达天线阵面尺寸大，天线阵面由 9 个超级子阵组成，拥有 69632 个 T/R 模块，其中有 45000 个砷化镓(GaAs)模块为有源 T/R 模块，平均功率为 170kW(每一阵面)，低副瓣相控阵天线面积为 123m^2，雷达的功率孔径达到 2000 万数量级。作为一部高频段相控阵雷达，天线阵面分为 9 个超级子阵，而每个超级子阵之间的相对位姿精度要求较高，如果单纯地依靠机械加工与后期装配调试，将大大提高周期和成本。

图 3.22　美国海基雷达

类似美国海基雷达超级子阵特点的大型相控阵天线阵面，为了有效地降低加工超级子阵装配的周期与成本，开展了基于 Stewart 并联机构的相控阵天线阵面结构变形补偿与控制的研究。Stewart 并联机构是一种进行空间姿态调整的成熟机构技术，在航空航天、精密机床等领域均有广泛的应用。为了满足天线阵面高精度的需求，在面板与阵面骨架之间采用 Stewart 并联机构进行连接。Stewart 并联机构一方面提供安装面板与阵面骨架的机械连接作用，另一方面能够对安装面板进行精细调节，实现安装面板之间拼接及安装板内部的高平面精度，如图 3.23 所示。

图 3.23　样机阵面结构示意图

利用 Stewart 平台机构运动性能与阵面精度设计的调整机构一体化优化设计数学优化模型，对该阵面下的调整机构支腿布局进行优化设计，优化结果如图 3.24 所示。

对 Stewart 调整机构 6 个支腿驱动力进行校核，将阵面放置在调整机构工作空间的中心位置，而后按照每隔 10°对结构进行静力分析，如表 3.1 所示。

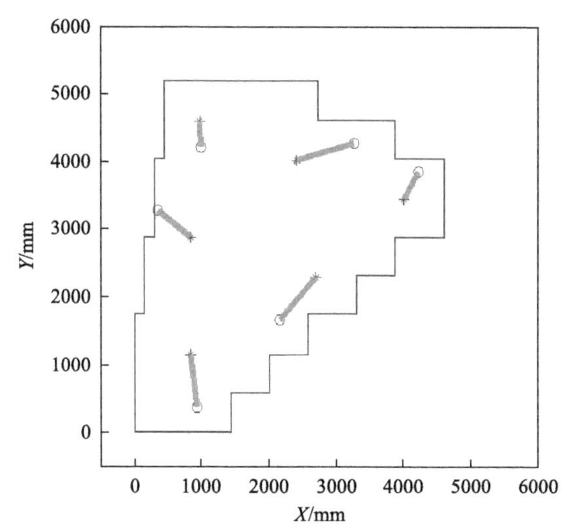

图 3.24　天线阵面调整机构铰接点投影示意图

○ 支腿上端的球铰位置；＊ 支腿下端虎克铰位置；━ 调整机构的支腿

表 3.1　不同俯仰角状态调整机构的支腿驱动力

角度/(°)	F_1 / N	F_2 / N	F_3 / N	F_4 / N	F_5 / N	F_6 / N
0	8057.3	1263.2	−7190.5	22058.3	−8530.1	−19050.7
10	6409.8	−682.6	7466.6	18806.3	−10600.2	−19826.9
20	4567.6	−2607.7	−7515.8	14983.0	−12348.3	−20000.5
30	2586.6	−4453.7	−7336.7	10704.4	−13721.1	−19566.5
40	526.9	6164.2	−6934.6	6100.5	−14677.0	−18538.0
50	−1548.6	−7687.5	−6321.9	1311.3	−15187.0	−16946.1
60	−3577.2	−8977.2	−5517.0	−3517.7	−15235.5	−14839.4
70	−5497.1	−9994.2	−4544.5	−8239.8	−14821.1	−12281.8
80	−7249.9	−10707.4	−3434.0	−12711.7	−13956.4	−9351.0
90	−8782.5	−11095.4	−2219.0	−16797.2	−12667.6	−6136.1

从表 3.1 可以看出，最大驱动力发生在 4 号支腿的情况最多，最大值为 22058.3 N，表现为拉力。可根据最大受力情况对 Stewart 机构进行选型。

当确定调整机构上、下位置后，同时需要进行空间的奇异性分析，即要求在整个过程中调整空间可达，因此分析全工作空间的雅可比矩阵条件数的极大值和极小值，如果它们同号，说明不存在奇异点，如果它们异号，说明存在奇异点，其条件数的包络线如图 3.25 所示，每组采样点有 100 个。曲线上不存在条件数趋于无穷大的点，表明全工作空间内不存在奇异点。

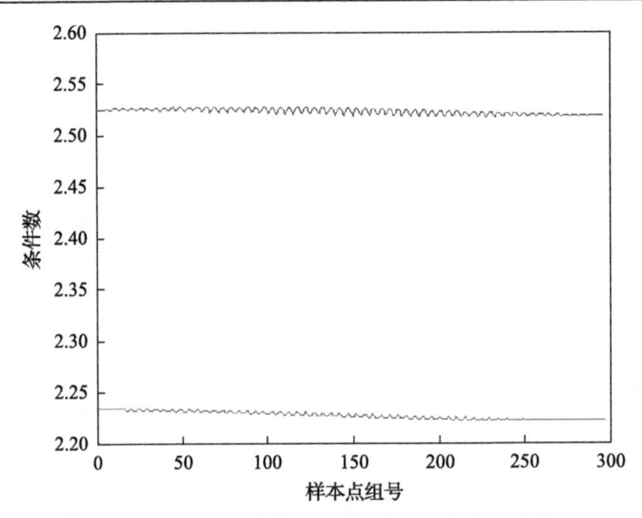

图 3.25　调整机构雅可比矩阵条件数的包络线

完成了天线阵面与作动器的集成设计，并对其精细调整和协调控制算法进行研究后，还需开发相应的专用控制系统，与相控阵雷达的伺服控制系统集成设计，在原伺服控制系统的基础上，进一步拓展其功能，简化设备组成，提高整个控制过程的可靠性。

整个运动控制系统采用“上位机+运动控制器”的形式，上位机通过通信总线发出控制运行指令给控制器，如图 3.26 所示。运动控制器进行指令解析，并经过相关算法将天线阵面的姿态信息转换成每个作动器的位置信息，依此控制整个装置的运动。在天线阵面整个结构补偿过程中，运动控制器根据位移传感器进行精确的定位控制。

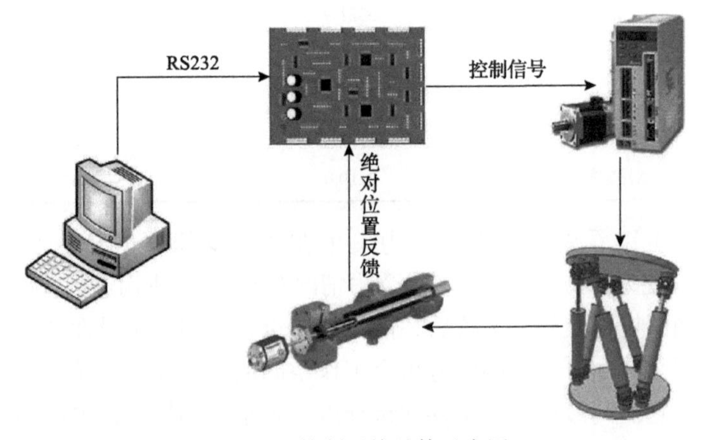

图 3.26　控制系统总体示意图

上位机作为信息集中管理的平台，实时监控电机的执行情况，以便调整运行状态。此外，上位机也可充分发挥自身强大的显示、处理能力和良好的人机交互界面，对采集到的现场数据进行统计、分析、制表、打印、绘图、报警等，实现信息文件组织。同时，它也为设计人员的程序开发提供了良好的基础，最大地提高了设计的灵活性。运动控制器是运动控制系统的核心部分之一，完成指令解析、电机速度控制、运动的精确定位、输入输出信号的处理，实现闭环控制。驱动器具有定位精度高、调速范围宽、有足够的传动刚性和高的速度稳定性、响应速度快且过载能力强的优点，驱动单元将来自运动控制器的脉冲、方向信号转换成作动器的控制信号。作动器的执行单元有蜗轮蜗杆、电动缸或液压缸。反馈元件可采用位移传感器、应力应变传感器等，依次构成位置闭环控制，完成对控制对象位置参数的检测。运动控制器根据反馈信息，对运行参数进行实时调整，以达到理想的运动效果。在一个控制系统中，保护装置也是一个必不可少的组成部分，起到及时保护的作用。

专用控制器主要由 ARM(LPC2214)、FPGA(EP2C5T144C8)、驱动器接口电路、位移传感器接口电路、限位检测电路和电源电路等组成。其中 ARM 通过串口实现与上位机之间的通信，解析从上位机获得的控制指令，并通过 FPGA 产生相应输出信号给驱动器接口，驱动器接口外接驱动器。位移传感器信号作为位置反馈信号与编码器接口相连，形成位置环反馈。限位信号作为安全检测信号与限位检测接口相连，为整个系统添加一道安全保障。

图 3.27 为 Stewart 六轴专用控制器的硬件组成，下面简要介绍 ARM 和 FPGA 各自的功能和实现方式。

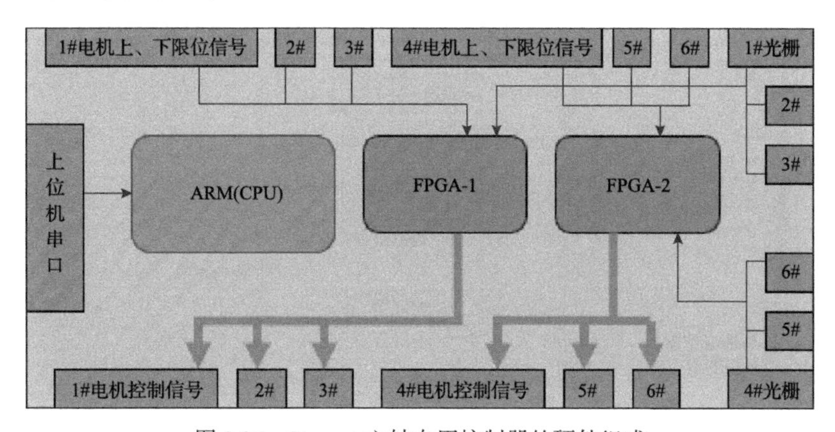

图 3.27　Stewart 六轴专用控制器的硬件组成

1) ARM 处理器的设计功能

(1) 通过 RS232 串口接收上位机控制指令。

(2) 解析控制指令，生成 FPGA 的控制数据。

(3) 通过控制总线、地址总线、数据总线配置 FPGA 中的电机寄存器。

(4)读写 FPGA 的电机运行数据信息。

(5)运行信息反馈。在系统运行的过程中，运动控制器将实时的运行信息(各轴电机所处位置、实时速度、应答信息)上传给上位机。

(6)运行状态提示。开机提示、运行故障提示、运行完毕提示等。

2)FPGA 功能及其实现逻辑

(1)实现与 ARM 微处理器的通信功能。

(2)接收 ARM 微处理器发出的电机控制信号，按照控制指令配置相关电机寄存器，产生电机的脉冲、方向信号发送给步进电机驱动器，实现驱动电机运行。

(3)电机在运行的过程中，实现加减速 S 曲线控制，使电机能够平稳运行。

(4)电机精确定位。接收磁致伸缩位移传感器信号，对信号进行相应处理，计算得出电机位移信息，从而实现对位移的闭环控制，进行精确定位。

(5)监控电机运行状态，将电机运行状态等信息快速反馈给 ARM 微处理器，ARM 处理器根据不同的电机运行状态采取不同的措施。

(6)限位保护。

图 3.28 是 FPGA 内部逻辑示意图，主要由 ARM 总线接口电路、各轴运动方向及脉冲产生逻辑电路、编码器辨向及细分电路、限位运动保护逻辑等组成。

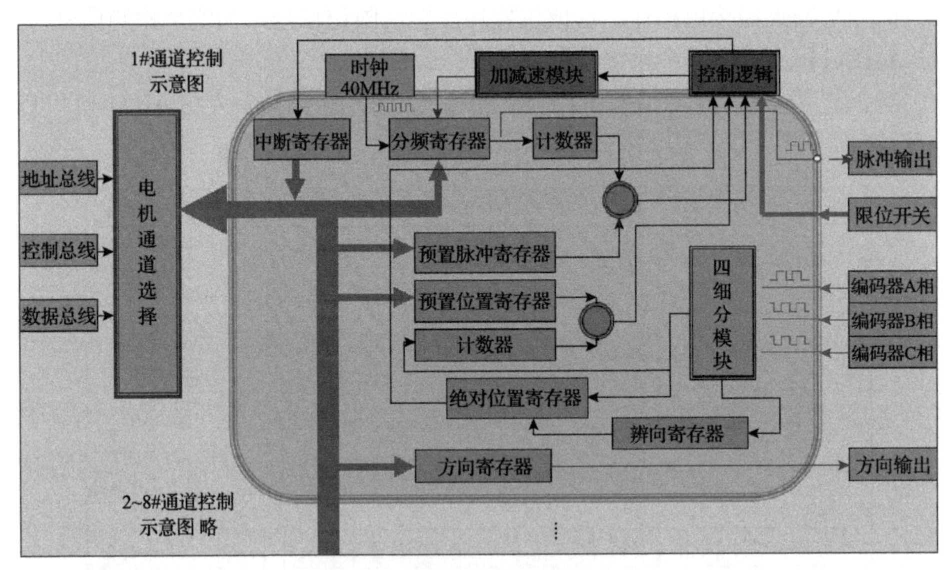

图 3.28　FPGA 内部逻辑示意图

图 3.29 为 Stewart 专用控制器。图 3.30 为 Stewart 并联机构支腿实物图。首先针对控制器单独测试，以确保后面联调的正确性和安全性。然后将控制器与驱动器、电机、电动缸、磁致伸缩位移传感器连接起来，针对 Stewart 平台单个支腿装置进行调试。

图 3.29　Stewart 专用控制器

图 3.30　Stewart 并联机构支腿实物图

通过以上设计优化，完成了整个试验样机平台的搭建，如图 3.31 为试验样机现场图，在该试验平台针对 Stewart 并联机构的调整能力进行了试验验证。

(a) 平台整体图

(b) 平台局部图

图 3.31　试验样机现场图

试验样机平台可以实现阵面子阵 0°～90°的俯仰运动。为了验证 Stewart 并联机构的调整与控制精度，分别在 0°、5°、15°、20°、25°、30°工况下进行试验，每种工况分别在 3 个典型位置进行试验，子阵从初始位姿（A 点）向理想位姿（B 点）运动，以其中 5°工况的试验数据为例，如表 3.2 所示。

表 3.2　5°工况下精度调整试验数据

试验组	位姿	X/mm	Y/mm	Z/mm	R_X/(°)	R_Y/(°)	R_Z/(°)
	初始位姿	65.358	471.313	1471.007	−1.233	0.899	9.045
第一组（调整 4 次）	理想位姿	+10	+10	+10	+0	+0	+0
	实际位姿	+10.05	+9.93	+10.06	0.001	−0.002	+0.001
	精调误差	0.05	0.07	0.06	0.001	0.002	0.001

续表

试验组	位姿	X/mm	Y/mm	Z/mm	R_X/(°)	R_Y/(°)	R_Z/(°)
	初始位姿	65.358	471.313	1471.007	−1.233	0.899	9.045
第二组（调整 3 次）	理想位姿	−10	−10	−10	+0	+0	+0
	实际位姿	−10.09	−10.13	−9.94	+0.002	−0.003	+0.002
	精调误差	0.09	0.13	0.06	0.002	0.003	0.002
第三组（调整 7 次）	理想位姿	+0	+0	+0	+0	−1	+0
	实际位姿	−0.06	+0.15	+0.09	−0.003	−1.001	+0.006
	精调误差	0.06	0.15	0.09	0.003	0.001	0.006

由不同工况下调整试验数据可知，当阵面子阵进行调整时，调整次数在 7 次以内可以实现较高的调整精度(位置误差≤0.1mm，姿态角误差≤0.01°)。

3.4.2 天线阵面与多个 Stewart 并联机构的应用验证

3.4.1 节对天线阵面与单个 Stewart 并联机构的集成设计与应用等问题进行了相关试验样机验证，而针对阵面规模较大、作动器安装空间不足等限制，选用多个较小的 Stewart 并联机构分布在天线阵面背后，是一种有效的解决方法。而与单个 Stewart 并联机构的主要研究问题相比，由于多个 Stewart 并联机构存在大量的自由度冗余问题，多个 Stewart 并联机构的协调控制是更加突出的工程应用问题。

以四个 Stewart 并联机构天线阵面系统为例进行应用验证，它由天线阵面骨架、Stewart 并联机构、固定底座、综合控制机柜组成，如图 3.32 所示。

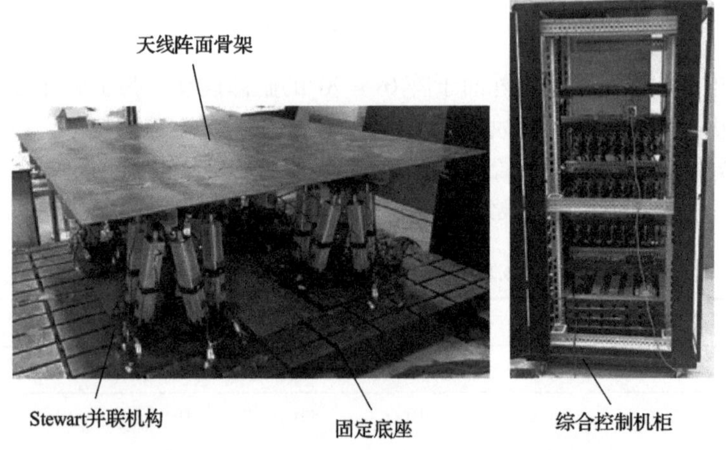

图 3.32 四个 Stewart 并联机构天线阵面系统

单个 Stewart 并联机构如图 3.33 所示，满足如下技术指标。

(1)平台的尺寸：静平台尺寸为500mm×500mm，动平台尺寸为450mm×450mm。

(2)有效载荷(承载大型阵面质量)：500kg。

(3)平面度调整误差≤0.2mm(与实际测量的偏差)。

(4)稳态下定位精度：位置误差≤0.2mm；姿态角误差≤0.1°。

图3.33　单个Stewart并联机构

六自由度调整机构运动性能指标如表3.3所示。

表3.3　六自由度调整机构运动性能指标

指标	姿态	位移	速度	加速度
技术指标	俯仰(α)	±10°	±20°/s	±40°/s^2
	滚转(β)	±10°	±20°/s	±40°/s^2
	偏航(γ)	±10°	±20°/s	±40°/s^2
	垂直升降(z)	±30mm	250mm/s	±300mm/s^2
	纵向位移(y)	±30mm	250mm/s	±300mm/s^2
	侧向位移(x)	±30mm	250mm/s	±300mm/s^2
其他指标	(1)行程回差：≤0.05mm			
	(2)漂移量：平台系统连续运行12h以上，任何一个电动推杆的位置漂移量不超过0.1mm			

针对以上系统硬件平台，开发了多作动器协调控制算法，整个控制软件系统采用Visual C++ 6.0编写的上位机控制软件，该控制软件主要包括网络连接、手动控制、状态查询、结构参数、运动输入、协调控制和显示界面七个部分，如图3.34所示。

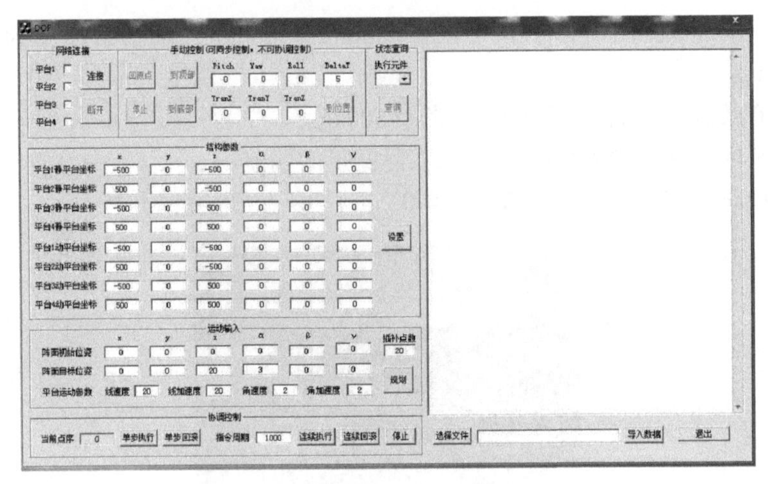

图 3.34　多作动器系统控制软件界面

首先，设计六种组合轨迹，对四个 Stewart 并联机构的协调控制能力进行验证，并对每种组合轨迹下的阵面平面度和指向误差进行测量，试验流程图如图 3.35 所示。

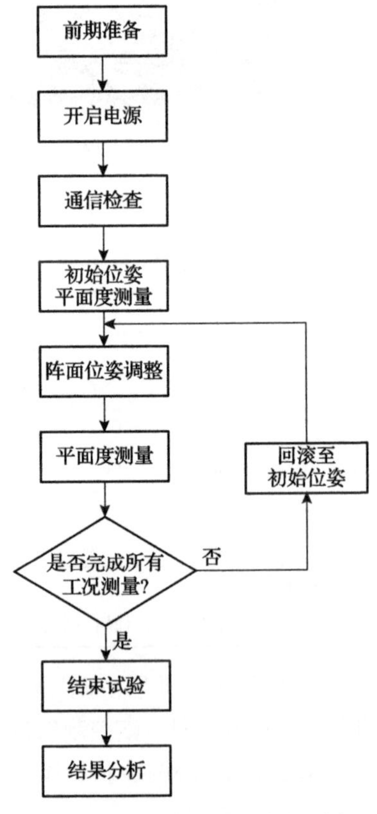

图 3.35　位姿调整试验流程图

分别对六种组合轨迹的控制结果进行测量，测量结果如表 3.4 所示。可以看出，通过多组六自由度调整机构的协调运动，阵面从初始位姿运动到目标位姿，其平面度和指向误差具有较高的精度，该六组试验验证了协调控制算法的有效性。

表 3.4　阵面位姿调整试验结果

序号	工况	平面度/mm	指向误差/(°)
1	零位	0.8214	0.0506
2	绕 Z 轴转 1°，即 α=1°	0.4098	0.0437
3	绕 Y 轴转 1°，即 β=1°	0.4326	0.0449
4	绕 X 轴转 1°，即 γ=1°	0.4143	0.0441
5	同时绕 X、Z 轴转 1°，即 α=1°和 γ=1°	0.4609	0.0459
6	绕 X 轴转–1°，绕 Z 轴转 1°，即 α=1°和 $\gamma = -1$°	0.4061	0.0435

然后，设计六种变形情况，对四个 Stewart 并联机构的变形补偿能力进行验证，变形补偿试验流程图如图 3.36 所示。

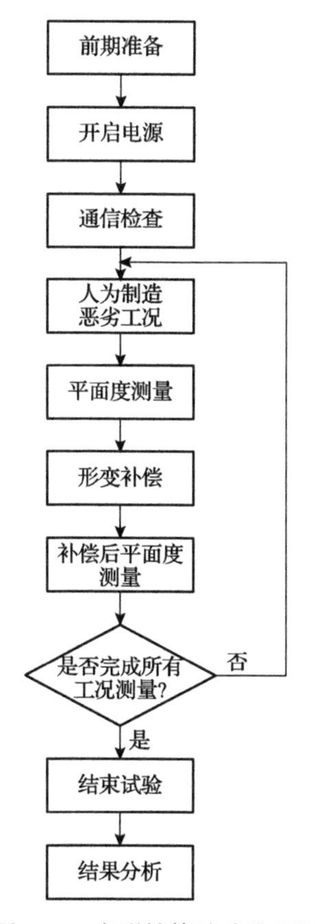

图 3.36　变形补偿试验流程图

分别对六种变形补偿结果进行测量，测量结果如表 3.5 所示。可以看出，在变形补偿后，阵面的平面度和指向误差精度都得到了很好的改善，有效地改善了结构变形。

表 3.5　阵面变形补偿试验结果

序号	工况	平面度/mm	补偿后平面度/mm	指向误差/(°)	补偿后指向误差/(°)
1	零位	0.8214	无	0.0506	无
2	平台 4 向下移动 3mm	0.7492	0.4172	0.0488	0.0444
3	平台 1 向上移动 3mm 平台 4 向下移动 3mm	1.4705	0.4094	0.0784	0.0439
4	平台 2 向上移动 5mm 平台 4 向下移动 5mm	0.6663	0.4142	0.0472	0.0441
5	平台 2 向上移动 5mm 平台 4 向上移动 5mm	2.4232	0.4121	0.1255	0.0440
6	平台 1 向下移动 5mm 平台 2 向上移动 5mm 平台 4 向上移动 5mm	3.5439	0.4163	0.1737	0.0443

3.4.3　轻薄天线阵面与自适应结构的应用

星载有源相控阵天线阵面采用多功能结构一体化技术，将天线阵面结构与系统功能相结合，大幅降低了天线阵面的整体尺寸和重量；同时，折叠机构的部分支撑杆件与天线阵面连接采用压电主动伸缩杆。压电主动伸缩杆由连接座、套筒、压电堆、球铰、弹簧和输出杆等组成。安装压电主动伸缩杆应满足：保证星载天线展开、收拢及工作工程中的刚度和强度；输出杆仅输出轴向位移，且位移随控制电压的变化而变化。因此，通过控制输入电压来控制输出杆长度，进而调控天线阵面变形，达到抑制天线阵面振动的效果，从而保证了天线的电性能。

星载有源相控阵天线工作频率 $f=10\,\text{GHz}$；天线孔径为 10m×2m(长×宽)；天线单元间距为 $\text{d}x=50\text{mm}$，$\text{d}y=50\text{mm}$；辐射单元个数为 7800 个。天线阵面由四个子阵组成，子阵阵面尺寸为 $a=2.5\text{m}$、$b=2\text{m}$。天线阵面折叠机构展开后的高度 $h=1.15\text{m}$。天线阵面展开或收拢机构简图如图 3.37 和图 3.38 所示。

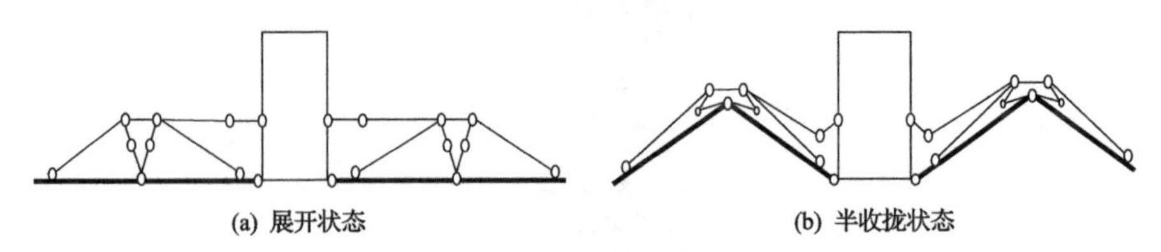

(a) 展开状态　　(b) 半收拢状态

图 3.37　星载有源相控阵天线机构简图

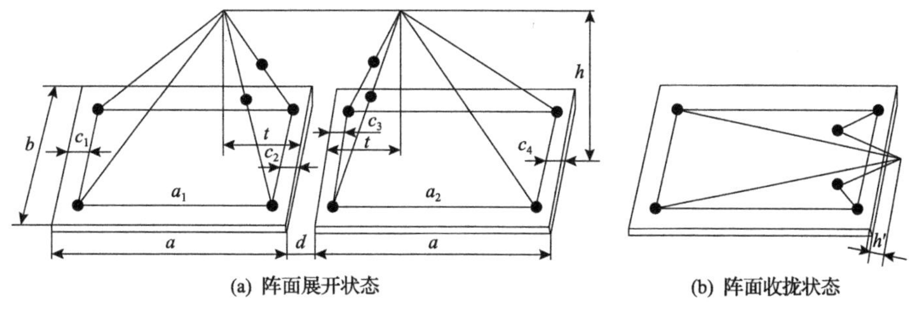

图 3.38　星载有源相控阵天线阵面支撑机构简图

根据图 3.38 可得到各构件铰接点间的几何关系，即

$$\begin{cases}(a-c_1-t)^2+h^2=(a-c_1+h')^2\\(a-c_4-t)^2+h^2=(a-c_4+h')^2\end{cases}\tag{3.71}$$

$$\begin{cases}a=a_1+c_1+c_2\\a=a_2+c_3+c_4\end{cases}\tag{3.72}$$

$$\begin{cases}0<c_2<t\\0<c_3<t\end{cases}\tag{3.73}$$

为保证折叠机构展开后星载天线的强度和刚度，设置边界条件 $a_1=a_2=1.5\text{m}$，$b_1=b_2=0.75\text{m}$，$t=0.45\text{m}$，$d=0.1\text{m}$，则可利用式(3.9)所示的数学模型优化确定各作动器的位置，即确定支撑杆件与阵面相铰接的位置。

将式(3.72)和式(3.73)代入式(3.9)，得到星载天线阵面铰接点位置优化模型，即

$$\begin{aligned}&\text{find}\quad \boldsymbol{h}=[x_1\ \ x_2\ \ \cdots\ \ x_8\ \ y_1\ \ y_2\ \ \cdots\ \ y_8]\\&\min\quad f(\boldsymbol{X})=\frac{1}{2}(\boldsymbol{P}^{-1}\boldsymbol{\delta})^{\mathrm{T}}\boldsymbol{P}(\boldsymbol{P}^{-1}\boldsymbol{\delta})-\boldsymbol{\delta}^{\mathrm{T}}(\boldsymbol{P}^{-1}\boldsymbol{\delta})\\&\text{s.t.}\ \begin{cases}-\boldsymbol{A}^{\mathrm{T}}\boldsymbol{P}-\boldsymbol{PA}+\boldsymbol{PB}(\boldsymbol{L}(\boldsymbol{X}))\boldsymbol{R}^{-1}\boldsymbol{B}^{\mathrm{T}}(\boldsymbol{L}(\boldsymbol{X}))\boldsymbol{P}-\boldsymbol{C}^{\mathrm{T}}\boldsymbol{QC}=\boldsymbol{0}\\\boldsymbol{\delta}\approx(\boldsymbol{PB}(\boldsymbol{L}(\boldsymbol{X}))\boldsymbol{R}^{-1}\boldsymbol{B}^{\mathrm{T}}(\boldsymbol{L}(\boldsymbol{X}))-\boldsymbol{A}^{\mathrm{T}})^{-1}\boldsymbol{C}^{\mathrm{T}}\boldsymbol{Q}\hat{\boldsymbol{y}}\\(a-c_1-t)^2+h^2=(a-c_1+h')^2\\c_1=c_4\\c_2=c_3\\0<c_2<t,\ \ 0<c_3<t\end{cases}\end{aligned}\tag{3.74}$$

式中，(x_i, y_i) 为各作动器位置坐标，$i=1,2,\cdots,8$。

利用遗传算法经式(3.74)优化确定铰接点位置，目标函数迭代曲线如图 3.39 所示，随着迭代步数的增加，适应度函数值不断减小，共迭代 203 步即得到最优值–0.002，对应的铰接点位置如图 3.40 所示。

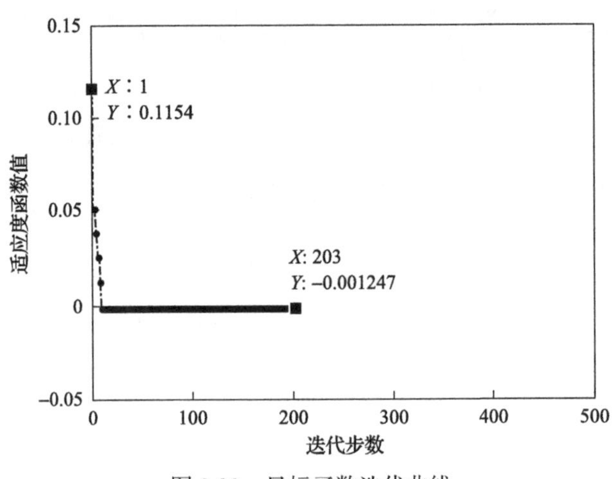

图 3.39　目标函数迭代曲线

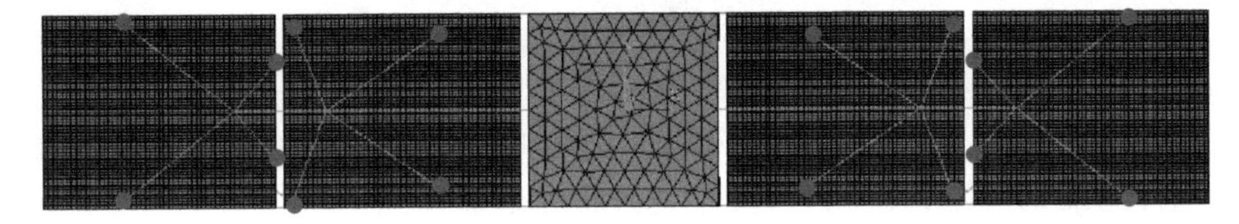

图 3.40　优化后铰接点位置

● 铰接点位置

3.5　本 章 小 结

本章介绍了天线阵面自适应机械补偿方法，首先对现有的机械补偿作动器技术进行了梳理介绍，对调整机构与天线阵面进行一体化设计方法分类研究，通过精细调整和协调控制算法，研制专用控制系统；然后以天线阵面试验样机为例，开展了调整机构在天线阵面结构补偿上的工程应用验证，为相控阵雷达天线阵面结构机械补偿的工程应用奠定了基础。

参 考 文 献

[1] 陆震, 杨光, 王启明, 等. FAST 望远镜主动反射面促动机构运动学研究. 北京航空航天大学学报, 2006, 32(2): 233-238.

[2] 冷国俊, 保宏, 杜敬利, 等. 大型相控阵雷达高维离散变量拓扑优化. 机械工程学报, 2013, 49(3): 174-179.
[3] 王从思, 李江江, 朱敏波, 等. 大型反射面天线变形补偿技术研究进展. 电子机械工程, 2013, 29(2): 5-10.
[4] 刘双荣, 周金柱, 唐宝富, 等. 轻薄阵列天线阵面形状调整的作动器优化布局. 电子机械工程, 2018, 34(3): 1-6,10.
[5] 唐宝富, 钟剑锋, 顾叶青. 相控阵雷达天线结构设计. 西安: 西安电子科技大学出版社, 2017.
[6] Bye D, McClure P. Design of a morphing vehicle//48th AIAA/ASME/ASCE/AHS/ASC Structures, Structural Dynamics, and Materials Conference, Honolulu, 2007: 321-336.
[7] 何庆强, 姚明, 任志强, 等. 结构功能一体化相控阵天线高密度集成设计方法. 电子元件与材料, 2015, 34(5): 61-65.
[8] 胡乃岗, 保宏, 连培园, 等. 大型相控阵天线结构与调整机构一体化设计. 机械工程学报, 2015, 51(1): 196-202.
[9] 黄文虎, 邵成勋. 多柔体系统动力学. 北京: 科学出版社, 1996.

第 4 章　天线变形的电补偿

在服役中，环境载荷会引起天线阵面结构变形，进而导致天线电性能降低[1]。为了补偿阵面结构变形的影响，工程中可以使用机械补偿或电补偿来保障服役中天线的电性能。机械补偿是在天线阵面结构中加入主动调节装置，根据测量的阵面变形信息，通过主动调节装置控制天线阵面形状，进而间接地补偿阵面结构变形导致的电性能恶化。然而，机械补偿方法通常需要在天线阵面中增加主动调节装置，不仅会增加天线结构重量和系统复杂度，而且难以实时补偿快速变形(如振动)带来的电性能恶化问题[2,3]。电补偿是根据阵列单元的变形信息实时调控天线单元的激励幅度和相位，使得调控后的天线电性能与理想情况下的电性能相同或接近[4]。电补偿方法可在不增加天线结构重量的情况下，降低天线变形导致的电性能恶化问题。与机械补偿相比，电补偿直接调控天线电性能，补偿效果更好[5]。本章主要研究电补偿方法，解决如何根据测量的天线变形信息快速计算出阵列中天线单元激励的修正量问题。

电补偿可以分为基于相位扫描原理的补偿、基于优化思想的补偿和修正天线方向图等。基于相位扫描原理的补偿是利用最大波束方向与激励相位的关系，调节施加在阵列单元上的激励相位，将最大波束方向调回到预期波束方向，从而对天线波束指向偏差进行补偿。例如，Peterman 等[6]在星载有源相控阵天线每个面板上安装记录器，记录单元的初始位置，一旦出现阵面变形，通过移相器进行相位补偿。Arnold 等[7]通过调整天线的激励相位来补偿机翼天线上冰雪导致的结构变形影响。Braaten 等[8]利用相位补偿法对共形天线阵的表面变形进行补偿。基于相位扫描原理的补偿能够保证补偿后的最大波束指向和预期方向一致，但未能兼顾除最大波束方向外的其他方向。

电补偿方法是利用方向图综合技术，重新设计天线单元上的激励幅度和相位来实现电性能补偿。例如，Tsao[9]以副瓣为优化目标、激励相位为设计变量，优化各阵列单元上的激励相位来降低天线副瓣。Son 等[10]通过遗传算法对单元的激励相位进行优化，实现对相位误差的补偿。Lesueur 等[11]和 Mast[12]的试验研究表明，机械振动会引起天线副瓣的增加，而副瓣增加将导致抗干扰性能变差，为此，他们利用信号处理技术对接收到的电磁波进行处理，并调整阵列天线的幅度和相位以补偿结构变形的影响。电补偿方法能够对天线电性能的补偿起到不错的效果，然而，优化过程一般需要多次迭代，耗时较长，响应缓慢，难以解决服役中的实时补偿问题。

修正天线方向图法也是实现电补偿的一种方法。该方法通过找出误差和天线电性能之间的影响关系，即二者之间的影响系数矩阵，随后根据此矩阵来调整激励电流，就能实现对天线电性能的补偿。这种方法在阵列单元失效补偿和互耦补偿等领域中应用。例如，Levitas 等[13]通过调整未失效单元的权重系数来重构天线方向图，实现对失效单元的补偿。Sadat 等[14]在天线方向图函数中乘以互耦矩阵的逆矩阵以实现对单元互耦的补偿。Mar 等[15]提出了一种波束指向误差自动校正的模糊神经网络架构。通过测量船体转角和波束指向角，得到坐标转换关系，然后计算船体运动时阵列单元上的激励相位信息，并利用相位信息调整激励电流以校正波束指向。在实际应用中，修正天线方向图法中的误差和天线电性能之间的影响系数矩阵通常难以计算或计算过程十分复杂，难以满足实时补偿的要求。

本章提出基于阵面变形测量信息的天线变形电补偿方法，给出相位补偿算法和幅相补偿算法，建立天线单元测量信息与天线单元激励的关系模型。利用某相控阵天线试验平台，验证和评估上述电补偿方法的可行性和有效性。在此基础上，利用第 2 章给出的应变-位移转换方程，以天线单元的变形量为中间桥梁，建立面向智能蒙皮天线电性能自适应调控的应变-电磁耦合模型，并研制一种嵌入光纤光栅应变传感器的智能蒙皮天线样机系统，完成三种典型结构变形下的电补偿试验验证。

4.1　电补偿方法

4.1.1　电补偿的基本原理

图 4.1 给出了有源相控阵天线电补偿方法的基本原理。该方法首先利用传感器测量天线阵面的变形，获得每个阵列单元的变形量。然后，把阵列单元变形量代入补偿算法中，进而获得阵列中每个天线单元的激励幅度和相位调整量。通过

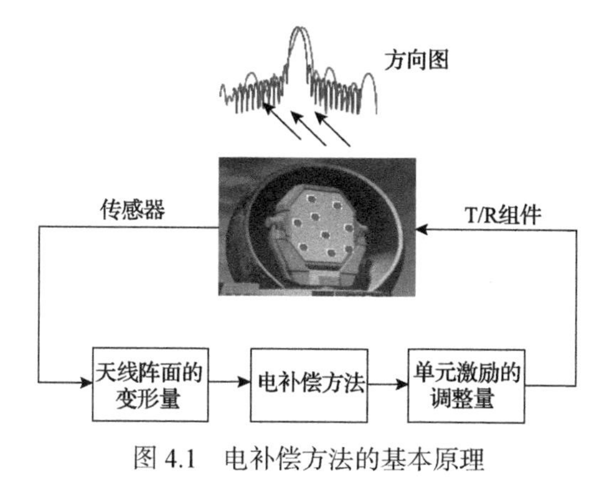

图 4.1　电补偿方法的基本原理

波束控制计算机把调整量发送到每个阵列单元的 T/R 组件上，最终实现变形阵列天线的自适应电补偿。

在上述电补偿方法中，需要解决两个问题：一是如何从有限量传感器测量信息实时获得每个阵列单元的变形量，该问题已在第 2 章给出了详细介绍；二是如何在已知单元变形信息的情况下推导天线单元激励的幅相调整量与变形量的耦合关系式。本章主要解决第二个问题。下面首先给出电补偿原理的数学描述。

根据阵列天线的叠加原理[2]，有源相控阵天线电性能可表示为

$$E(\theta,\phi)=\sum_{n=1}^{N}I_n f_n(\theta,\phi)\exp(\mathrm{j}k\boldsymbol{r}_n\cdot\hat{\boldsymbol{r}}) \tag{4.1}$$

式中，I_n 为第 n 个阵列单元的激励电流，$I_n=A_n\exp(\mathrm{j}\varphi_n)$，$A_n$ 和 φ_n 为单元激励的幅度和相位；$f_n(\theta,\phi)$ 为第 n 个单元的有源单元方向图，$f_n(\theta,\phi)=\sum_{m=1}^{N}C_{mn}E_n^{\text{iso}}(\theta,\phi)$，$E_n^{\text{iso}}(\theta,\phi)$ 为单元在自由空间中的孤立单元方向图，C_{mn} 为第 m 个单元对第 n 个单元的互耦影响系数；$\boldsymbol{r}_n$ 为坐标原点到第 n 个单元中心的矢径，$\boldsymbol{r}_n=\begin{bmatrix}x_n & y_n & z_n\end{bmatrix}^{\mathrm{T}}$，$x_n$、$y_n$、$z_n$ 表示单元中心的位置坐标；$\hat{\boldsymbol{r}}$ 为从坐标原点到 (θ,ϕ) 观察方向的单位矢量，$\hat{\boldsymbol{r}}=\begin{bmatrix}\sin\theta\cos\phi & \sin\theta\sin\phi & \cos\theta\end{bmatrix}^{\mathrm{T}}$；$N$ 为天线单元总数；k 为波常数，$k=2\pi/\lambda$，λ 为天线工作波长。

如果在阵列单元的激励中增加相位调整量 $\exp(-\mathrm{j}k\boldsymbol{r}_n\cdot\bar{\boldsymbol{r}})$，其中 $\bar{\boldsymbol{r}}=[\sin\theta_0\cos\phi_0\ \ \sin\theta_0\sin\phi_0\ \ \cos\theta_0]^{\mathrm{T}}$，那么能够使天线的波束指向角度 (θ_0,ϕ_0)，这也是相控阵天线实现波束扫描的原理。

在有源相控阵天线服役中，环境载荷会引起天线阵面结构变形，阵面结构变形导致单元的位置变化。假设每个单元的变形量为 $\Delta\boldsymbol{r}_n=\begin{bmatrix}\Delta x & \Delta y & \Delta z\end{bmatrix}^{\mathrm{T}}$，位置的改变会引起相位差 $\exp(\mathrm{j}k\Delta\boldsymbol{r}_n\cdot\hat{\boldsymbol{r}})$，变形后的相控阵天线电性能可以表示为

$$E(\theta,\phi)=\sum_{n=1}^{N}I_n f_n(\theta,\phi)\exp\left[\mathrm{j}k(\boldsymbol{r}_n+\Delta\boldsymbol{r}_n)\cdot\hat{\boldsymbol{r}}\right] \tag{4.2}$$

对比式(4.1)和式(4.2)可知，变形后的天线电性能与理想电性能不同。结构变形会导致天线波束指向改变、增益降低和副瓣升高等[1,2,16]。

为了把变形后的方向图恢复到理想方向图，实时修正阵列单元激励是一种简单有效的方法。然而，该方法的关键是如何建立激励幅度和相位的调整量与变形量的关系模型。为此，下面采用相位补偿算法和幅相补偿算法建立单元变形量与激励之间的耦合关系，其中相位补偿算法仅仅改变天线激励的相位，而幅相补偿算法是通过改变天线激励的幅度和相位来补偿结构变形的影响。

4.1.2　相位补偿算法

相位补偿算法建立单元变形量和阵列单元相位之间的耦合关系，它在天线激励幅度不变的情况下，仅仅改变天线激励相位，是一种简单且有效的电补偿方法[2,17,18]。

根据式(4.2)中阵面变形前后的空间相位差，可得天线激励相位补偿量$\Delta\varphi_n$为

$$\Delta\varphi_n = -k\Delta\boldsymbol{r}_n \cdot \hat{\boldsymbol{r}} = -k(\Delta x_n \sin\theta\cos\phi + \Delta y_n \sin\theta\sin\phi + \Delta z_n \cos\theta) \tag{4.3}$$

由式(4.3)可知，该补偿量不仅与各单元在x、y和z方向上的位移量有关，还与观察角度(θ,ϕ)相关。由于天线单元后端的 T/R 组件中产生的激励相位补偿量不随角度变化，当天线波束指向角度为(θ_M,ϕ_M)，T/R 组件电路中需要加入的激励相位补偿量为

$$\Delta\varphi_n = -k\Delta\boldsymbol{r}_n \cdot \hat{\boldsymbol{r}} = -k(\Delta x_n \sin\theta_M \cos\phi_M + \Delta y_n \sin\theta_M \sin\phi_M + \Delta z_n \cos\theta_M) \tag{4.4}$$

式(4.4)可以实现主瓣附近的方向图补偿。把式(4.4)代入式(4.2)，可得到相位补偿后的相控阵天线电性能，即

$$E(\theta,\phi) = \sum_{n=1}^{N} I_n \exp(-\mathrm{j}k\Delta\boldsymbol{r}_n \cdot \hat{\boldsymbol{r}}) f_n(\theta,\phi) \exp\left[\mathrm{j}k(\boldsymbol{r}_n + \Delta\boldsymbol{r}_n)\cdot\hat{\boldsymbol{r}}\right] \tag{4.5}$$

经过相位补偿后，能够改善单元变形带来的影响。理论上，可以使得式(4.5)所示的天线电磁性能完全恢复到期望状态。然而，该方法需要事先准确测量或估计$\exp(-\mathrm{j}k\Delta\boldsymbol{r}_n \cdot \hat{\boldsymbol{r}})$中的单元变形量$\Delta\boldsymbol{r}_n$。利用第 2 章给出的结构变形重构方法，可以实现从少量应变传感器测量信息来获得阵元变形量$\Delta\boldsymbol{r}_n$。

当方向图观察角度取$\theta = \theta_M$、$\phi = \phi_M$时，式(4.5)可以化简为

$$E(\theta,\phi) = \sum_{n=1}^{N} I_n f_n(\theta,\phi) \exp(\mathrm{j}k\boldsymbol{r}_n \cdot \hat{\boldsymbol{r}} + \mathrm{j}k\Delta\boldsymbol{r}_n \cdot \hat{\boldsymbol{r}} - \mathrm{j}k\Delta\boldsymbol{r}_n \cdot \hat{\boldsymbol{r}}) \tag{4.6}$$

由式(4.6)可知，在主波束方向(θ_M,ϕ_M)处，变形后的天线方向图能够完全恢复到理想状态。

当方向图观察角度取$\theta = \theta_t \neq \theta_M$、$\phi = \phi_t \neq \phi_M$时，式(4.5)可以化简为

$$\begin{aligned} E(\theta,\phi) = \sum_{n=1}^{N} I_n f_n(\theta,\phi) \exp\left[\mathrm{j}k\boldsymbol{r}_n \cdot \hat{\boldsymbol{r}} + \mathrm{j}k(\Delta x_n \sin\theta_t \cos\phi_t + \Delta y_n \sin\theta_t \sin\phi_t + \Delta z_n \cos\theta_t)\right] \\ \cdot \exp\left[-\mathrm{j}k(\Delta x_n \sin\theta_M \cos\phi_M + \Delta y_n \sin\theta_M \sin\phi_M + \Delta z_n \cos\theta_M)\right] \end{aligned} \tag{4.7}$$

由式(4.7)可知，在主波束方向之外其他观察角度上存在补偿误差，并随波束

指向偏离角度的增大而增加[17]。

除此之外，补偿后和变形前的单元方向图函数 $f_n(\theta,\phi)$ 不完全相同，只有当阵面位移较小时才可认为它们近似相等，因此相位补偿是一种近似的方向图补偿方法。对于有源相控阵天线，在阵面结构位移较小的情况下，该方法能够在主瓣和邻近副瓣区域较好地接近变形前的方向图[17,18]。

式(4.4)给出了天线激励相位的补偿量与单元变形量的关系模型，考虑到数字移相器的位数为 k，则最小相移量为 $\Delta\varphi_{\min}=2\pi/2^k$，与式(4.8)中相位调整量 $\Delta\varphi_n$ 对比，给出单元实际激励相位调整量，即

$$\Delta\varphi'=\begin{cases} t\Delta\varphi_{\min}, & 0\leqslant\Delta\mu<0.5\Delta\varphi_{\min} \\ (t+1)\Delta\varphi_{\min}, & 0.5\Delta\varphi_{\min}\leqslant\Delta\mu\leqslant\Delta\varphi_{\min} \end{cases} \tag{4.8}$$

式中，t 为计算的相位调整量除以最小相移量即 $\Delta\varphi_n/\Delta\varphi_{\min}$ 四舍五入的整数，$\Delta\mu$ 为其余数。

该模型根据阵列单元的位移和波束指向角度，计算出各个阵列单元需要的相位补偿量。该方法仅调整激励的相位，计算简单，能够满足工程中实时补偿的要求。

4.1.3 幅相补偿算法

本节给出一种基于快速傅里叶变换(fast fourier transform，FFT)的幅相电补偿方法[19]，该方法通过 FFT 和逆 FFT 得到单元变形量与天线激励幅度和相位的耦合关系。通过同时改变天线激励的幅度和相位实现变形阵面天线电性能的补偿。图 4.2 给出了幅相补偿算法的基本步骤。

根据图 4.2 所示的建模流程，下面建立天线单元激励幅度和相位的调整量与单元变形量的关系模型。

1)获得天线单元位置误差导致的天线空间相位误差

当不考虑天线单元间的互耦影响时，有源相控阵天线的理想电性能为

$$E(\theta,\phi)=\sum_{n=1}^{N}I_n f_n(\theta,\phi)\exp(\mathrm{j}k\boldsymbol{r}_n\cdot\hat{\boldsymbol{r}}) \tag{4.9}$$

当阵列单元存在位置误差 $\Delta\boldsymbol{r}_n=\begin{bmatrix}\Delta x_n & \Delta y_n & \Delta z_n\end{bmatrix}^{\mathrm{T}}$ 时，有源相控阵天线的电性能可写为

$$E_{\mathrm{s}}(\theta,\phi)=\sum_{n=1}^{N}I_n f_n(\theta,\phi)\exp\left[\mathrm{j}k(\boldsymbol{r}_n+\Delta\boldsymbol{r}_n)\cdot\hat{\boldsymbol{r}}\right] \tag{4.10}$$

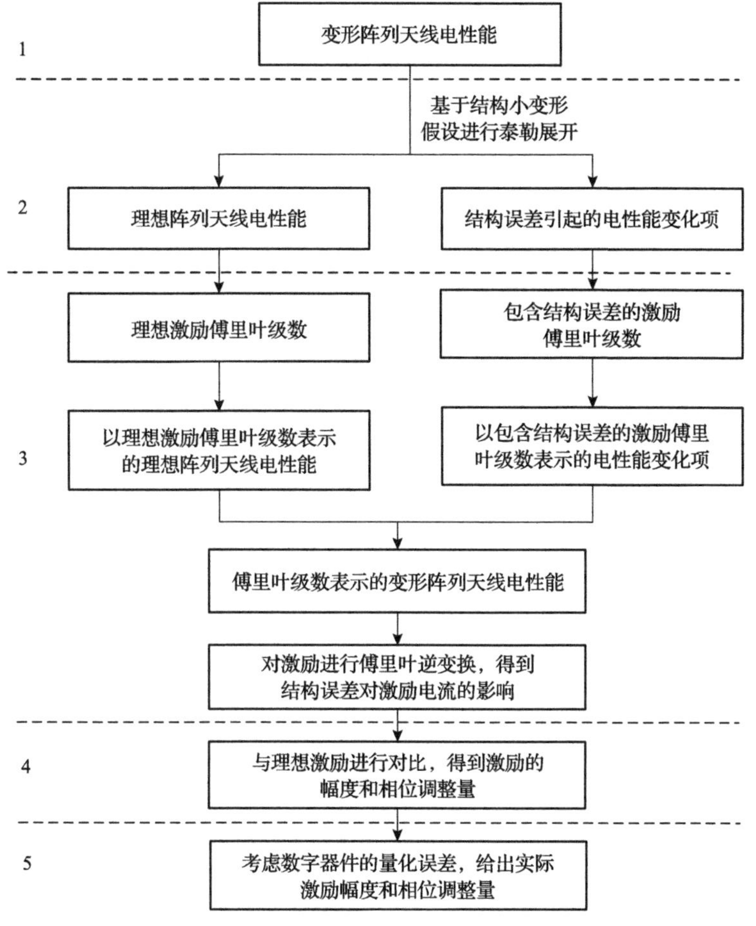

图 4.2　幅相补偿算法的基本步骤

天线单元位置误差导致的空间相位误差为

$$\Delta\varphi_n = k\Delta\boldsymbol{r}_n \cdot \hat{\boldsymbol{r}} \tag{4.11}$$

2) 对空间相位误差进行泰勒级数展开

当天线单元位置误差引起的空间相位差也较小时，将 $\exp(\mathrm{j}\Delta\varphi_n) = \exp(\mathrm{j}k\Delta\boldsymbol{r}_n \cdot \hat{\boldsymbol{r}})$ 做关于 $\mathrm{j}k\Delta\boldsymbol{r}_n \cdot \hat{\boldsymbol{r}}$ 的泰勒级数展开，忽略二阶以上微量，代入式(4.10)，可得

$$E_{\mathrm{s}}(\theta,\phi) \approx \sum_{n=1}^{N} I_n(1+\mathrm{j}k\Delta\boldsymbol{r}_n \cdot \hat{\boldsymbol{r}}) f_n(\theta,\phi)\exp(\mathrm{j}k\boldsymbol{r}_n \cdot \hat{\boldsymbol{r}}) \tag{4.12}$$

下面对天线单元位置误差的范围进行限定，针对线阵，天线单元位置误差引起的空间相位差为 $k\Delta z\cos\theta$，根据 $\mathrm{e}^x-(1+x)\leqslant 0.5$，确定出天线单元位置误差不

大于 $\lambda/6$。

3)采用傅里叶变换与逆变换得到结构误差对单元激励的影响函数

利用泰勒级数展开后，式(4.12)可写为理想情况下的天线电性能与结构误差引起的电性能变化项的和，即

$$
\begin{aligned}
E_{\mathrm{s}}(\theta,\phi) &\approx \sum_{n=1}^{N} I_n f_n(\theta,\phi)\exp(\mathrm{j}k\boldsymbol{r}_n\cdot\hat{\boldsymbol{r}})+\mathrm{j}\sum_{n=1}^{N} kI_n\Delta\boldsymbol{r}_n\cdot\hat{\boldsymbol{r}}f_n(\theta,\phi)\exp(\mathrm{j}k\boldsymbol{r}_n\cdot\hat{\boldsymbol{r}}) \\
&= E(\theta,\phi)+E_{\mathrm{r}}(\theta,\phi)
\end{aligned} \tag{4.13}
$$

式中，$E(\theta,\phi)$ 为天线的理想方向图；$E_{\mathrm{r}}(\theta,\phi)$ 为误差引起的方向图扰动，称为扰动方向图。

根据离散傅里叶变换的定义，给定离散时间序列 $(x_0, x_1,\cdots,x_{N-1})$，假设该序列可求和，则其离散傅里叶变换为

$$
X(k)=\sum_{n=1}^{n-1} x(n)\exp\left(-\mathrm{j}\frac{2\pi k}{N}n\right),\quad k=0,1,2,\cdots,N-1 \tag{4.14}
$$

其离散傅里叶逆变换为

$$
x(n)=\frac{1}{N}\sum_{k=0}^{N-1} X(k)\exp\left(\mathrm{j}\frac{2\pi k}{N}n\right),\quad n=0,1,2,\cdots,N-1 \tag{4.15}
$$

类比式(4.13)和式(4.15)，可以把式(4.13)中的理想激励 I_n 和包含结构误差的激励 $I_n\Delta\boldsymbol{r}_n$ 写为傅里叶级数形式 $\boldsymbol{\alpha}_p$ 和 $\boldsymbol{\beta}_p(\Delta\boldsymbol{r}_n)$，进而将式(4.13)以傅里叶级数形式表示为

$$
E_{\mathrm{s}}(\theta,\phi)\approx\sum_{n=1}^{N} f_n(\theta,\phi)\boldsymbol{P}(\boldsymbol{\alpha}_p,\boldsymbol{\beta}_p(\Delta\boldsymbol{r}_n))\exp(\mathrm{j}k\boldsymbol{r}_n\cdot\hat{\boldsymbol{r}}) \tag{4.16}
$$

类比式(4.15)，对式(4.16)中的激励项 $\boldsymbol{P}(\boldsymbol{\alpha}_p,\boldsymbol{\beta}_p(\Delta\boldsymbol{r}_n))$ 进行傅里叶逆变换，得到

$$
E_{\mathrm{s}}(\theta,\phi)\approx\sum_{n=1}^{N} I_{\mathrm{s}}(\Delta\boldsymbol{r}_n)f_n(\theta,\phi)\exp(\mathrm{j}k\boldsymbol{r}_n\cdot\hat{\boldsymbol{r}}) \tag{4.17}
$$

式中，$I_{\mathrm{s}}(\Delta\boldsymbol{r}_n)$ 为结构误差对单元激励的影响函数[19]。

$$
I_{\mathrm{s}}(\Delta\boldsymbol{r}_n)=\frac{1}{N}\sum_{p=1}^{N}\sum_{n=1}^{N}(I_n+\mathrm{j}k\boldsymbol{I}\Delta\boldsymbol{r}_n\cdot\hat{\boldsymbol{r}}_p)\exp\left(-\mathrm{j}2\pi\frac{np}{N}\right)\cdot\exp\left(\mathrm{j}2\pi\frac{np}{N}\right) \tag{4.18}
$$

4) 获得阵面变形下单元激励幅度和相位的调整量

将包含单元位置误差的激励 $I_s(\Delta\boldsymbol{r}_n)$ 与理想激励 I_n 进行对比，得到阵面变形下单元激励幅度和相位的调整量，即

$$\begin{cases}\Delta A_n = \dfrac{\text{Abs}(I_s(\Delta\boldsymbol{r}_n))}{\text{Abs}(I_n)} \\ \Delta\varphi_n = \arctan(I_s(\Delta\boldsymbol{r}_n)) - \arctan(I_n)\end{cases} \tag{4.19}$$

式中，Abs(·) 表示取绝对值运算的算子；arctan(·) 表示反正切运算的算子。

5) 获得实际单元激励幅度和相位的调整量

如果数字移相器的位数为 k，则最小相移量为 $\Delta\varphi_{\min}=2\pi/2^k$，与式 (4.19) 中的相位调整量 $\Delta\varphi_n$ 对比，给出单元实际激励相位调整量，即

$$\Delta\varphi_n' = \begin{cases} t\Delta\varphi_{\min}, & 0 \leqslant \Delta\mu < 0.5\Delta\varphi_{\min} \\ (t+1)\Delta\varphi_{\min}, & 0.5\Delta\varphi_{\min} \leqslant \Delta\mu \leqslant \Delta\varphi_{\min} \end{cases} \tag{4.20}$$

式中，t 为计算的相位调整量除以最小相移量即 $\Delta\varphi_n / \Delta\varphi_{\min}$ 四舍五入后的整数，$\Delta\mu$ 为其余数。

考虑衰减器的最小步进值为 $\Delta A_{\min}$，单元实际激励幅度调整量为

$$\Delta A_n' = \begin{cases} a\Delta A_{\min}, & 0 \leqslant \Delta a' < 0.5A_{\min} \\ (a+1)\Delta A_{\min}, & 0.5A_{\min} \leqslant \Delta a' \leqslant A_{\min} \end{cases} \tag{4.21}$$

式中，a 为 $-20\lg|\Delta A_i| / \Delta A_{\min}$ 四舍五入后的整数，$\Delta a'$ 为其余数。

因此，式 (4.19) 建立了阵列单元变形量与激励幅度和相位调整量的耦合关系模型。幅相补偿算法能够同时调整天线激励的幅度和相位，但是该方法存在泰勒级数展开导致的截断误差，因此它适合解决小变形情况下的电补偿问题。

4.1.4　考虑刚柔位移的电补偿

相位补偿算法和幅相补偿算法不仅适用于阵面结构弹性变形下的电补偿，还适用于阵面结构同时存在刚体位移和弹性位移的电补偿。针对车载、舰载和机载有源相控阵天线，武器平台的运动通常会导致天线阵面结构的刚体位移，作用在天线阵面的服役环境载荷会引起阵面结构的弹性变形。本节主要介绍考虑刚体位移和弹性位移的电补偿。

根据 4.1.1 节给出的电补偿基本原理，为了利用上述两种补偿算法补偿阵面变形的影响，首先需要通过测试仪器获得刚体位移和弹性位移。第 2 章已经给出了如何通过应变测量信息实时重构阵面结构的弹性位移，下面主要介绍如何利用传

感器实时测量阵面的刚体位移。在工程中，动态水平仪和三维数字罗盘是两种能够测量天线姿态的传感器，把这些传感器安装到天线阵面结构，可以实现天线阵面结构姿态的实时测量，如图 4.3 所示。

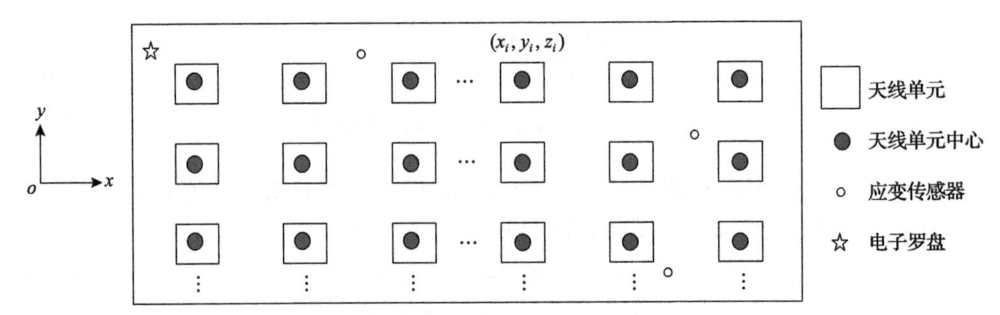

图 4.3　考虑刚体位移和弹性位移的智能阵面结构组成示意图

如图 4.4 所示，以电子罗盘所在位置的中心为原点，分别以阵面的两个边为 x 轴和 y 轴建立阵面坐标系。假设天线阵面中第 i 个天线单元的初始位置坐标 $\boldsymbol{r}_i^0=[x_i^0\ \ y_i^0\ \ z_i^0]$，利用电子罗盘可以测量得到天线阵面在阵面坐标系下绕 x、y 和 z 轴的旋转角度分别为 θ、φ、γ。利用三维坐标转换计算，可以得到刚体位移后的坐标 $\boldsymbol{r}_i=[x_i\ \ y_i\ \ z_i]$，表示为

$$\begin{bmatrix} x_i \\ y_i \\ z_i \end{bmatrix}=\begin{bmatrix} \cos\varphi\cos\gamma & -\cos\varphi\sin\gamma & \sin\varphi \\ \sin\theta\sin\varphi\cos\gamma+\cos\theta\sin\gamma & -\sin\theta\sin\varphi\sin\gamma+\cos\theta\cos\gamma & -\sin\theta\cos\varphi \\ -\cos\theta\sin\varphi\cos\gamma+\sin\theta\sin\gamma & \cos\theta\sin\varphi\sin\gamma+\sin\theta\cos\gamma & \cos\theta\cos\varphi \end{bmatrix}\begin{bmatrix} x_i^0 \\ y_i^0 \\ z_i^0 \end{bmatrix} \tag{4.22}$$

天线阵面结构在发生刚体位移后，天线阵面中第 i 个天线单元的位置变化量为

$$\Delta\boldsymbol{r}_i^r=\boldsymbol{r}_i-\boldsymbol{r}_i^0 \tag{4.23}$$

式中，$\boldsymbol{r}_i^0$ 为第 i 个天线单元的位置坐标。

结合第 2 章重构算法估计的天线阵面弹性位移 $\Delta\boldsymbol{r}_i^f$，得到考虑刚柔位移的第 i 个天线单元的位置变化量为

$$\Delta\boldsymbol{r}_i=\Delta\boldsymbol{r}_i^r+\Delta\boldsymbol{r}_i^f \tag{4.24}$$

利用式(4.24)计算出单元位置变化量后，将该位置变化量代入式(4.4)和式(4.19)，进而获得阵列中每个天线单元激励的调整量。通过波束控制计算机把调整量发送到每个阵列单元的 T/R 组件上，最终实现考虑刚柔位移的变形阵列天线自适应补偿。

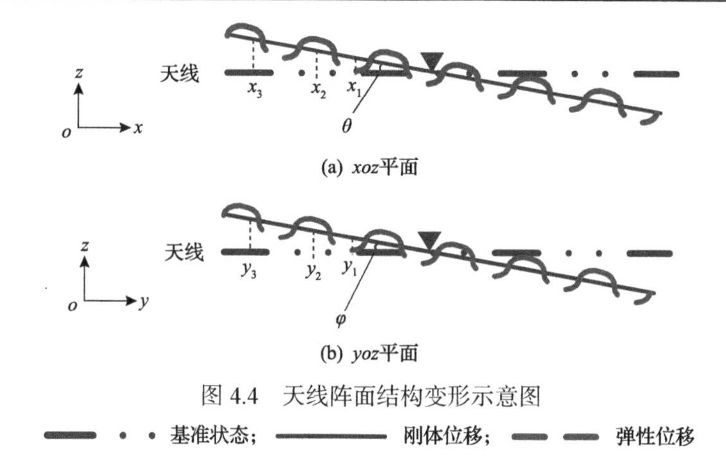

(a) xoz平面

(b) yoz平面

图 4.4　天线阵面结构变形示意图

基准状态；刚体位移；弹性位移

4.2　相控阵天线试验平台的验证

本节利用相控阵天线试验平台，通过结构变形、阵面变形测量和电性能测试试验验证上述电补偿方法的有效性。

4.2.1　相控阵天线试验平台

相控阵天线试验平台取自某有源相控阵雷达的子阵模块，它采用模块化设计，具有可扩展性。该相控阵天线试验平台的工作频段为 X 波段，由 768 个喇叭天线单元组成，其中有效工作区域为中间的 256 个单元，即后面的试验测试结果来自这 256 个单元组成的天线阵。试验平台的长、宽、高分别为 2880mm、1728mm、1000mm，它主要由阵面部分、骨架部分、液冷泵站、波束控制系统和结构变形测试系统等组成，如图 4.5 所示。图 4.6 为相控阵天线试验平台的电磁测试系统。

(a) 正面

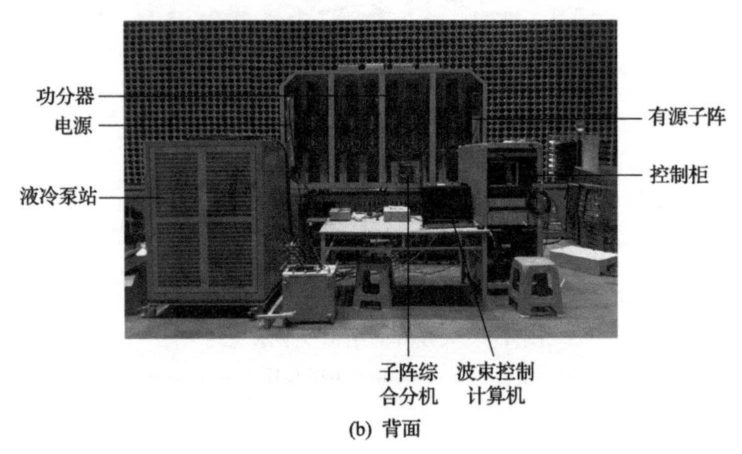

(b) 背面

图 4.5 相控阵天线试验平台的结构组成

图 4.6 相控阵天线试验平台的电磁测试系统

4.2.2 试验方案

在图 4.5(b)所示的试验平台背面结构中安装 9 个作动器调整装置(见图 4.7)，使天线阵面产生变形以模拟服役环境载荷导致的阵面结构变形。通过改变每个调整装置的伸出量或缩进量，实现不同阵面变形的模拟。

试验测量主要包括阵面结构变形测试和方向图测试。其中，天线阵面的变形测试使用摄影测量方法，如图 4.8 所示。该方法首先在天线阵面上分布靶标点，然后通过移动摄影机拍摄阵面照片，最后通过测量软件的处理获得测量天线阵面每个阵列单元的变形量。

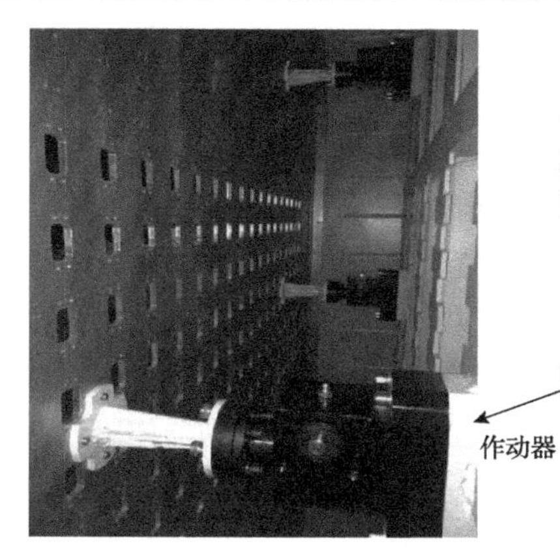
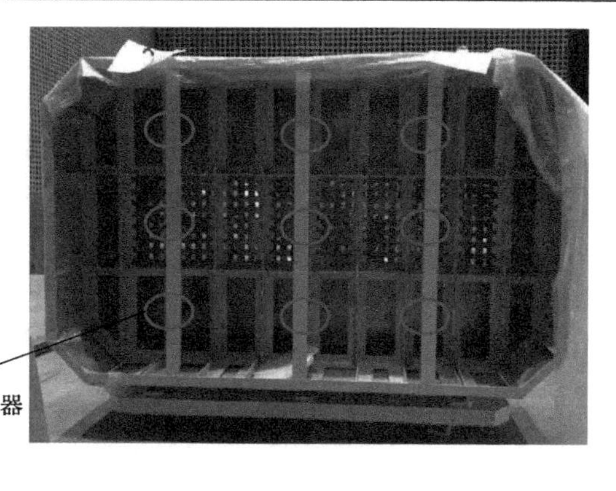

图 4.7　天线阵面的作动器调整装置

图 4.8　阵面变形测试

相控阵天线的方向图测试利用微波暗室中的近场测量系统，如图 4.9 所示，通过扫描架扫描天线阵面，分别在相控阵天线波束指向 0°和 10°的情况下测量天线阵面在未变形和变形工况下的和、差方向图。

图 4.9　方向图测试

为了模拟相控阵天线阵面在服役期间的典型变形方式，本节开展如下三种结构变形下的电补偿试验研究：

(1) 一端变形、一端固定，模拟星载和机载振动导致的天线阵面结构变形。

(2) 中间弯曲变形，模拟风载荷导致的舰载和车载天线阵面结构弯曲变形。

(3) 扭转变形，模拟飞行器振动导致的机翼共形阵天线结构变形。

上述变形是通过调整试验系统的 9 个作动器产生的，作动器的编号如图 4.10 所示。试验设计了 5 种变形工况，如表 4.1 所示。作动器的螺杆旋转一圈的螺距约为 1mm，表中的数据表示作动器伸出或缩进的圈数，正数表示作动器相对基准伸出的圈数，负数表示作动器相对基准缩进的圈数。通过 9 个作动器伸出或缩进圈数的组合，产生模拟服役环境载荷导致的天线阵面结构变形。然后，通过测量系统获得每个阵列单元的变形量，进而使用电补偿方法来补偿结构变形的影响。

图 4.10 天线阵面作动器调整机构编号

表 4.1 5 种工况下 9 个作动器的调整量

工况	作动器调整量/圈								
	1	2	3	4	5	6	7	8	9
1	15	10	–5	15	5	–5	15	10	–10
2	15	15	15	0	0	0	15	15	15
3	5	5	5	0	–3	0	18.5	19	19
4	0	–3	0	0	15	0	8	–3	8
5	–10	–10	–10	0	0	0	18.5	19	19

4.2.3 试验结果

下面给出两种情况下的试验结果：一是三种变形模式下两种补偿算法的试验结果对比；二是两种大变形工况下相位补偿算法的试验结果。

1. 两种补偿算法的试验结果对比

针对表 4.1 中的工况 1～3，首先分别利用前面给出的相位补偿算法和幅相补偿算法计算出单元激励幅度和相位的调整量。然后通过波束控制电路调整天线单元激励的幅度和相位，从而实现变形阵面电性能的自适应补偿。在每种工况下，分别测量阵列天线在扫描角为 0°和 10°时水平面和垂直面的和、差方向图。

1) 工况 1

在工况 1 下，相对于基准，调整 9 个作动器使试验平台的天线阵面产生马鞍形状的变形，如图 4.11 所示。在该工况下，单元的法向最大变形量为 10.97mm，该变形量为 0.35λ，λ 表示天线工作波长。

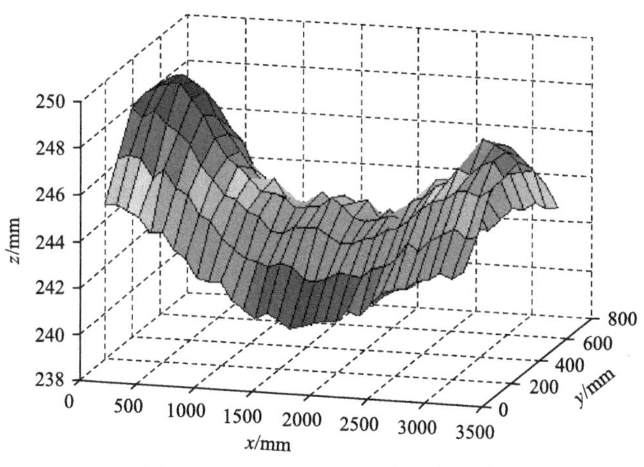

图 4.11　工况 1 下天线阵面的形状

图 4.12～图 4.15 为工况 1 下两种补偿算法在天线补偿前后的方向图对比。表 4.2 为工况 1 下补偿前后的天线电性能指标对比。可以看出，两种补偿算法对天线

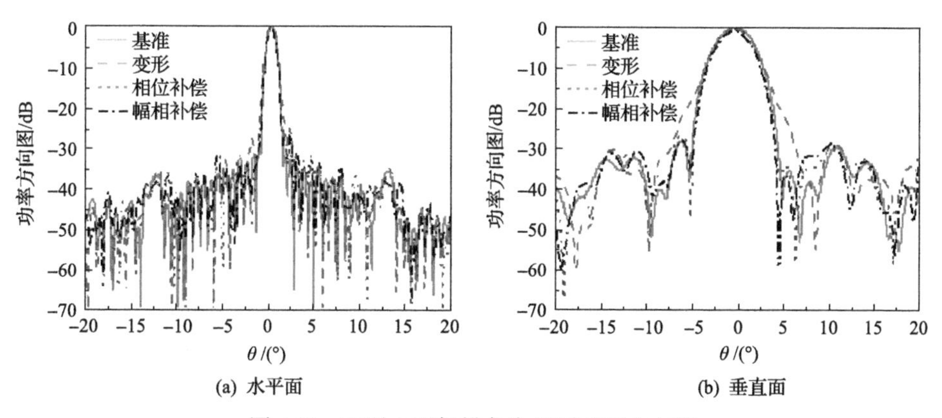

图 4.12　工况 1 下扫描角为 0°时的和方向图

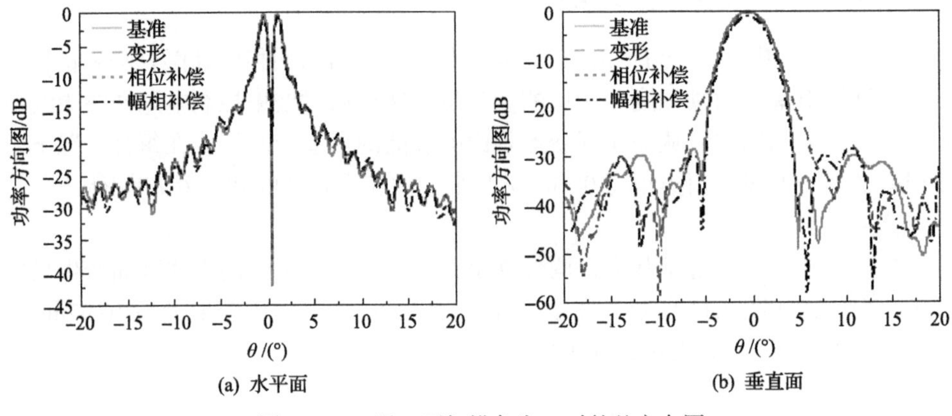

(a) 水平面　　(b) 垂直面

图 4.13　工况 1 下扫描角为 0°时的差方向图

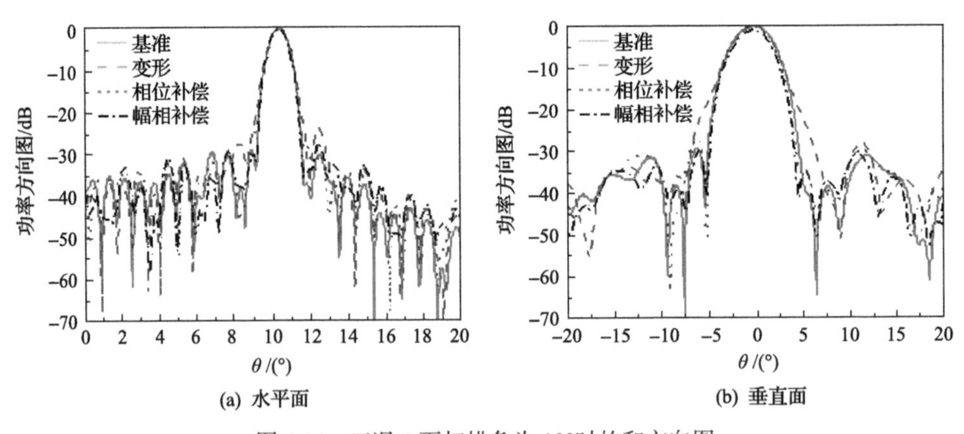

(a) 水平面　　(b) 垂直面

图 4.14　工况 1 下扫描角为 10°时的和方向图

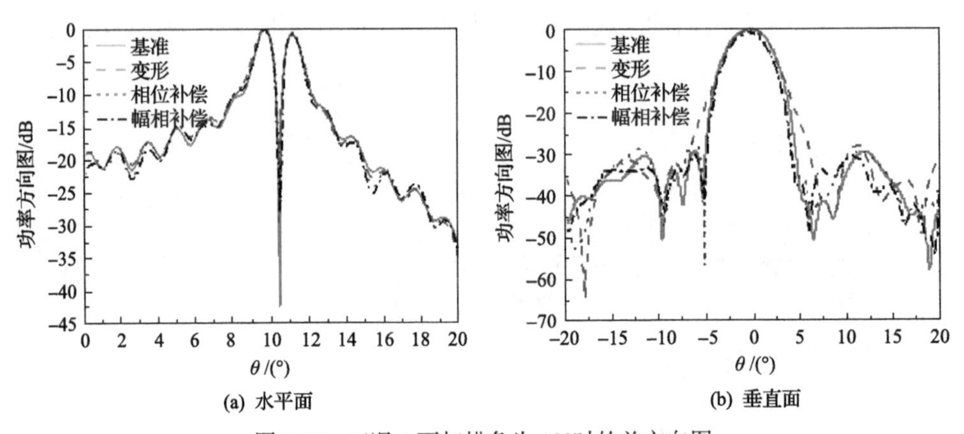

(a) 水平面　　(b) 垂直面

图 4.15　工况 1 下扫描角为 10°时的差方向图

表 4.2　工况 1 下补偿前后的天线电性能指标对比

扫描角/(°)	工况	方向系数/dB	指向（水平/垂直）/(°)	最大副瓣（水平/垂直）/dB	波瓣宽度（水平/垂直）/(°)	零点位置/(°)	零点深度/dB
0	基准	40.09	0.48/–0.28	–29.32/–28.27	0.91/3.71	0.47	–42.44
	变形	39.6	0.45/–0.3	–24.85/–28.62	0.94/3.63	0.42	–36.22
	相位补偿	39.92	0.49/–0.45	–25.09/–26.47	0.92/3.55	0.42	–39.61
	幅相补偿	40.07	0.47/–0.40	–26.67/–27.03	0.91/3.51	0.45	–33.04
10	基准	37.8	10.31	–29.01/–29.7	3.82	10.47	–41.87
	变形	37.91	10.31	–24.03/–28.35	3.71	10.45	–28.7
	相位补偿	37.87	10.43	–28.17/–26.99	3.6	10.5	–28.30
	幅相补偿	38.04	10.31	–27.24/–29.40	3.57	10.47	–37.29

注：扫描角 10°时垂直指向未做试验，理论上与扫描角 0°时的水平指向一致。

增益和波束指向的补偿效果明显，补偿后的天线增益和波束指向都能够恢复到期望的电性能指标要求，这表明两种补偿算法都能够有效地补偿天线阵面变形的影响。在副瓣补偿方面，幅相补偿算法比相位补偿算法更有效，而对波瓣宽度的补偿作用没有相位补偿算法好。这些结果也表明相位补偿算法能够有效地补偿主瓣区域，而在非主瓣区域的补偿效果较差。

2) 工况 2

在工况 2 下，相对于基准，调整 9 个作动器使试验平台的天线阵面产生弯曲变形，如图 4.16 所示。在该工况下，天线阵面的法向最大变形量为 16.87mm，即该最大变形量是 0.53λ。

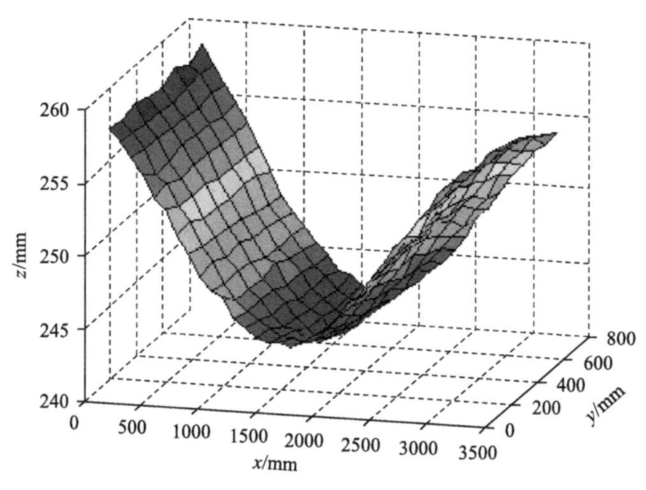

图 4.16　工况 2 下天线阵面的形状

图 4.17～图 4.20 为工况 2 下两种补偿算法在天线阵面补偿前后的方向图对比。表 4.3 为工况 2 下补偿前后的天线电性能指标对比。可以看出，两种补偿算法对

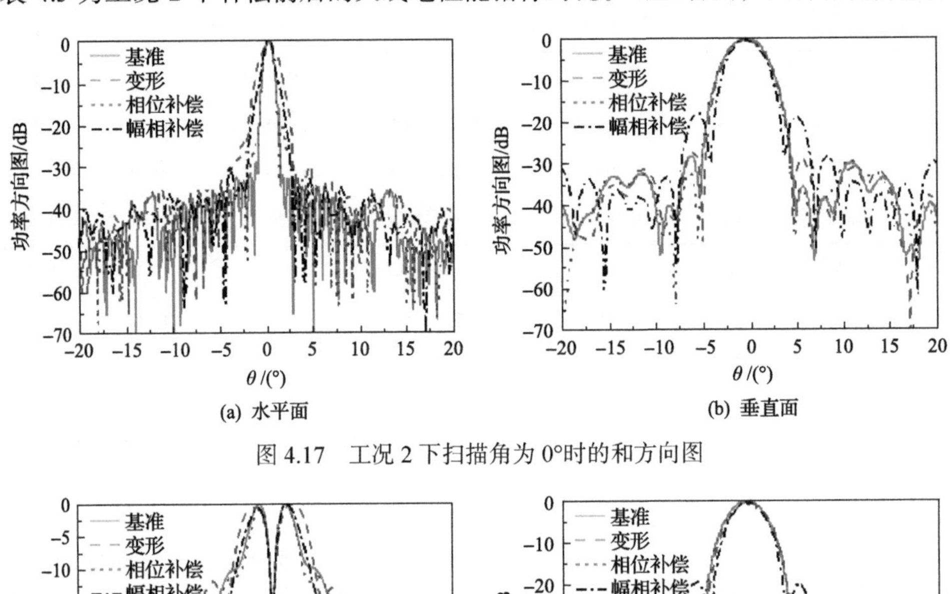

图 4.17　工况 2 下扫描角为 0°时的和方向图

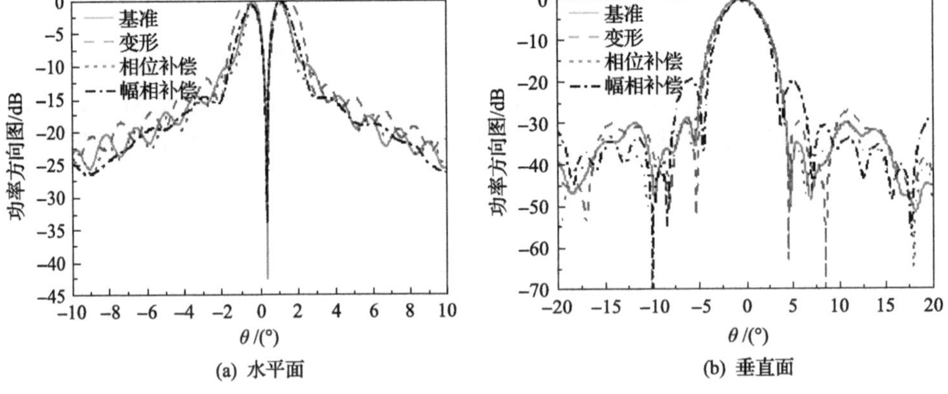

图 4.18　工况 2 下扫描角为 0°时的差方向图

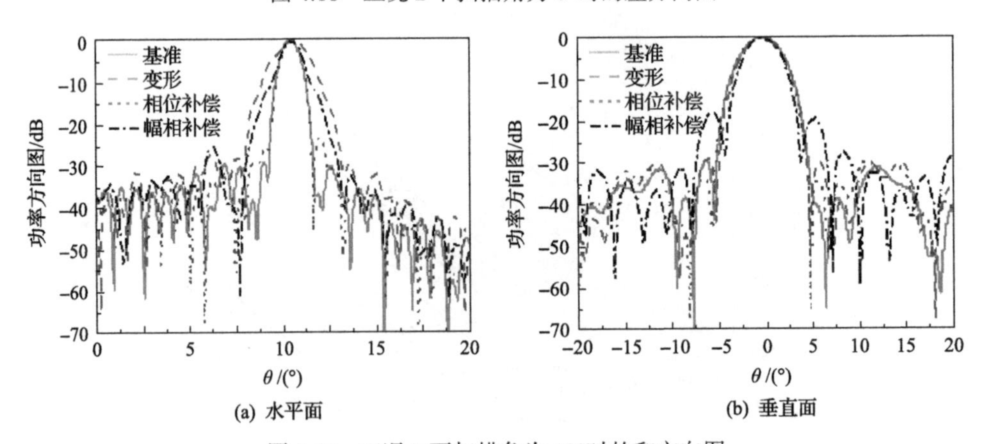

图 4.19　工况 2 下扫描角为 10°时的和方向图

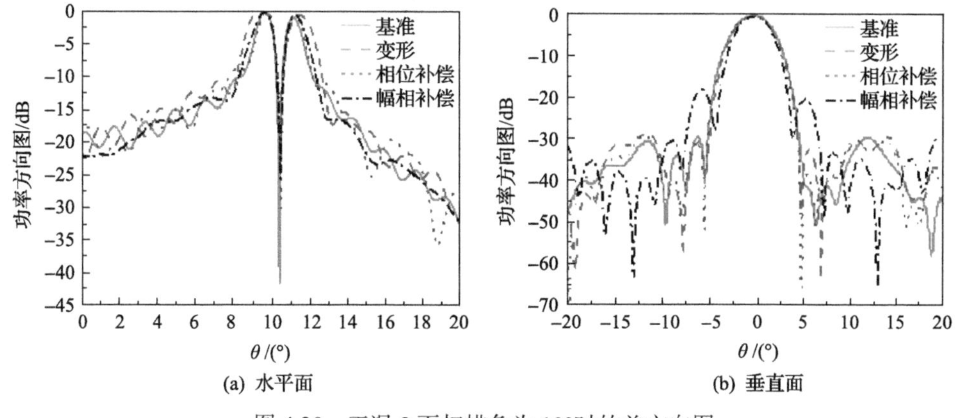

图 4.20　工况 2 下扫描角为 10°时的差方向图

表 4.3　工况 2 下补偿前后的天线电性能指标对比

扫描角/(°)	工况	方向系数/dB	指向(水平/垂直)/(°)	最大副瓣(水平/垂直)/dB	波瓣宽度(水平/垂直)/(°)	零点位置/(°)	零点深度/dB
0	基准	40.09	0.48/–0.28	–29.32/–28.27	0.91/3.71	0.47	–42.44
	变形	37.39	0.43/–0.31	–24.18/–27.06	1.53/3.69	0.5	–33.33
	相位补偿	39.97	0.52/–0.48	–20.7/–29.08	0.89/3.74	0.5	–32.32
	幅相补偿	39.61	0.5/–0.3	–30.23/–17.43	0.99/3.34	0.47	–34.05
10	基准	37.8	10.31	–29.01/–29.7	3.82	10.47	–41.87
	变形	35.45	10.43	–27.02/–28.67	3.98	10.53	–23.19
	相位补偿	37.98	10.44	–23.13/–23.69	3.71	10.55	–30.3
	幅相补偿	37.45	10.43	–25.24/–17.83	3.32	10.53	–25.66

天线增益和指向精度的补偿效果明显，补偿后的增益和波束指向都能恢复到期望的电性能指标要求，这表明两种补偿算法都能有效地补偿天线阵面变形的影响。对于副瓣，相位补偿算法比幅相补偿算法更有效，原因是幅相补偿算法在推导中使用了近似处理技术，它适合阵面小变形场合，随着结构变形量的增大，其补偿效果也会更差。

3) 工况 3

在工况 3 下，相对于基准，调整 9 个作动器使试验平台的天线阵面产生勺子形状的变形，如图 4.21 所示。在该工况下，天线阵面的法向最大变形量为 25.50mm（0.81λ）。对比前面的两种工况，工况 3 的变形量更大。

图 4.22～图 4.25 为工况 3 下两种补偿算法在天线补偿前后的方向图对比。表 4.4 为工况 3 下补偿前后的天线电性能指标对比。可以看出，在天线阵面的大变形情况下，相位补偿算法在波束指向和增益方面能有效地把变形后的电性能指标恢

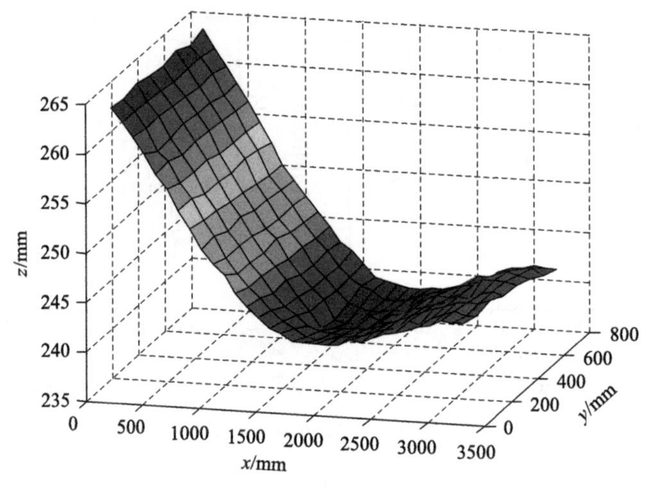

图 4.21　工况 3 下天线阵面的形状

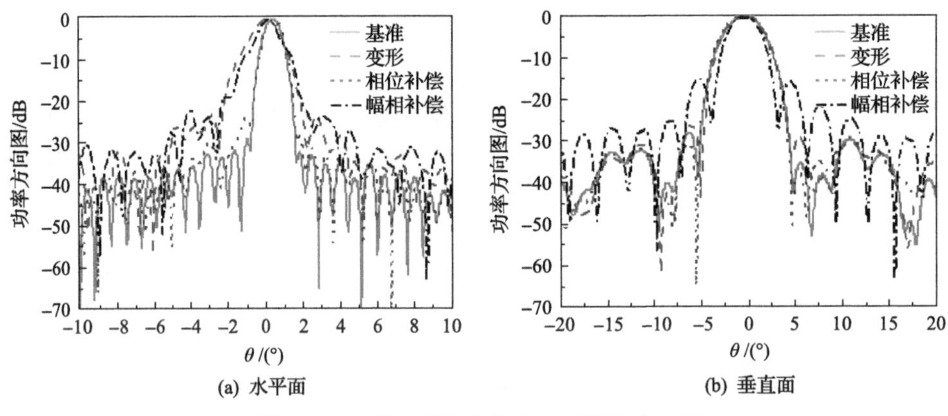

(a) 水平面　　(b) 垂直面

图 4.22　工况 3 下扫描角为 0°时的和方向图

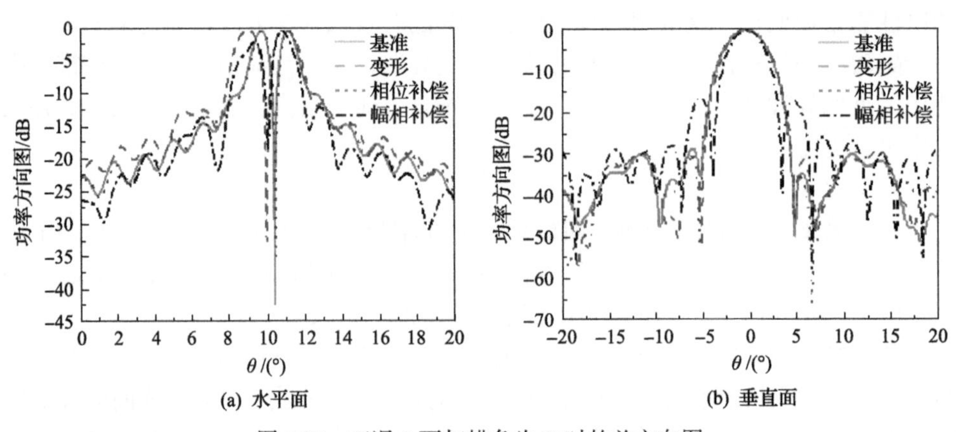

(a) 水平面　　(b) 垂直面

图 4.23　工况 3 下扫描角为 0°时的差方向图

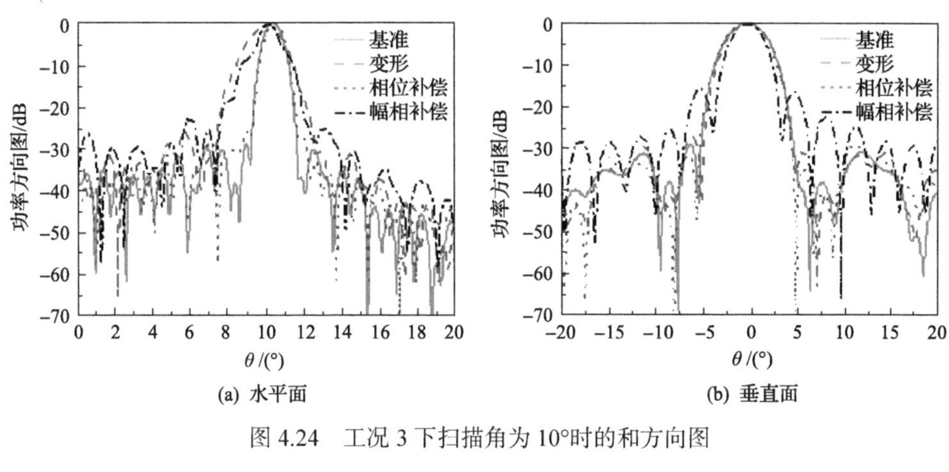

图 4.24　工况 3 下扫描角为 10°时的和方向图

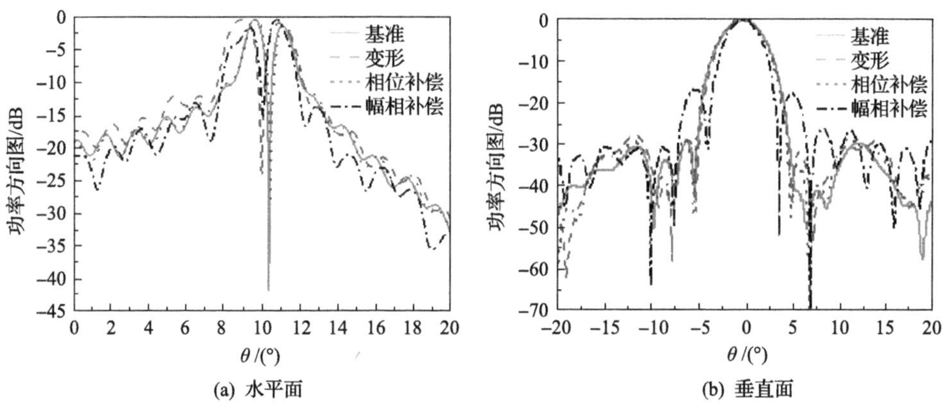

图 4.25　工况 3 下扫描角为 10°时的差方向图

表 4.4　工况 3 下补偿前后的天线电性能指标对比

扫描角/(°)	工况	方向系数/dB	指向(水平/垂直)/(°)	最大副瓣(水平/垂直)/dB	波瓣宽度(水平/垂直)/(°)	零点位置/(°)	零点深度/dB
0	基准	40.09	0.48/–0.28	–29.32/–28.27	0.91/3.71	0.47	–42.44
	变形	37.88	0.09/–0.26	–22.94/–26.60	1.31/3.71	0.05	–32.93
	相位补偿	39.81	0.41/–0.53	–23.87/–29.16	0.93/3.79	0.53	–30.07
	幅相补偿	39.33	0.19/–0.32	–18.05/–15.17	0.99/3.1	0.21	–18.43
10	基准	37.8	10.31	–29.01/–29.7	3.82	10.47	–41.87
	变形	35.63	9.95	–25.85/–27.47	3.7	10.07	–24.26
	相位补偿	37.65	10.44	–26.02/–29.64	3.74	10.58	–28.43
	幅相补偿	37.45	10.07	–18.43/–15.82	3.06	10.15	–14.9

复到期望的电性能指标要求。然而，幅相补偿算法的补偿效果比较差，特别是对于波瓣宽度、最大副瓣和零点深度，其补偿更差。原因是幅相补偿算法难以适合阵面大变形的场合，随着结构变形量的增大，其补偿效果更差。尽管相位补偿算法在远离主瓣区域的补偿效果有点差，但是其能够有效补偿波束扫描主瓣区域的增益和波束指向。

对上述三种工况下的试验结果进行总结，得到以下结论：

(1)在小变形情况(法向变形小于0.35λ)下，幅相补偿算法和相位补偿算法都能有效地补偿结构变形的影响，并且在副瓣方面，幅相补偿算法的效果优于相位补偿算法。

(2)随着结构变形量的增大，幅相补偿算法不能有效补偿结构变形的影响，特别是对于一些电性能指标，如波束宽度、最大副瓣和零点深度，其补偿效果比相位补偿算法更差。

(3)尽管相位补偿算法在远离主瓣区域的补偿效果较差，但是其能有效补偿波束扫描主瓣区域的增益和波束指向。

2. 大变形下的电补偿试验结果

为了进一步验证相位补偿算法在大变形下电补偿的有效性，利用试验平台又做了下面两种工况下的电补偿试验。

1)工况 4

在工况 4 下，调整 9 个作动器使试验平台的天线阵面产生弯曲变形，如图 4.26 所示。在该工况下，天线阵面的法向最大变形量为 20.02mm，即阵面的最大变形量是0.70λ 。

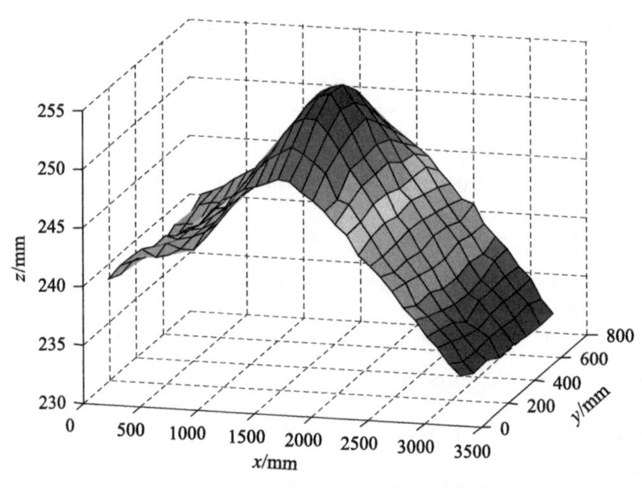

图 4.26　工况 4 下天线阵面的形状

图 4.27～图 4.30 为工况 4 下相位补偿算法在天线补偿前后的方向图对比。表 4.5 为工况 4 下补偿前后的天线电性能指标对比。可以看出，天线在大变形情况下（大于 0.5λ），相位补偿算法能够有效补偿天线阵面变形的影响，特别地，天线的

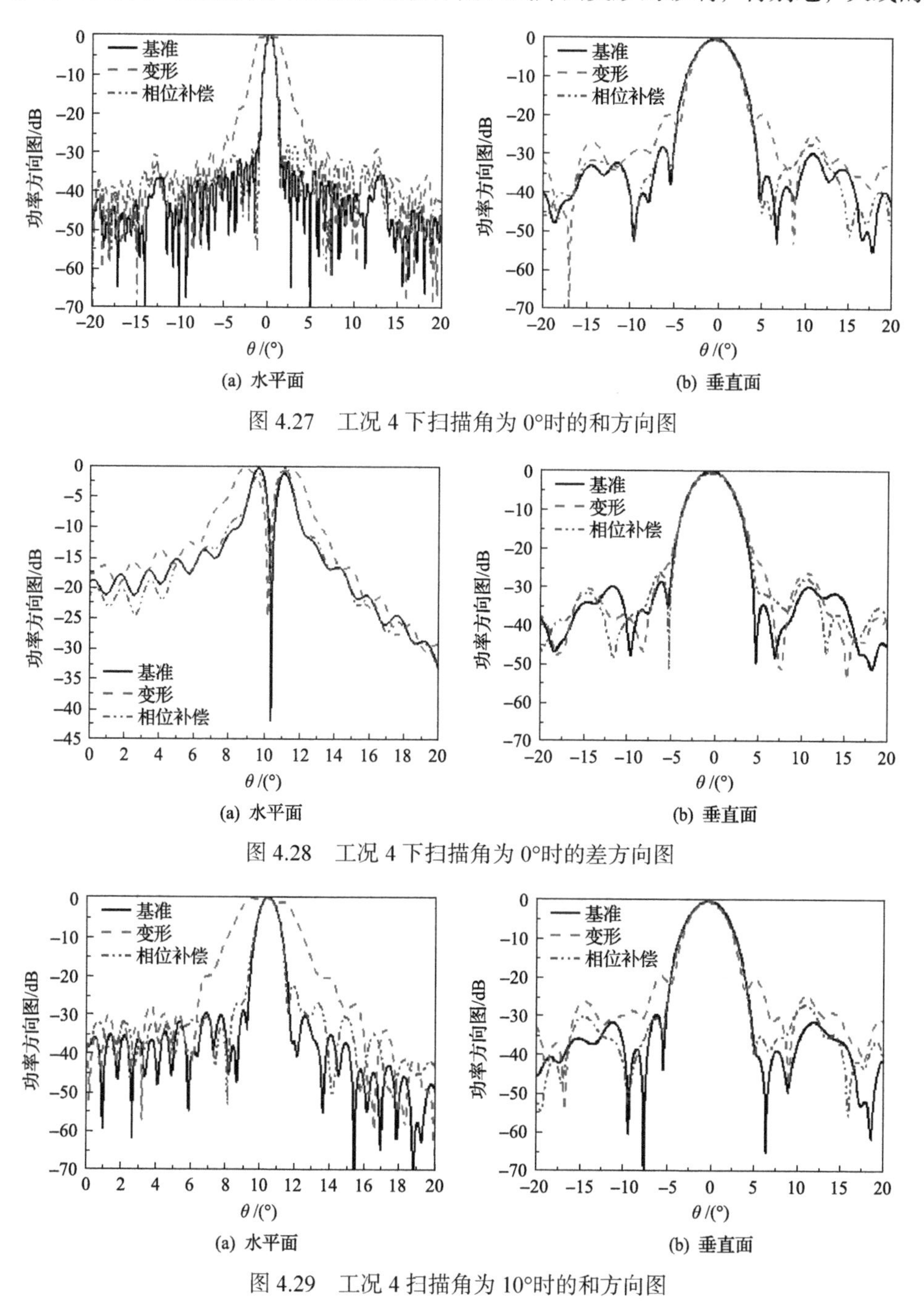

(a) 水平面　(b) 垂直面

图 4.27　工况 4 下扫描角为 0°时的和方向图

(a) 水平面　(b) 垂直面

图 4.28　工况 4 下扫描角为 0°时的差方向图

(a) 水平面　(b) 垂直面

图 4.29　工况 4 扫描角为 10°时的和方向图

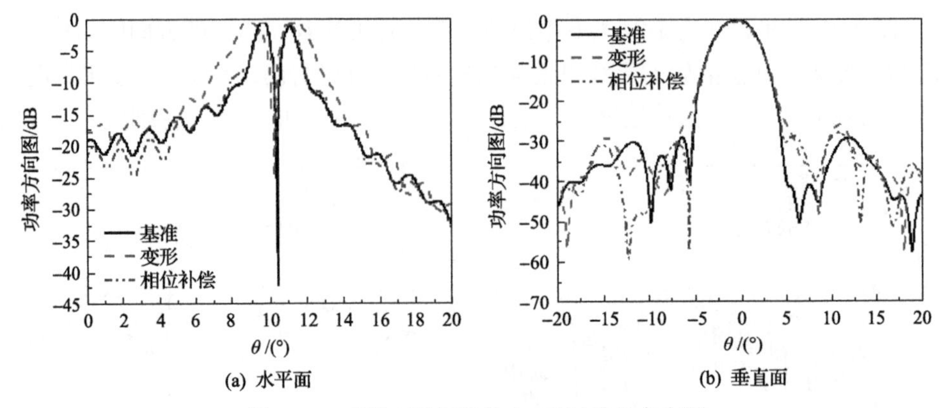

图 4.30 工况 4 下扫描角为 10°时的差方向图

表 4.5 工况 4 下补偿前后的天线电性能指标对比

扫描角/(°)	工况	方向系数/dB	指向(水平/垂直)/(°)	最大副瓣(水平/垂直)/dB	波瓣宽度(水平/垂直)/(°)	零点位置/(°)	零点深度/dB
0	基准	40.09	0.48/–0.28	–29.32/–28.27	0.91/3.71	0.47	–42.44
	变形	35.29	–0.35/–0.34	–0.73/–19.44	0.98/3.47	0.35	–31.88
	相位补偿	39.76	0.51/–0.41	–26.86/–26.86	0.91/3.78	0.5	–50.36
10	基准	37.8	10.31	–29.01/–29.7	3.82	10.47	–41.87
	变形	33.11	10.19	–0.28/–19.45	3.49	10.3	–24.72
	相位补偿	37.7	10.31	–22.49/–26.83	3.74	10.45	–20.65

方向系数、指向精度、波瓣宽度的补偿效果均较明显。

2) 工况 5

在工况 5 下，调整作动器使试验平台的天线阵面产生弯曲变形，如图 4.31 所示。在该工况下，天线阵面的法向最大变形量为 40.35mm（1.28λ）。

图 4.32～图 4.35 为工况 5 下相位补偿算法在天线补偿前后的方向图对比。表 4.6 为工况 5 下补偿前后的天线电性能指标对比。

通过工况 4 和工况 5 的试验对比，可以得到如下结论：

(1) 天线在大变形情况下（大于 0.5λ），相位补偿算法能够有效补偿天线阵面变形的影响，天线的方向系数、指向精度、波瓣宽度的补偿效果均较明显。

(2) 相位补偿算法对天线最大副瓣补偿作用一般，垂直面方向图的副瓣补偿效果优于水平面。

(3) 当天线阵面法向误差小于 0.7λ 时，相位补偿算法对零点深度具有补偿作用，但不能补偿到初始零点深度。当法向误差大于 0.81λ 时，补偿后零点深度反而上升，即补偿效果不好。

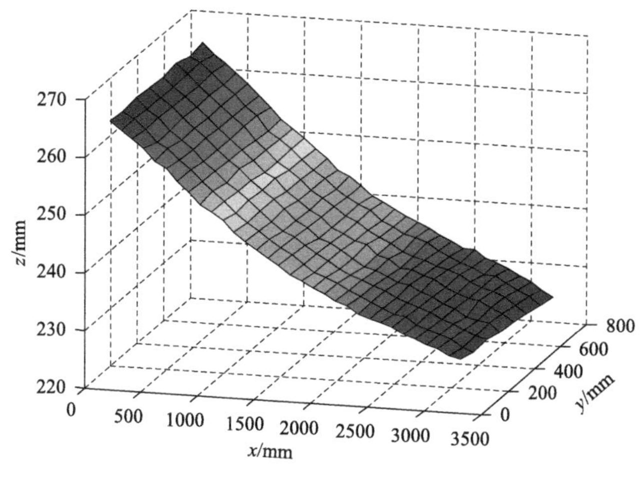

图 4.31　工况 5 下天线阵面的形状

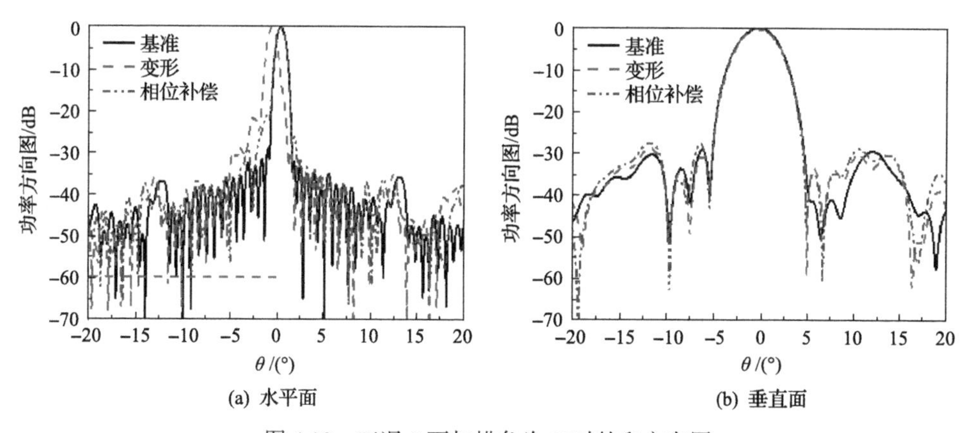

图 4.32　工况 5 下扫描角为 0°时的和方向图

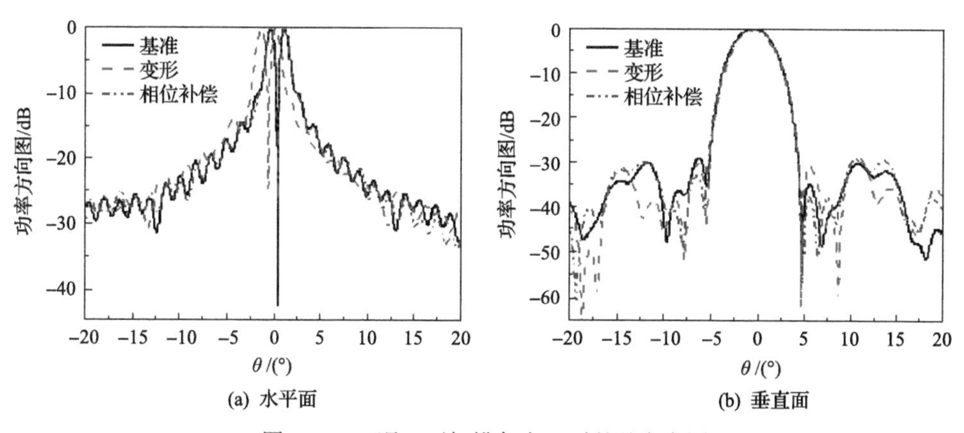

图 4.33　工况 5 下扫描角为 0°时的差方向图

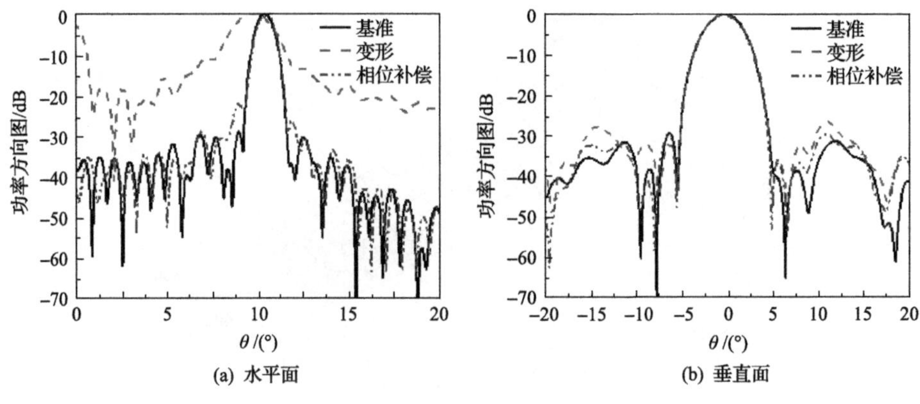

图 4.34　工况 5 下扫描角为 10°时的和方向图

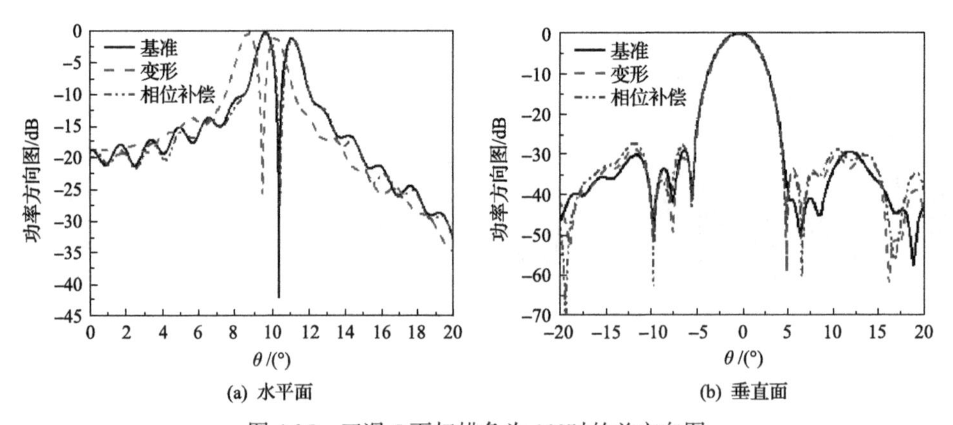

图 4.35　工况 5 下扫描角为 10°时的差方向图

表 4.6　工况 5 下补偿前后的天线电性能指标对比

扫描角/(°)	工况	方向系数/dB	指向(水平/垂直)/(°)	最大副瓣(水平/垂直)/dB	波瓣宽度(水平/垂直)/(°)	零点位置/(°)	零点深度/dB
0	基准	40.09	0.48/–0.28	–29.32/–28.27	0.91/3.71	0.47	–42.44
	变形	39.73	–0.47/–0.32	–21.37/–29.88	0.95/3.71	–0.5	–24.59
	相位补偿	39.93	0.48/–0.42	–21.06/–29.16	0.92/3.7	0.5	–26.74
10	基准	37.8	10.31	–29.01/–29.7	3.82	10.47	–41.87
	变形	33.05	9.59	–11.08/–26.43	3.84	9.55	–25.86
	相位补偿	37.39	10.43	–21.88/–29.56	3.8	10.55	–27.71

4.3　智能蒙皮天线的应用验证

利用前面给出的电补偿原理和第 2 章给出的应变位移转换方程，本节提出一种嵌入光纤光栅应变传感器的智能蒙皮天线，并将提出的电补偿方法应用到智能蒙皮天线中。该方法为新一代机载、星载和艇载变形相控阵天线辐射方向图的自适应调控奠定了基础。

图 4.36 为智能蒙皮天线的结构框架。该智能蒙皮天线系统由蒙皮天线、变形感知和波束控制电路等组成，具有结构承载、电磁收发和电性能自适应补偿的功能，可以嵌入武器装备平台的承载骨架中。蒙皮天线主要由阵列天线、蒙皮防护层、蜂窝层和感知层等组成。感知层内嵌入了光纤光栅应变传感器，可以实时测量天线结构的应变信息。光纤光栅应变传感器测量的应变信息由光纤光栅解调电路实现。波束控制电路由馈电网络和 T/R 组件组成。柔性射频线连接蒙皮天线中的辐射单元和波束控制电路。

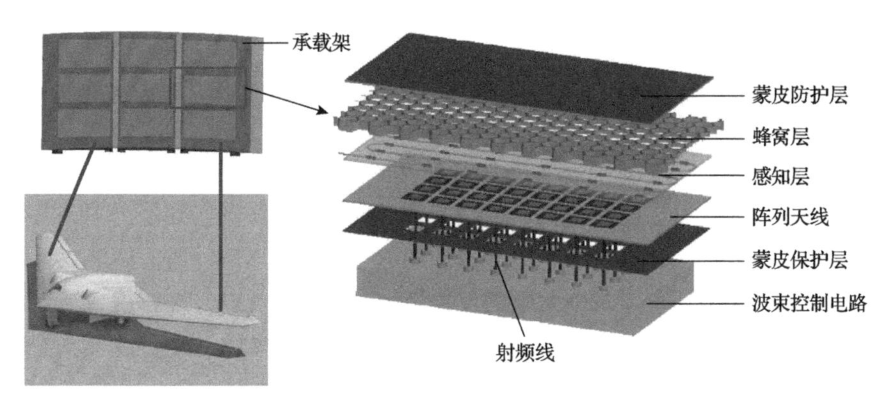

图 4.36　智能蒙皮天线结构框架

图 4.37 为嵌入光纤光栅应变传感器的智能蒙皮天线的自适应补偿原理示意图。在工作条件下，外部载荷会导致智能蒙皮天线的结构变形。通过光纤光栅应变传感器，实时感知天线阵面应变，实时重构天线阵面的变形，然后利用电补偿方法，进一步计算出电补偿所需的幅度和相位补偿量，最终完成电性能的自适应补偿。

利用第 2 章给出的应变-位移重构方程和本章的相位补偿算法，推导应变测量值与相位补偿值之间的应变-电磁耦合模型。基于该模型，可以直接利用传感器测量的应变信息实时计算出天线单元的相位补偿值，以实时补偿天线服役期间由结构变形导致的电性能恶化问题。应当说明的是，结合应变-位移重构方程和幅相补偿算法，也可以推导出其他形式的应变-电磁耦合模型。

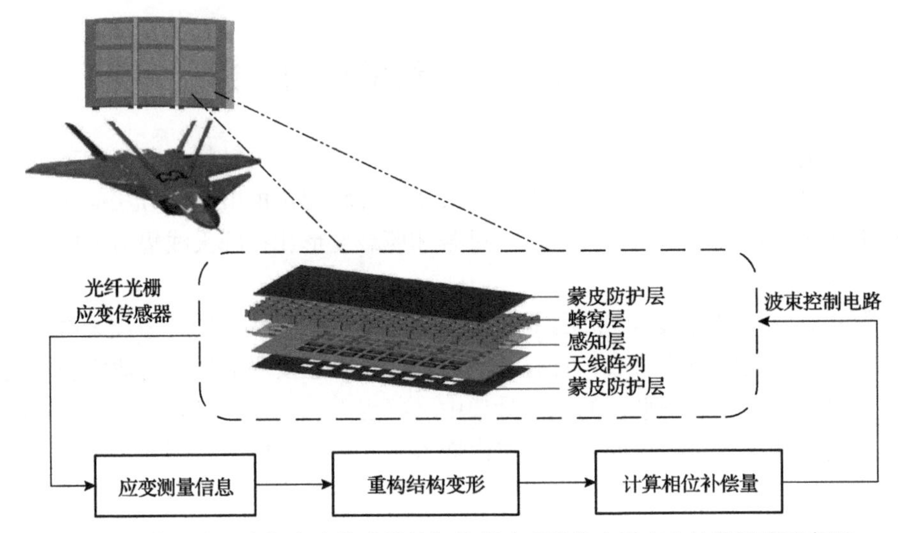

图 4.37　嵌入光纤光栅应变传感器的智能蒙皮天线的自适应电补偿原理示意图

4.3.1　应变-电磁耦合模型

考虑具有 N 个辐射元件的有源蒙皮天线。根据叠加原理，蒙皮天线阵面的理想辐射电场表示为

$$E(\theta,\phi)=\sum_{i=1}^{N}\omega_i f_i(\theta,\phi)\exp(\mathrm{j}k\hat{\boldsymbol{r}}\cdot\overline{\boldsymbol{r}}_i) \tag{4.25}$$

式中，ω_i 为施加在第 i 个天线单元上的复数激励电流，$\omega_i=A_i\mathrm{e}^{\mathrm{j}\varphi_i}$，幅度 A_i 和相位 φ_i 分别由波束控制电路中的衰减器和移相器控制；k 为波常数，$k=2\pi/\lambda$，λ 为天线工作波长；$\overline{\boldsymbol{r}}_i$ 为第 i 个天线单元的中心到坐标原点的期望位置向量；$\overline{\boldsymbol{r}}_i=\left[x_i^o\quad y_i^o\quad z_i^o\right]$，$\hat{\boldsymbol{r}}$ 为坐标原点到观察方向 (θ,ϕ) 的单位径向矢量，$\hat{\boldsymbol{r}}=[\sin\theta\cos\phi\quad\sin\theta\sin\phi\quad\cos\theta]^{\mathrm{T}}$；$f_i(\theta,\phi)$ 为第 i 个天线单元的方向图函数。

有源蒙皮天线的波束可以通过调节相位 $\varphi_i=-k\hat{\boldsymbol{r}}_0\cdot\overline{\boldsymbol{r}}_i$ 指向期望的扫描角度 (θ_0,ϕ_0)，$\hat{\boldsymbol{r}}_0=\left[\sin\theta_0\cos\phi_0\quad\sin\theta_0\sin\phi_0\quad\cos\theta_0\right]^{\mathrm{T}}$ 为在期望的扫描角度处对应的单位径向矢量。

在蒙皮天线服役中，环境荷载不可避免地导致天线变形，从而改变天线单元的位置。变形后蒙皮天线的辐射电场为

$$\tilde{E}(\theta,\phi)=\sum_{i=1}^{N}\omega_i f_i(\theta,\phi)\exp\left[\mathrm{j}k\hat{\boldsymbol{r}}\cdot(\overline{\boldsymbol{r}}_i+\Delta\boldsymbol{r}_i)\right] \tag{4.26}$$

式中，$\Delta\boldsymbol{r}_i$ 为第 i 个天线单元沿 x、y 和 z 方向的位移，$\Delta\boldsymbol{r}_i=[\Delta x_i\quad\Delta y_i\quad\Delta z_i]$。

对比式(4.25)和式(4.26)可以看出,变形后蒙皮天线的辐射电场与未变形蒙皮天线的辐射电场不同。为了补偿天线阵面变形对辐射电场的影响，本节采用相位补偿算法，通过增加相位补偿量 $\Delta\varphi_i = -k\hat{\boldsymbol{r}}\cdot\Delta\boldsymbol{r}_i$ 来改变式(4.26)中的激励电流 ω_i，经过补偿后变形蒙皮天线的辐射电场为

$$E(\theta,\phi)=\sum_{i=1}^{N}\omega_i\exp(-\mathrm{j}k\hat{\boldsymbol{r}}\cdot\Delta\boldsymbol{r}_i)f_i(\theta,\phi)\exp\left[\mathrm{j}k\hat{\boldsymbol{r}}\cdot(\bar{\boldsymbol{r}}_i+\Delta\boldsymbol{r}_i)\right] \tag{4.27}$$

从式(4.27)可以看出，变形蒙皮天线的辐射电场恢复到式(4.25)所示的理想电场状态。因此，针对所有天线单元，下面使用向量表示变形蒙皮天线的相位补偿量：

$$\Delta\boldsymbol{\varphi}=-k\hat{\boldsymbol{r}}\cdot\boldsymbol{q} \tag{4.28}$$

式中，$\Delta\boldsymbol{\varphi}$、$\boldsymbol{q}$ 分别为 N 个天线单元的相位补偿量和中心变形量，$\Delta\boldsymbol{\varphi}=[\Delta\varphi_1\ \ \Delta\varphi_2\ \ \cdots\ \ \Delta\varphi_i\ \ \cdots\ \ \Delta\varphi_N]^{\mathrm{T}}$，$\boldsymbol{q}=\left[\Delta\boldsymbol{r}_1\ \ \Delta\boldsymbol{r}_2\ \ \cdots\ \ \Delta\boldsymbol{r}_i\ \ \cdots\ \ \Delta\boldsymbol{r}_N\right]^{\mathrm{T}}$。

获得式(4.28)中相位补偿量的前提是需要准确已知天线单元的变形量，因此本节利用有限量光纤光栅应变传感器测量的应变信息来重构单元变形量。具体做法是：利用第 2 章的应变-位移重构方程(2.9)估计每个单元的变形量，然后以变形量为中间桥梁代入式(4.28)，进而得到相位补偿量与光纤光栅应变传感器测量应变 $\boldsymbol{\varepsilon}$ 之间的应变-电磁耦合模型：

$$\Delta\boldsymbol{\varphi}=-k\hat{\boldsymbol{r}}\cdot(\boldsymbol{T}\boldsymbol{\varepsilon}) \tag{4.29}$$

式中，$\boldsymbol{T}$ 为应变-位移转换矩阵，其与光纤光栅应变传感器的布局位置有关。

根据文献[1]中的研究，天线单元法线方向(即 z 方向)的变形对天线电性能的影响远大于 x 和 y 方向变形造成的影响，x 和 y 方向的变形对天线电性能的影响可以忽略。因此，为了方便有源蒙皮天线的补偿，Δx_i 和 Δy_i 可假定为零。除此之外，式(4.29)中相位补偿值也取决于单位径向矢量 $\hat{\boldsymbol{r}}$ 的观测角度 (θ,ϕ)，该方向在整个观测空间中是可变的。在实际应用中，为了得到波束控制电路中的移相器需要的特定相位补偿量，通常选择波束扫描方向 (θ_0,ϕ_0) 作为观测角度 (θ,ϕ) [2,17]。因此，式(4.29)可以简化为

$$\Delta\boldsymbol{\varphi}=-k\hat{\boldsymbol{r}}\cdot(\boldsymbol{T}\boldsymbol{\varepsilon})\approx-k\cos\theta_0(\boldsymbol{T}\boldsymbol{\varepsilon})_z \tag{4.30}$$

式中，$(\boldsymbol{T}\boldsymbol{\varepsilon})_z$ 表示所有天线单元中心 z 方向的变形量，$(\boldsymbol{T}\boldsymbol{\varepsilon})_z=\Delta z=[\Delta z_1\ \ \Delta z_2\ \ \cdots\ \ \Delta z_i\ \ \cdots\Delta z_N]^{\mathrm{T}}$。

在实际应用中，波束控制电路通常采用 k 位数字移相器，其相位补偿量需要进行数字量化。因此，利用式(4.31)计算每个天线单元量化后的相位补偿量 $\Delta\hat{\varphi}_i$，

然后把量化后的相位补偿量直接发送到移相器以改变天线单元的激励。

$$\Delta\hat{\varphi}_i=\begin{cases}t\Delta\varphi_{\min}, & 0\leqslant\varDelta<0.5\Delta\varphi_{\min}\\(t+1)\Delta\varphi_{\min}, & 0.5\Delta\varphi_{\min}\leqslant\varDelta\leqslant\Delta\varphi_{\min}\end{cases} \tag{4.31}$$

式中，t 为最接近 $\Delta\varphi_i/(2\pi/2^k)$ 的整数，$\varDelta$ 为 $\Delta\varphi_i/(2\pi/2^k)$ 的余数，$\Delta\varphi_{\min}=2\pi/2^k$ 是最小的量化移相值。

式(4.30)建立了测量应变与天线激励的耦合关系，因此根据测量的应变，利用此公式可直接计算每个天线单元激励的相位补偿量。由于该耦合关系简单，它非常适合工程中的实时电补偿，其自适应电补偿的实现过程如下：

(1)利用嵌入的光纤光栅应变传感器测量天线阵面的应变。

(2)利用式(4.30)计算各天线单元的相位补偿量。

(3)利用式(4.31)计算各天线单元量化后的相位补偿量。

(4)将量化后的相位补偿量发送到波束控制电路中,更新天线单元激励相位。

(5)重复步骤(1)～(4)，不断更新天线单元激励相位，实现变形蒙皮天线方向图的自适应补偿。

4.3.2　智能蒙皮天线样机系统

图 4.38 为智能蒙皮天线电补偿系统组成示意图。该系统由蒙皮天线阵面、有源射频电路、光纤光栅解调仪和测控系统等组成。蒙皮天线阵面由 32 个阵列单元组成，天线的中心频率为 5.8GHz。该系统采用柔性射频电缆将天线元件与有源射频电路连接，有源射频电路由 4 个 8 通道接收模块和一个两级馈电网络组成。光纤光栅解调仪将光纤光栅应变传感器测量的光信号转换成应变信号，然后将测量应变输入波束控制电路中，利用应变-电磁耦合模型更新相位补偿量。最后将更新后的相位补偿量发送到有源射频电路中，利用更新后的补偿量自动调整天线单元的激励相位，以补偿阵面变形导致的电磁辐射性能降低问题。

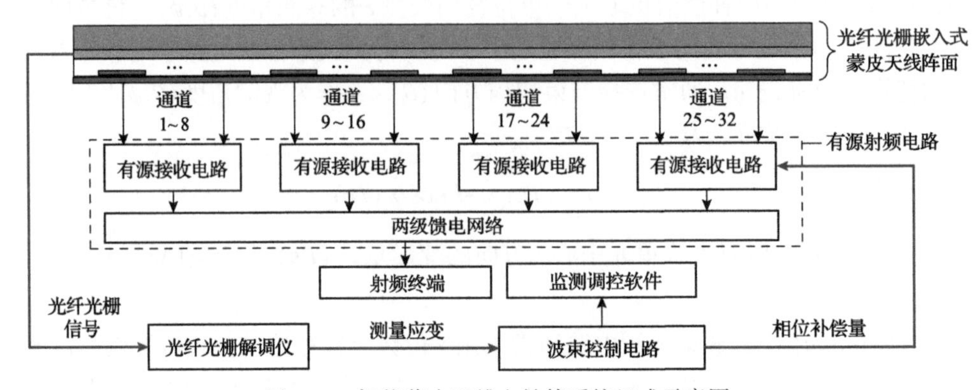

图 4.38　智能蒙皮天线电补偿系统组成示意图

1. 智能蒙皮天线系统设计

从图 4.38 可以看出，智能蒙皮天线系统主要由光纤光栅嵌入式智能蒙皮天线样件和有源收/发通道等组成，下面分别介绍这两部分的设计。

图 4.39 为智能蒙皮天线样件的结构组成示意图。它主要由蒙皮防护层、蜂窝层、感知层和阵列天线等组成[20]。其中蒙皮防护层位于整体结构的最外层，具有良好的力学承载能力，能够保护内部嵌入的天线和应变传感器[2,17]，除此之外，防护层还要有较好的透波特性，以减小对电磁波辐射的影响。蒙皮防护层采用基于玻璃纤维的增强复合材料设计加工，该材料透波性能良好，相对介电常数 ε_r 为 4，损耗角正切 $\tan\delta$ 为 0.02。此外，该材料的绝缘性好、耐热性强、抗腐蚀性好、机械强度和柔韧性高，能够满足可变形蒙皮的要求。蜂窝层位于蒙皮防护层与阵列天线之间，起到结构支撑和力学承载功能，同时要求重量轻、剖面低、介质损耗小，因而采用芳纶蜂窝芯材作为蜂窝夹层结构材料，该材料由芳纶纸加工并经过浸渍阻燃酚醛树脂，在结构上采用模拟蜂巢的立体正六边形式，具有重量轻、强度高、刚度大以及隔热减振、耐冲击等特点，同时相对介电常数较低（$\varepsilon_r = 1.2$）。感知层中嵌入了光纤光栅应变传感器，它是由两层很薄的聚酰亚胺薄膜制作而成的。

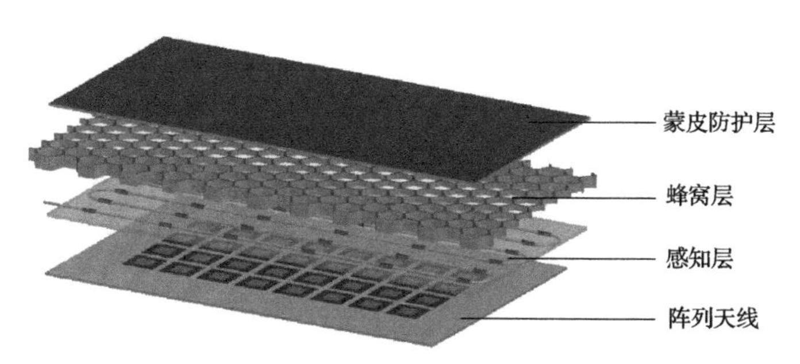

图 4.39　智能蒙皮天线样件的结构组成示意图

智能蒙皮天线采用 32 单元的微带平面天线阵。图 4.40 为矩形栅格平面阵列框架。在天线承载框架的基础上，通过装载不同形式的天线单元可以构成阵列天线。本节采用小型化、低剖面的矩形微带贴片天线作为蒙皮天线单元，蒙皮天线单元的基板材料是 RO4350B，该材料的相对介电常数 ε_r 为 3.48，损耗角正切 $\tan\delta$ 为 0.003，板材的介质损耗相对较小，同时具有较高的结构刚度，在天线阵面发生变形时能够保持单元的结构稳定性。

图 4.41 为微带贴片单元的结构模型，采用平面矩形微带贴片的形式，介质板厚度 H=0.508mm，通过 50Ω 同轴探针底馈，馈电点位于 y 轴负方向。

图 4.40　矩形栅格平面阵列框架

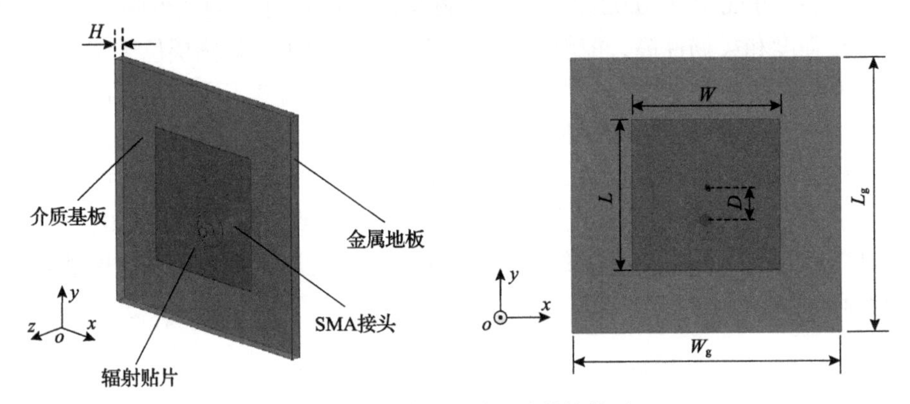

图 4.41　微带贴片单元的结构模型

通过仿真优化，最终确定蒙皮天线单元的几何参数尺寸为：W=12.9mm，L=12.9mm，W_g=28mm，L_g=28mm，D=2.2mm。在仿真中，考虑了射频连接器馈电接头的影响，辐射贴片和金属地板均采用厚度为 35μm 的铜箔。图 4.42 为设计的微带贴片天线的回波损耗曲线及频率为 5.8GHz 的单元方向图。可以看出，该矩

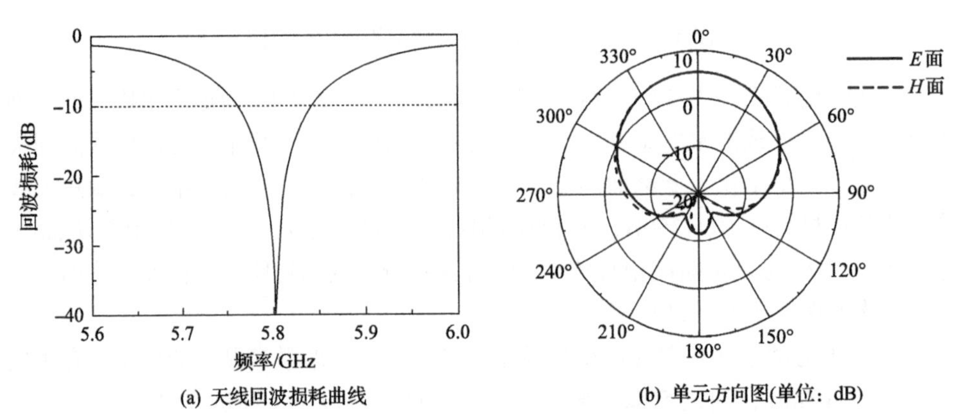

图 4.42　天线回波损耗曲线和单元方向图

形微带贴片天线的 10dB 带宽为 80MHz(5.76～5.84GHz)，E 面和 H 面的 3dB 波束宽度分别为 85°和 87°，天线最大增益为 6.0dBi。

经过仿真优化设计，蒙皮天线阵面可以排布成 32 单元平面阵列天线，如图 4.43 所示。该阵列天线沿 x 和 y 方向的单元数分别为 8 和 4，单元间距 $D_x=D_y=0.6\lambda$。在等幅激励下，微带阵列天线在 5.8GHz 时的波束扫描方向图如图 4.44 所示，E 面和 H 面的扫描波束分别可以覆盖 0°～15°和 0°～30°的范围。当最大波束指向角为 0°时，微带阵列天线的增益为 20.5dBi，E 面方向图中副瓣为–13.4dB，主瓣宽度为 20.2°，H 面方向图中副瓣为–13.3dB，主瓣宽度为 10.6°。随着扫描角度的增大，由于单元方向图的滚降特性，阵列方向图出现了略微的增益下降、副瓣抬升和主瓣展宽。

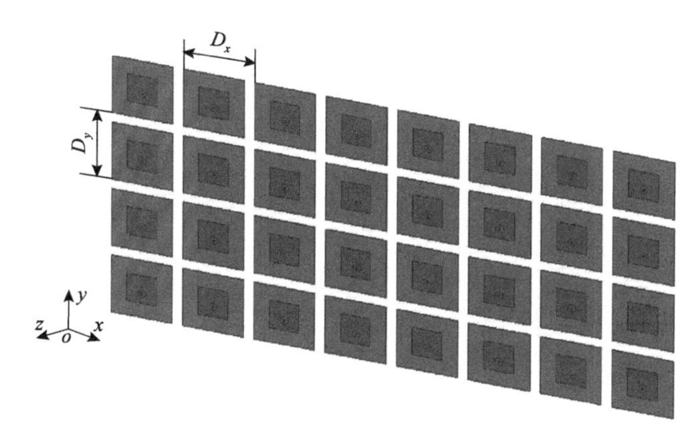

图 4.43　矩形栅格微带阵列天线的结构模型

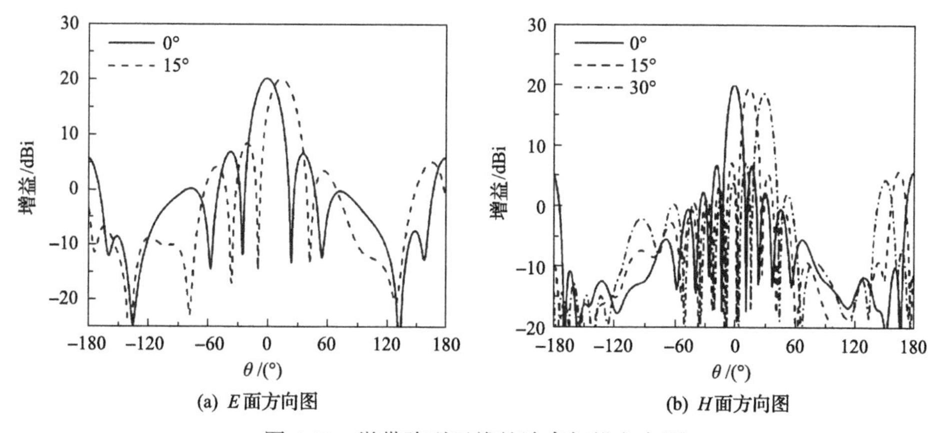

图 4.44　微带阵列天线的波束扫描方向图

为了减小蒙皮防护层对天线性能的影响，通过仿真优化，设计蒙皮防护层和蜂窝层的厚度。图 4.45(a)给出了布设蜂窝和蒙皮后的复合智能蒙皮天线结构侧视图，其中光纤光栅应变传感器网络的厚度较小，可以忽略其影响，蒙皮防护层和蜂窝层的厚度分别为 2mm 和 0.3mm。如图 4.45(b)所示，对比未布设蜂窝和蒙皮的天线，复合后的智能蒙皮天线的谐振频率向低频段移动了约 9MHz，10dB 工作带宽为 80MHz(5.75～5.83GHz)。此外，由于蒙皮防护层电磁损耗的影响，该智能蒙皮天线在 5.8GHzi 时的最大增益约为 20.2dBi，相比复合前的天线增益下降了约 0.3dBi。考虑到感知层中的光纤光栅应变传感器在复合时易发生断裂，采用上下两层柔性聚酰亚胺薄膜保护传感器。

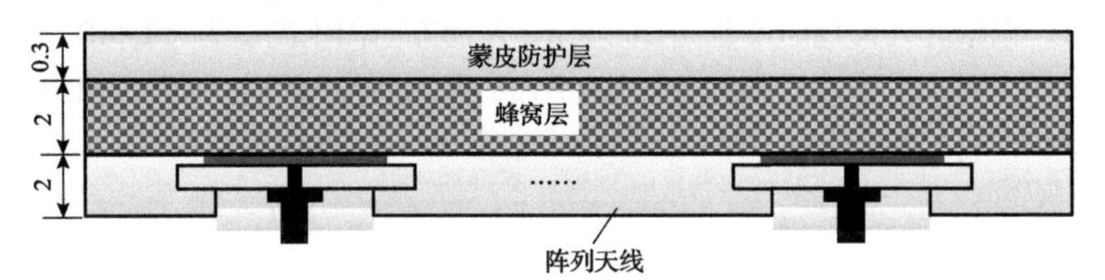

(a) 布设蜂窝和蒙皮后的复合智能蒙皮天线结构侧视图(单位：mm)

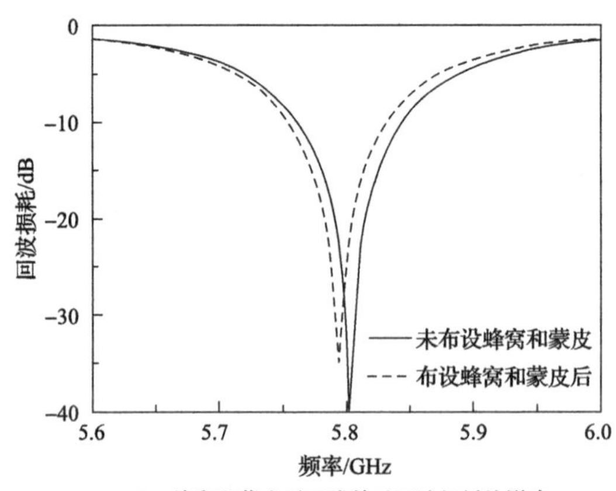

(b) 蜂窝和蒙皮对天线单元回波损耗的影响

图 4.45　智能蒙皮天线的结构图和天线单元回波损耗

由于该智能蒙皮天线采用了 32 单元的阵列，其后端电路需要采用多通道设计方案。考虑到射频接收性能、体积重量、器件成本以及可测试性和可维护性等因素，射频接收通道和波束控制电路需要采用模块化的设计，如图 4.46 所示。该模块化结构包括 4 个射频接收模块、1 个外部馈电网络、4 个波束控制电路子模块和 1 个波束控制电路主模块。由于蒙皮天线阵面采用 4×8 的矩形排列方式，通过按行划分每 8 个单元与 1 个射频接收模块的输入端相连，因此单个射频接收模块包含 8 路接收通道，其输出端与外部的 4∶1 馈电网络相连，对 32 路信号进行输出功率合成。此外，通过波束控制电路子模块为射频接收模块提供单独的电源和控制信号，4 个波束控制电路子模块再由波束控制电路主模块统一控制。该方案采用了多个功能模块，能够分别进行相对独立的测试和调整，模块间通过电气连接分别实现射频、电源和波束控制信号的传输。

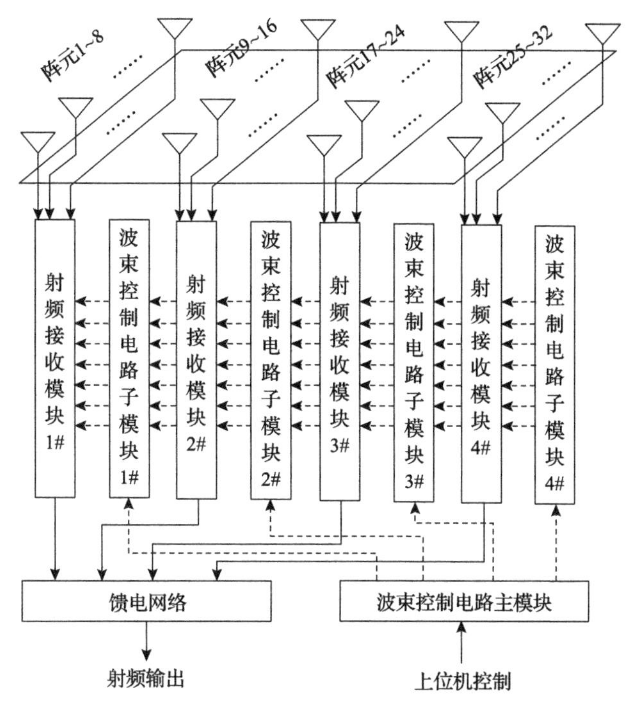

图 4.46　射频接收通道和波束控制电路的模块化结构框图

图 4.47 为有源射频接收通道的结构框图。可以看出，每个射频接收模块主要包括 8 通道有源接收电路和 2 级无源功率合成网络，其中每个通道具有相同的电

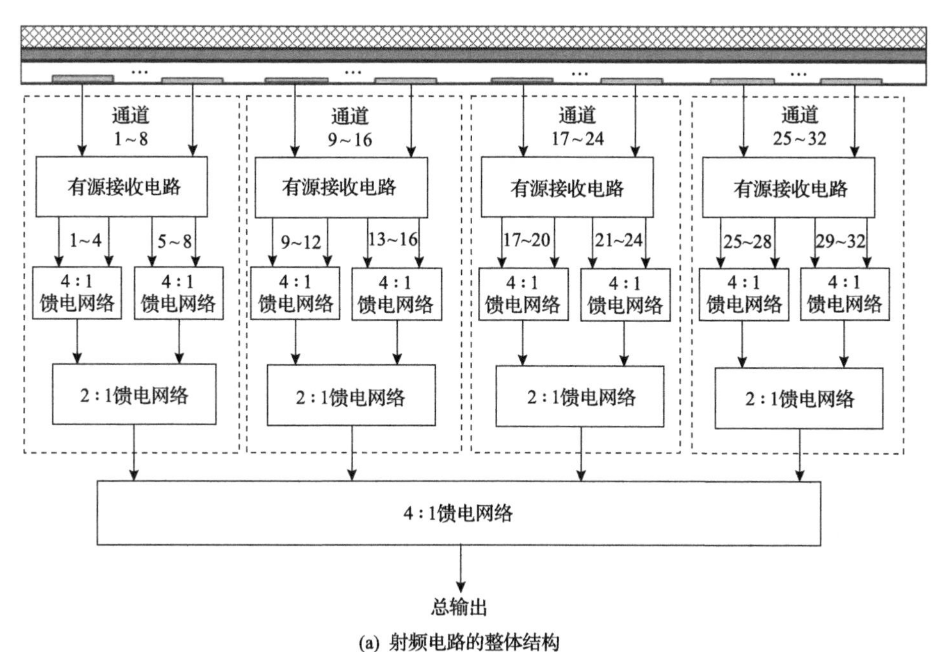

(a) 射频电路的整体结构

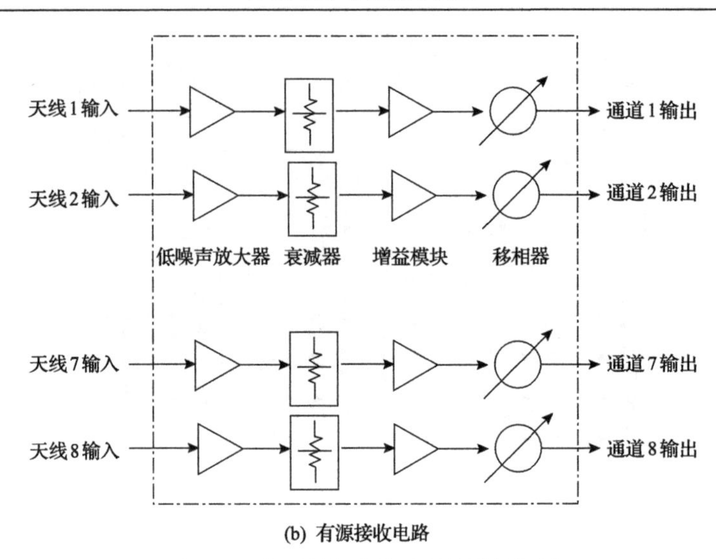

(b) 有源接收电路

图 4.47　有源射频接收通道的结构框图

路级联形式，它主要由低噪声放大器、衰减器、增益模块中的主要器件和移相器等模拟器件构成。考虑到实现功能的同时简化电路结构，电路中未采用限幅器和滤波器。功率合成网络主要包括前级的 2∶1 馈电网络和后级的 4∶1 馈电网络。

在工作中，天线端的输入信号首先进入低噪声放大器进行放大，初级放大后的小信号依次经过衰减器的调幅和增益模块的补偿放大，接着送到移相器中产生相移，之后 8 通道的输出信号等幅同相地合为一路信号输出。最终，每个接收通道模块的输出信号再通过外部的 4∶1 馈电网络完成总的射频信号合成。

射频接收通道和波束控制电路组装后的整体电路结构连接实物图如图 4.48 所示，整体电路位于天线阵列的后端，其中波束控制电路主模块位于电路结构的最上层，通过 4 路排线与下层的各子模块连接，射频接收模块和波束控制电路子模块依次向下层叠放置，射频接收通道的 4 路输出端与外部馈电网络的输入端相连[17]。为了防止阵面结构变形对后端电路结构产生影响，在输入端采用柔性射频线将每路射频通道与天线单元相连。

2. 智能蒙皮天线样件制作

智能蒙皮天线样件的制作使用 3D 打印和复合材料成型的混合制作方法[20]。图 4.49 为智能蒙皮天线样件的制作流程。首先，制作天线阵面骨架和 32 个天线单元，本节利用 3D 打印技术制作天线阵列骨架，采用丝网印刷方法制作 32 个微带天线元件，如图 4.49(a)所示。然后，根据第 2 章提出的传感器优化布局方法确定感知层的传感器位置，将 15 个光纤光栅应变传感器粘贴在聚酰亚胺薄膜表面，采用聚酰亚胺薄膜制作感知层，并将 15 个光纤光栅应变传感器分为两组(即两个

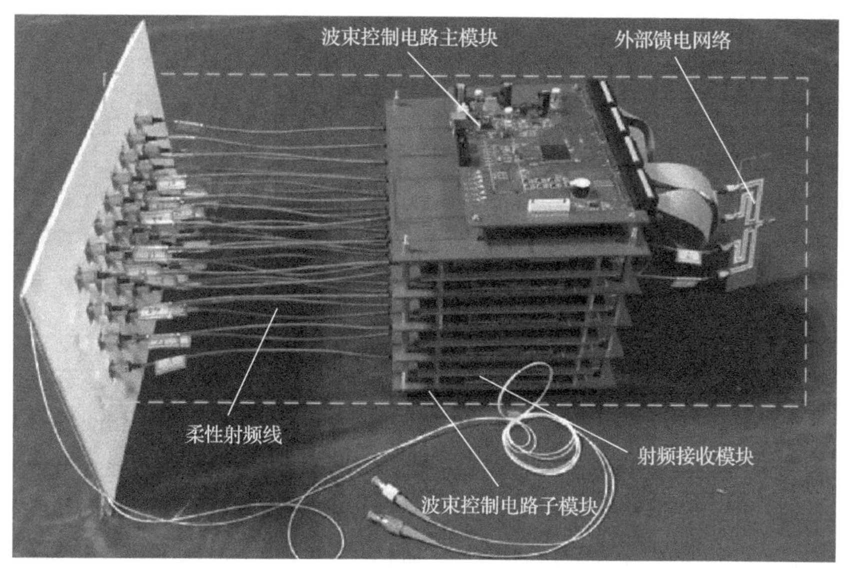

图4.48　整体电路结构连接实物图

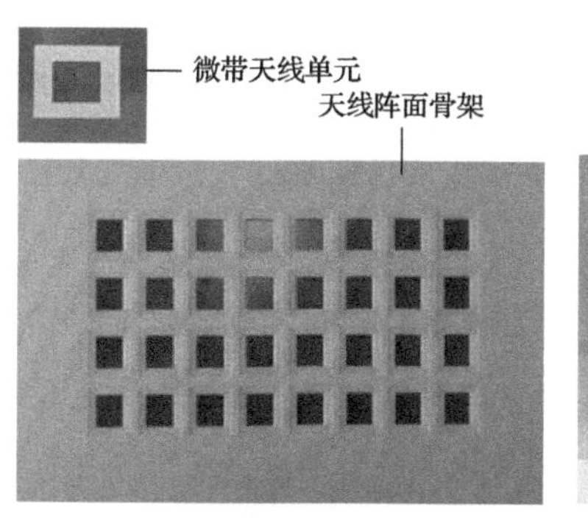

(a) 天线单元及阵面骨架

(b) 感知层制作

(c) 感知层与阵列层连接

(d) 复合蜂窝层

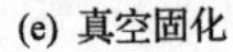

(e) 真空固化

(f) 复合后的智能蒙皮天线样件

图 4.49　智能蒙皮天线样件的制作流程

通道)，以防止中心波长接近的传感器互相干扰，如图 4.49(b)所示。第一组光纤光栅应变传感器的中心波长分别为 1528nm、1534nm、1540nm、1544nm、1548nm、1552nm、1555nm 和 1558nm，第二组光纤光栅应变传感器的中心波长分别为 1544nm、1548nm、1552nm、1555nm、1558nm 和 1561nm。随后，采用黏接技术将 32 个单元嵌入阵列骨架中，再用黏接剂将聚酰亚胺薄膜与嵌入单元的阵列骨架黏接，如图 4.49(c)所示。接下来，在天线阵面布设蜂窝和蒙皮，其中，蒙皮由两层环氧树脂预浸的玻璃布复合而成，并覆盖于蜂窝之上，各层之间涂抹黏接剂，如图 4.49(d)所示。最后，使用复合工艺对组装后的智能蒙皮天线进行固化成形，如图 4.49(e)所示。图 4.49(f)为复合后的智能蒙皮天线样件。

3. 智能蒙皮天线试验系统

图 4.50 为智能蒙皮天线电补偿系统。图 4.51 为测控系统的软件界面。测控软

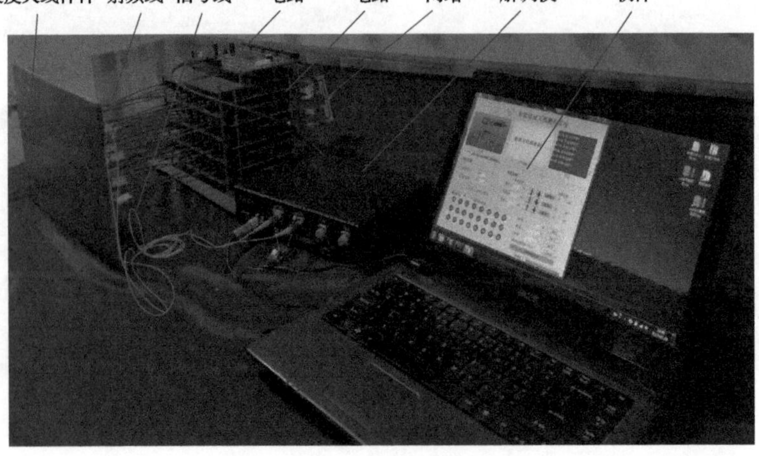

图 4.50　智能蒙皮天线电补偿系统

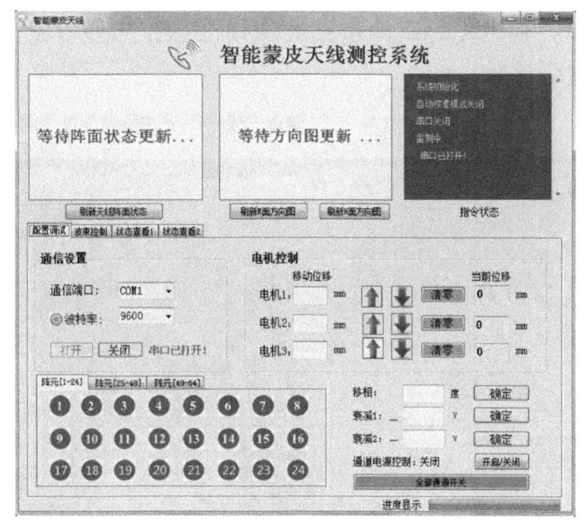

(a) 配置调试界面

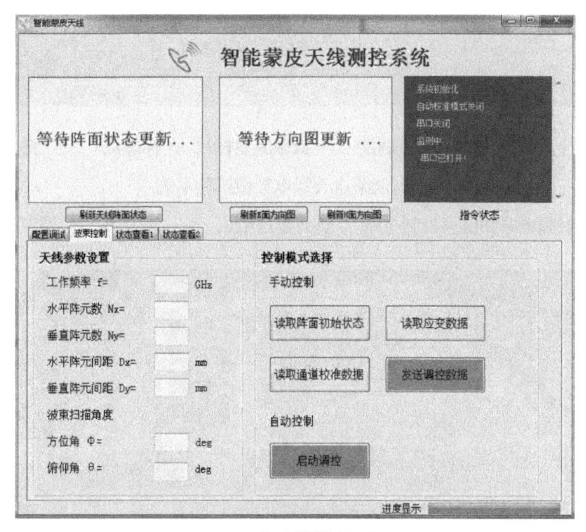

(b) 波束调控界面

图 4.51　测控系统的软件界面

件首先需要根据感知层光纤光栅传感器网络测得的应变信息重构出阵面结构位移场分布，然后提取出各单元位置的变形量，并在此基础上实时计算每个天线单元的激励调整量，进而得到补偿后的智能蒙皮天线方向图。

图 4.52(a)为智能蒙皮天线电补偿试验系统，该试验系统主要由变形夹持装置、智能蒙皮天线样件、电磁测量系统和数字摄影测量系统组成。图 4.52(a)中的扫描探针可以测量未变形、变形和补偿后的智能蒙皮天线辐射方向图。为了避免电磁波的反射和散射，变形夹持装置改用木质承载架并在金属部件上方覆盖吸波材料。由数字摄影相机、测量标尺和靶标点组成的数字摄影测量系统测试智能蒙

皮天线的真实变形。利用靶标点测量到的位移信息作为参考位移，并与基于测量应变重构的位移进行比较。

(a) 智能蒙皮天线电补偿试验系统

(b) 形变夹持装置与控制电路

图 4.52　变形感知和电补偿的试验系统

变形夹持装置可以模拟智能蒙皮天线在工作中的阵面结构变形，如图 4.52(b)所示。变形夹持装置主要由承重架、调节滑轨、直线步进电机和扭转步进电机等组成。这些步进电机由单片机控制，通过控制步进电机产生不同的阵面结构变形，如弯曲变形、扭转变形和一些复杂的变形。本节进行两种阵面结构变形试验：一种是悬臂弯曲变形，另一种是扭转变形。在第一个试验中，将智能蒙皮天线样件一端固定，另一端由直线步进电机夹持控制，产生悬臂弯曲变形。在第二个试验中，将智能蒙皮天线样件的一端固定，另一端受扭转步进电机的作用，产生扭转变形，由于测量智能蒙皮天线的方向图需要一段时间，为了验证电补偿的效果，需要维持住变形，然后测量两种变形下的智能蒙皮天线方向图。

4.3.3 智能蒙皮天线的电补偿试验

图 4.53 为智能蒙皮天线系统测试平台。通过试验装置自动控制阵面结构变形量，然后利用光纤光栅应变传感器测量智能蒙皮天线阵面结构的应变，并利用应变-电磁耦合模型实现智能蒙皮天线方向图的自适应补偿。图 4.54 为结构变形与未变形下的电性能测试。

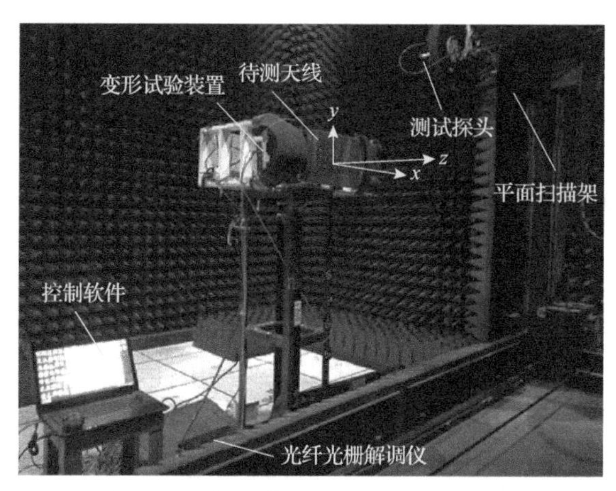

图 4.53　智能蒙皮天线系统测试平台

(a) 阵面未变形

(b) 阵面变形

图 4.54　结构变形与未变形下的电性能测试

利用近场测量系统测量智能蒙皮天线的辐射方向图。定义蒙皮天线阵面未变形状态为阵面基准工况。基准工况下的蒙皮天线阵面所在平面为 xoy 面，阵面外法线方向为 z 轴正向。相对阵面基准工况，通过控制步进电机，蒙皮天线阵面产生悬臂弯曲、拱形弯曲和扭转三种变形。本次试验分别测量基准工况和三种变形工况补偿前后的智能蒙皮天线方位面（ϕ=0°）和俯仰面（ϕ=90°）的方向图，其中方位面的测量范围为 $-90^\circ \leqslant \theta \leqslant 90^\circ$，俯仰面的测量范围为 $-80^\circ \leqslant \theta \leqslant 80^\circ$，测量的角度间隔为 $\Delta\theta = 0.1^\circ$。具体试验步骤如下：

(1) 基准工况下的阵面形状和方向图测试。分别完成智能蒙皮天线在基准工况下的阵面形状测量和对应的辐射方向图测试，保存测试数据。

(2) 产生阵面结构变形，测量当前变形下的结构应变和对应的方向图。根据预定的阵面结构变形方案，通过控制步进电机，智能蒙皮天线阵面结构产生变形，测量变形状态下的结构应变及对应的方向图，并保存测试数据。

(3) 计算天线单元激励补偿量，测量补偿后的方向图。根据应变-电磁耦合模型，计算天线单元的激励调整量，然后将调整量施加到波束控制系统上，测量补偿后的方向图，并保存测试数据。

(4) 重复步骤(2)，直到完成所有试验。

4.3.4　智能蒙皮天线的电补偿试验结果

1. 基准工况下的试验结果

图 4.55 为基准工况下的智能蒙皮天线阵面形状，图 4.56 为智能蒙皮天线方位面和俯仰面方向图对比，表 4.7 为智能蒙皮天线电性能指标。可以看出，在基准工况下，该智能蒙皮天线在最大辐射方向时，实际测量的方位面和俯仰面内的波束指向分别为(0°,0.2°)和(90°,0.4°)，并且在这两个面内能实现–29.0°～29.3°和–14.2°～14.9°的波束扫描。该智能蒙皮天线样件的最大增益为 21.2dBi。

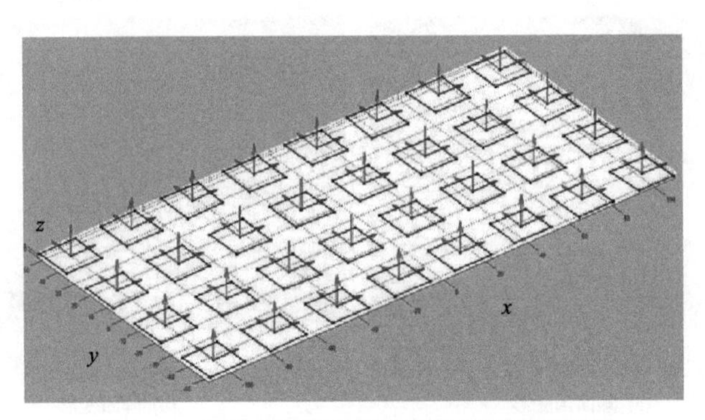

图 4.55　基准工况下的智能蒙皮天线阵面形状

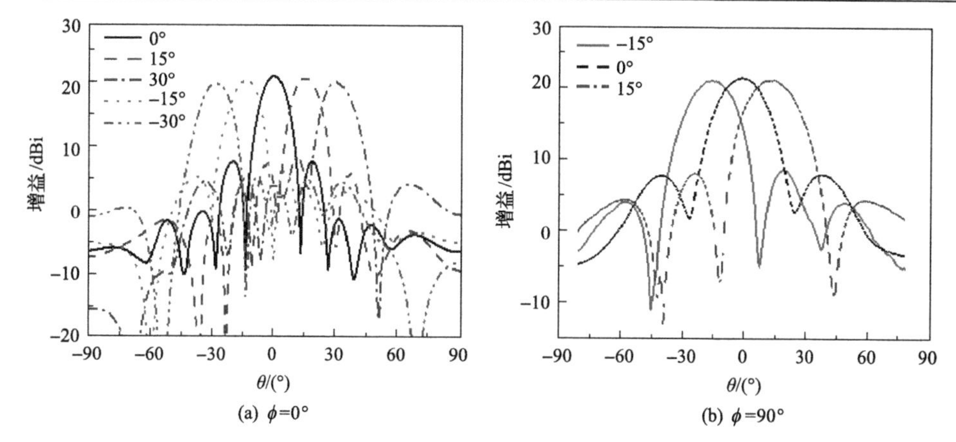

(a) ϕ=0°　　(b) ϕ=90°

图 4.56　基准工况下的智能蒙皮天线方位面和俯仰面方向图对比

表 4.7　基准工况下的智能蒙皮天线电性能指标

测试面	扫描角/(°)	实际波束指向/(°)	增益/dBi	主瓣宽度/(°)	副瓣/dB
方位面	0	0.2	21.2	11.6	−14.1
	15	14.7	20.9	12.2	−13.5
	30	29.3	20.2	13	−12.1
	−15	−14.3	20.8	12.5	−13.8
	−30	−29.0	19.9	13.8	−11.3
俯仰面	0	0.4	21.2	21.2	−13.7
	15	14.9	21.0	21.7	−12.9
	−15	−14.2	20.9	21.8	−12.6

2. 悬臂板弯曲变形工况下的试验结果

在悬臂板弯曲变形试验中，智能蒙皮天线的一侧用夹具固定，另一侧由直线步进电机牵引，使智能蒙皮天线阵面结构产生相应的弯曲变形。图 4.57 为悬臂板弯曲变形工况下的蒙皮天线阵面形状，其中阵面在 z 方向的最大变形量为

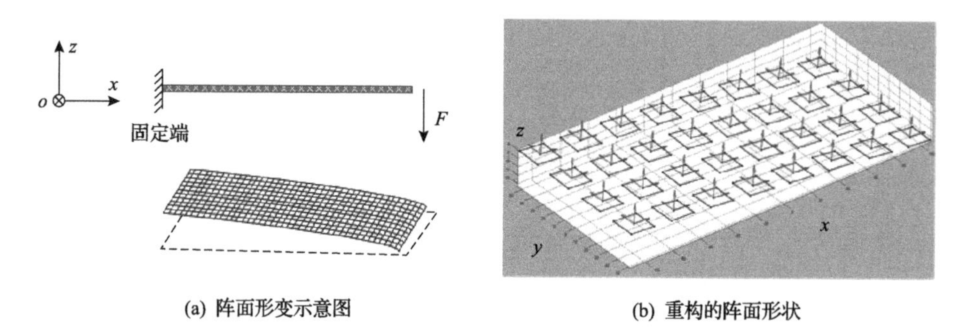

(a) 阵面形变示意图　　(b) 重构的阵面形状

图 4.57　悬臂板弯曲变形工况下的智能蒙皮天线阵面形状

21.6mm，即最大变形量为0.42λ，λ为智能蒙皮天线工作波长，因此该变形对方位面方向图的影响较大。

图 4.58 为悬臂板弯曲变形工况下的主波束扫描角分别为 0°、15°和 30°时智能蒙皮天线单元的补偿相位及该智能蒙皮天线在基准工况、天线变形和补偿后的方向图对比，表 4.8 为智能蒙皮天线电性能指标对比。可以看出，悬臂板弯曲变形

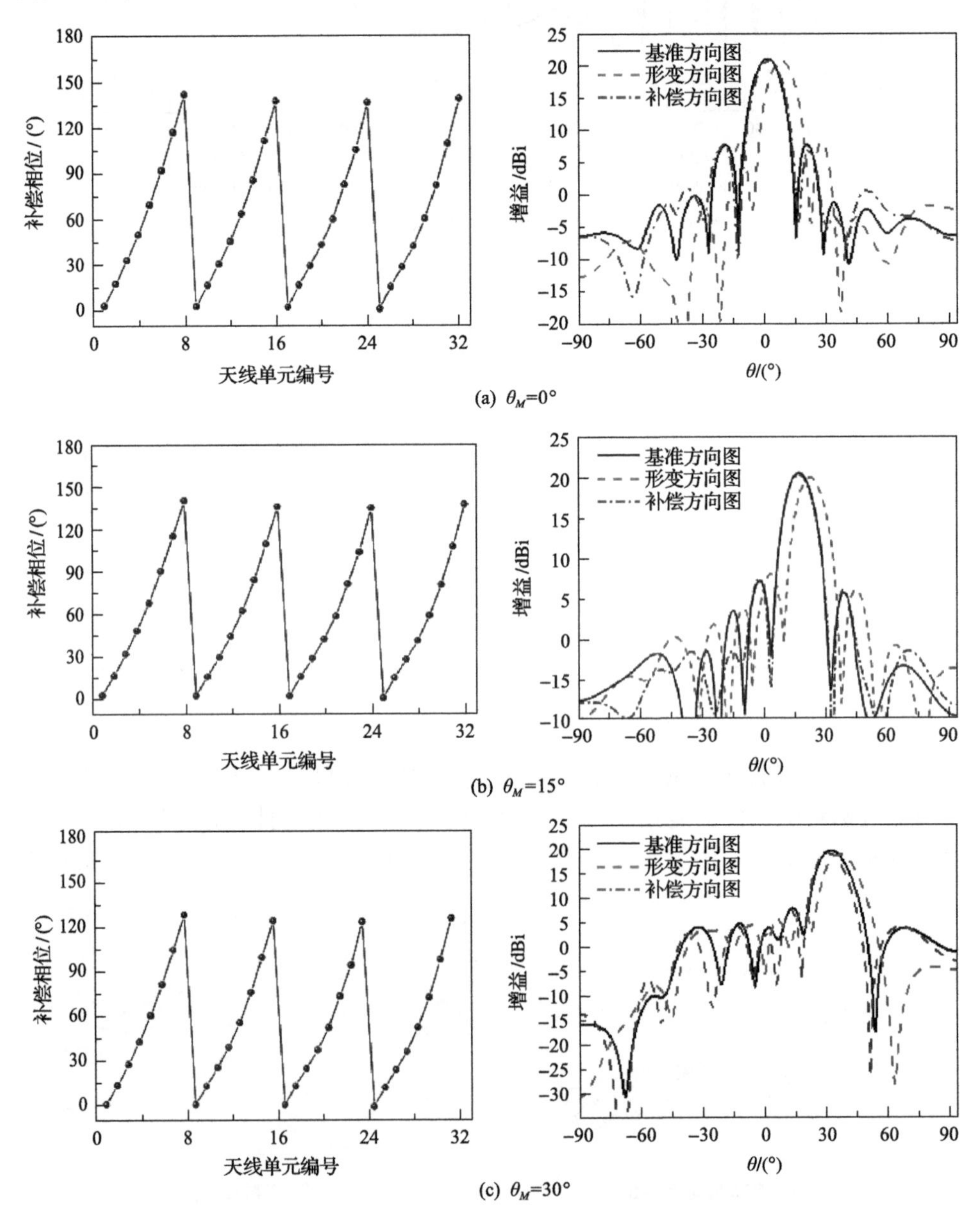

(a) θ_M=0°

(b) θ_M=15°

(c) θ_M=30°

图 4.58　悬臂板弯曲变形工况下的智能蒙皮天线补偿相位和方向图对比

表 4.8　悬臂板弯曲变形工况下的智能蒙皮天线电性能指标对比

扫描角/(°)	工况	波束指向/(°)	增益/dBi	主瓣宽度/(°)	副瓣/dB
0	基准	0.2	21.1	11.6	−14.1
	变形	6.0	20.8	11.9	−13.6
	补偿	0.4	20.7	12.2	−13.1
15	基准	14.7	20.9	12.2	−13.5
	变形	20.5	20.4	12.8	−12.2
	补偿	14.6	20.7	12.4	−13.1
30	基准	29.3	20.1	13	−12.1
	变形	33.7	19.5	13.7	−11.7
	补偿	29.0	19.7	13.3	−11.9

使得方位面内的主波束产生了 4.4°～5.8°的偏移，同时增益、主瓣宽度和副瓣等指标也发生了改变。然而，使用电补偿方法补偿阵面变形后，补偿后的方向图在主波束和第一副瓣区域内几乎接近于基准工况的方向图。

3. 拱形弯曲变形工况下的试验结果

在拱形弯曲变形试验中，智能蒙皮天线的两侧由夹具固定，中间由直线步进电机控制夹具向 z 轴正向顶起产生弯曲变形。图 4.59 为拱形弯曲变形工况下的智能蒙皮天线阵面形状，其中天线阵面在 z 方向的最大变形量为 15.2mm，即天线阵面的最大变形量为 0.29λ ，λ 为智能蒙皮天线工作波长。

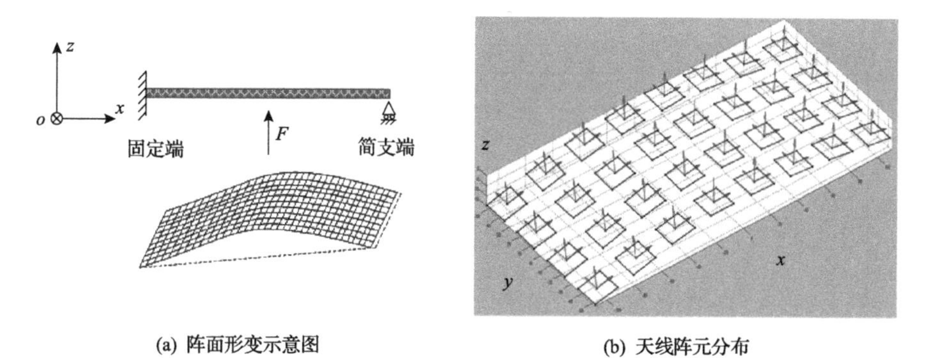

(a) 阵面形变示意图　　(b) 天线阵元分布

图 4.59　拱形弯曲变形工况下的智能蒙皮天线阵面形状

图 4.60 为拱形弯曲变形工况下的主波束扫描角分别为 0°、15°和 30°时智能蒙皮天线单元的补偿相位及该智能蒙皮天线在基准工况、天线变形和补偿后的方向

图对比，表 4.9 为智能蒙皮天线电性能指标对比。可以看出，拱形弯曲变形使得方位面内的主瓣偏移很小，主波束偏移也较小，但是天线增益降低和副瓣抬升明显。然而，使用电补偿之后，在主波束和第一副瓣区域内，补偿后的方向图与基准工况的方向图基本吻合。

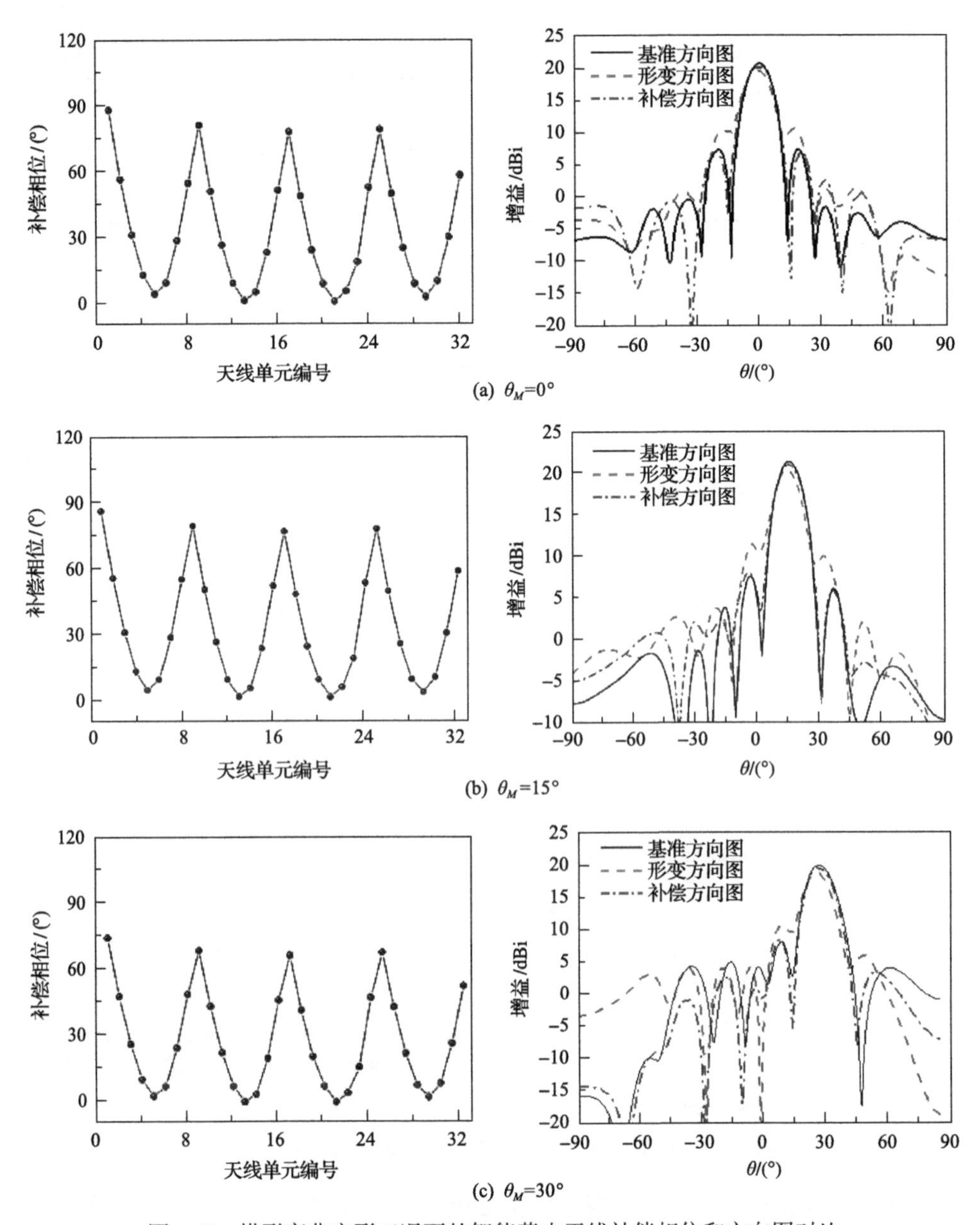

图 4.60　拱形弯曲变形工况下的智能蒙皮天线补偿相位和方向图对比

表 4.9　拱形弯曲变形工况下的智能蒙皮天线电性能指标对比

扫描角/(°)	工况	波束指向/(°)	增益/dBi	主瓣宽度/(°)	副瓣/dB
0	基准	0.2	21.1	11.6	−14.1
	变形	−0.8	29.2	14.3	−9.9
	补偿	0	20.6	12.2	−12.9
15	基准	14.7	20.9	12.2	−13.5
	变形	14	20.0	12.6	−8.6
	补偿	14.7	20.5	12.3	−12.6
30	基准	29.3	20.1	13	−12.1
	变形	28.8	18.1	15.9	−8.1
	补偿	29.1	29.6	13.8	−11.1

4. 扭转变形工况下的试验结果

在扭转变形试验中，智能蒙皮天线的一端固定，另一端通过扭转电机产生相应的天线阵面变形。在该试验中，智能蒙皮天线的扭转角度约为 10°。图 4.61 为扭转变形工况下的智能蒙皮天线阵面形状，其中天线阵面在 z 方向的最大变形量为 17.4mm，即天线阵面的最大变形量为 0.34λ，λ 为智能蒙皮天线工作波长。

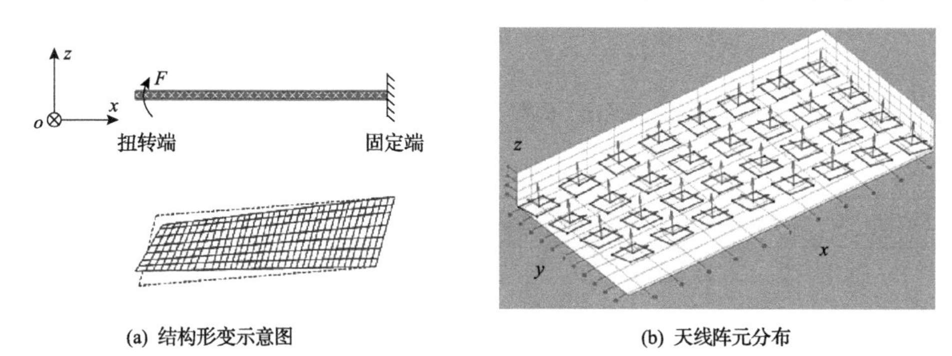

(a) 结构形变示意图　(b) 天线阵元分布

图 4.61　扭转变形工况下的智能蒙皮天线阵面形状

图 4.62 为扭转变形工况下的智能蒙皮天线单元的补偿相位及该智能蒙皮天线在基准工况、天线变形和补偿后的方向图对比，表 4.10 为智能蒙皮天线电性能指标对比。可以看出，在扭转变形下，该天线方位面的方向图主瓣偏移较小，但天线增益出现下降；俯仰面方向图产生主瓣指向偏移和增益降低。然而，该智能蒙皮天线在经过电补偿之后，方位面和俯仰面的方向图都接近基准工况的方向图。

从上述试验结果可以看出，三种变形工况下智能蒙皮天线的方向图基本恢复到未变形时的方向图。因此，使用有限量光纤光栅应变传感器的测量应变来校正

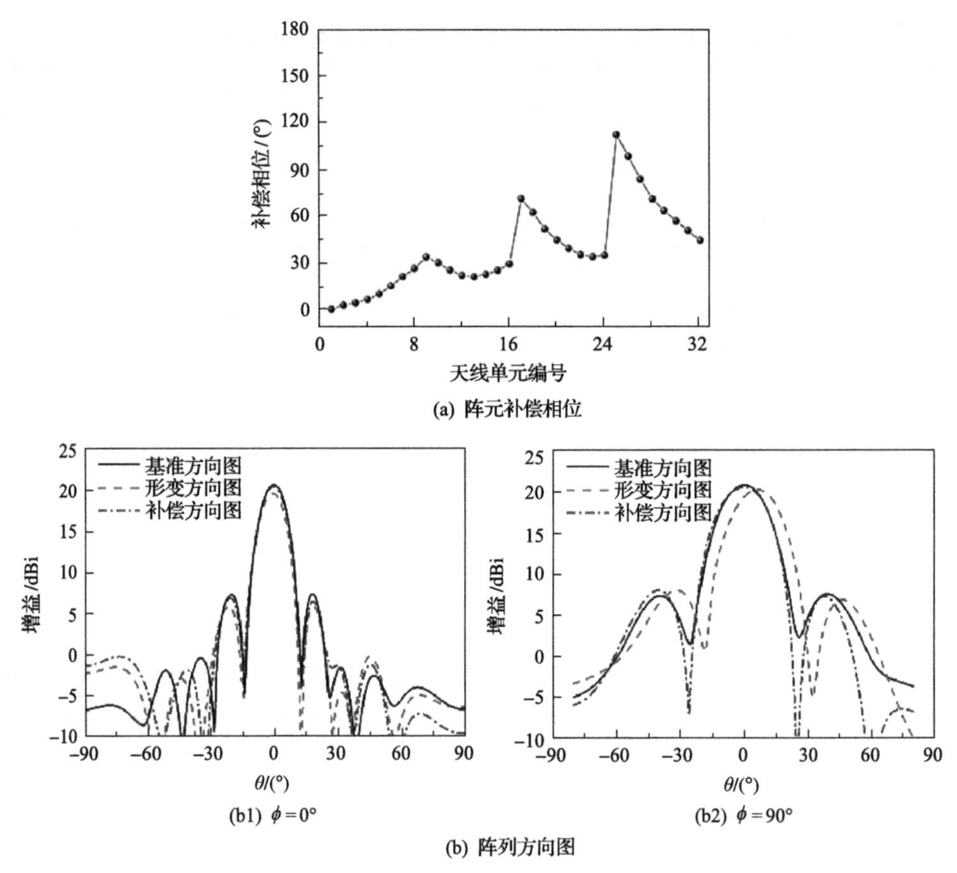

(a) 阵元补偿相位

(b1) $\phi=0°$　　(b2) $\phi=90°$

(b) 阵列方向图

图 4.62　扭转变形工况下的智能蒙皮天线补偿相位和方向图对比

表 4.10　扭转变形工况下的智能蒙皮天线电性能指标对比

测试面	扫描角/(°)	工况	波束指向/(°)	增益/dBi	主瓣宽度/(°)	副瓣/dB
方位面	0	基准	0.2	21.2	11.6	−14.1
		变形	−0.6	20.1	12.0	−13.1
		补偿	0.1	20.8	11.6	−13.5
俯仰面	0	基准	0.4	21.2	21.2	−13.7
		变形	6.6	20.6	23.1	−12.2
		补偿	0.2	20.9	22.0	−12.8

阵面变形后的方向图是可行的。但从补偿结果可以看出，补偿方法对于波束扫描角附近的区域(即主波束范围)非常有效，但对于远离波束扫描角的区域效果较差。该问题主要是由相位补偿量的近似计算引起的，相位补偿量取决于可变的观察角度，而这里使用波束扫描角来获得确定的相位补偿量。因此，在波束扫描角区域

附近的补偿结果更接近于期望结果。

当智能蒙皮天线阵面发生变形时，该补偿方法没有考虑天线单元之间的互耦，使得天线的副瓣补偿效果不好，如表 4.8～表 4.10 所示。因此，补偿后天线的副瓣与未变形天线的副瓣偏差约 1dB。然而，补偿后天线的波束方向、增益和波束宽度更接近期望指标。随着变形量的增大，单元间互耦对补偿后天线的副瓣影响更明显。

4.4 本 章 小 结

本章研究了基于阵面变形测量的相控阵天线电补偿方法，给出了相位补偿算法和幅相补偿算法，建立了天线单元位置误差与天线激励之间关系的耦合模型。利用相控阵天线试验平台，验证了电补偿方法的可行性和有效性。在此基础上，研制了嵌入光纤光栅应变传感器的智能蒙皮天线系统，完成了三种变形工况下的智能蒙皮天线电补偿试验研究，主要研究结论如下：

(1) 基于阵面变形测量的相控阵天线电补偿方法能够有效地补偿阵面结构变形的影响，电补偿方法的有效性依赖于天线单元位置误差测量精度及所使用的电补偿方法。

(2) 相位补偿算法的适用范围比幅相补偿算法更广，它也能够解决阵面大变形下的电补偿问题。

(3) 相位补偿算法在主瓣区域的补偿效果好，然而在远离主瓣区域的补偿效果较差。因此，相位补偿算法难以满足对副瓣要求较高的相控阵天线补偿要求。

(4) 在小变形下，幅相补偿算法与相位补偿算法的补偿效果几乎一样，然而在副瓣方面，幅相补偿算法优于相位补偿算法。

(5) 应变-电磁耦合在智能蒙皮天线中的应用表明，该方法可以有效地实现智能蒙皮天线在各种变形下的方向图补偿。

本章提出的应变-电磁耦合模型简单，适合于机械振动导致的动态变形下天线方向图的校正。然而，天线方向图的测量通常需要几分钟或几小时来获得一组测量结果，目前由于测试条件的限制，还无法在机械振动下获得辐射方向图的实时测量。因此，如何评估机械振动下天线补偿的有效性是未来需要解决的问题。

参 考 文 献

[1] Zhou J , Tang B , Zhong J , et al. Deformation analysis and experiments for functional surface of composite antenna structure. Proceedings of the Institution of Mechanical Engineers, Part C: Journal of Mechanical Engineering Science, 2017, 232(5): 1-13.

[2] Zhou J, Kang L, Tang B, et al. Adaptive compensation of flexible skin antenna with embedded fiber Bragg grating. IEEE Transactions on Antennas and Propagation, 2019, 67(7): 4385-4396.

[3] Lane S A, Murphey T W, Zatman M. Overview of the innovative space-based radar antenna technology program. Journal of Spacecraft and Rockets, 2011, 48: 135-145.

[4] Tang B, Zhou J, Tang B, et al. Adaptive correction for radiation patterns of deformed phased array antenna. IEEE Access, 2020, 8: 5416-5427.

[5] Takano T, Hosono H, Saegusa K, et al. Proposal of a multiple folding phased array antenna and phase compensation for panel steps//2011 IEEE International Symposium on Antennas and Propagation (APSURSI), Spokane, 2011: 1557-1559.

[6] Peterman D, James K, Glavac V. Distortion measurement and compensation in a synthetic aperture radar phased-array antenna//The 14th International Symposium on Antenna Technology and Applied Electromagnetic and the American Electromagnetics Conference, Ottawa, 2010: 1-5.

[7] Arnold E J, Yan J B, Hale R D, et al. Identifying and compensating for phase center errors in wing-mounted phased arrays for ice sheet sounding. IEEE Transactions on Antennas and Propagation, 2014, 62(6): 3416-3421.

[8] Braaten B D, Roy S, Irfanullah I, et al. Anagnostou, phase-compensated conformal antennas for changing spherical surfaces. IEEE Transactions on Antennas and Propagation, 2014, 62(4): 1880-1887.

[9] Tsao J. Adaptive phase compensation for distorted phased array by minimum sidelobe response criteria//Antennas and Propagation Society International Symposium, Dallas, 1990: 1466-1469.

[10] Son S H, Eom S Y, Jeon S I, et al. Automatic phase correction of phased array antennas by a genetic algorithm. IEEE Transactions on Antennas and Propagation, 2008, 56(8): 2751-2754.

[11] Lesueur G, Caer D, Merlet T, et al. Active compensation techniques for deformable phased array antenna//The 3rd European Conference on Antennas and Propagation, Berlin, 2009: 1498-1501.

[12] Mast A W. Electronic antenna calibration system and measurements for compensating real-time dynamic distortions//2011 IEEE Aerospace Conference, Big Sky, 2011:1-12.

[13] Levitas M, Horton D A, Cheston T C. Practical failure compensation in active phased arrays. IEEE Transactions on Antennas and Propagation, 1999, 47(3): 524-535.

[14] Sadat S, Ghobadi C, Nourinia J, et al. Mutual coupling compensation in small phased array antennas//IEEE Antennas and Propagation Society Symposium, Monterey, 2004: 4128-4131.

[15] Mar J, Tsai K C, Wang Y, et al. Intelligent motion compensation for improving the tracking performance of ship borne phased array radar. International Journal of Antennas and Propagation, 2013, 13(3): 1-14.

[16] Han D, Huang J, Zhou J, et al. Multi-field-coupled model and solution of active electronically scanned array antenna based on model reconstruction. International Journal of Antennas and Propagation, 2018, (6): 1-12.

[17] Zhou J, Cai Z, Kang L, et al. Deformation sensing and electrical compensation of smart skin antenna structure with optimal fiber Bragg grating strain sensor placements. Composite Structures, 2019, 211: 418-432.

[18] Zhou J, Huang J, Song L, et al. Electromechanical co-design and experiment of structurally integrated antenna. Smart Materials and Structures, 2015, 24 (3): 1-11.

[19] Wang S, Wang Y, Zhou J, et al. Compensation method for distorted planar array antennas based on structural-electromagnetic coupling and fast Fourier transform. IET Microwaves, Antennas & Propagation, 2018, 12(6): 954-962.

[20] Zhou J, Li H, Kang L, et al. Design, fabrication, and testing of active skin antenna with 3D printing array framework. International Journal of Antennas and Propagation, 2017, (4): 1-15.

第5章 智能环境控制

相控阵雷达是复杂电子设备，其性能稳定性不仅与所用电子元件的性能有关，而且与所处的环境有着紧密联系。当代军事装备所处环境复杂，相控阵雷达需广泛应用于高温沙漠、热带丛林、沿海岛屿、高寒等环境，种种如极端温度、湿度、灰尘、漏水漏液、盐雾和冰雪的内、外部环境因素容易造成电子元器件的金属腐蚀，降低芯片运行效率，影响工作的稳定性，缩短使用寿命，严重时甚至造成雷达失效或损坏。相关的调查表明，元器件所发生故障中的近半数是环境条件造成的，因而必须对相控阵雷达进行环境控制设计，改善雷达电子器件所处的环境，保证设备的可靠运行，环境控制技术应运而生。

传统环境控制技术以经典控制理论为基础，解决简单、线性、单一变量情况下的环境控制问题，自动化程度低，以结构防护和人工测控为主。大多数仍在使用干湿球温度计等工具，采用人工测控方式，甚至凭借经验进行控制，控制效果不太理想。

智能环境控制采用比例、积分、微分(proportional integral derivate，PID)控制技术，根据电子设备输出功率大小动态建立环境控制数学模型，并在设定相关要求的情况下对PID系统参数进行整定，通过对系统的组成布局进行设计，自动化程度提高，能够有效应对电子设备的环境变化，且响应速度快，调控精准可靠。

5.1 环境危害因素

相控阵雷达由于常常执行任务而被频繁地储存、运输和使用，在执行任务的过程中会经常暴露在所处的环境因素中，从而会影响到其内部电子产品的使用性能、可靠性和寿命。相控阵雷达通常设计有箱体结构以保护内部电子元器件，因此环境危害因素可以分为内部和外部两个方面。内部因素指的是设备箱内与电子元器件直接接触的内部环境，其中的各种气体介质和液体分子可以间接传导热量、灰尘颗粒以及腐蚀性化学物，造成环境温度过高，元器件短路、腐蚀，电子设备失稳。外部因素指的是与电子设备直接或间接接触的大气环境、机械结构，它们在作业时会产生极端气候并传递物理振动，损伤设备结构，干扰精密元器件，使电子设备的工作稳定性受到影响。

内部危害因素包含极端温度、极端湿度、灰尘、漏水漏液和盐雾等，外部危害因素主要包含振动冲击、冰雪等，这会影响相控阵雷达工作的稳定性，缩短使用寿命，严重时甚至造成雷达失效或损坏。

相控阵雷达设计时，必须综合考虑振动冲击、冰雪等外部因素以及温湿度、灰尘、漏水漏液和盐雾等内部因素，合理进行布局设计，改善雷达电子器件工作环境，提高使用寿命，保证装备可靠服役。

1. 极端温度危害

伴随电子信息技术的进步，相控阵雷达快速发展，元器件封装不断改善，热流密度不断提高。功率进一步提高而外部尺寸不断减小，使得过度发热问题越来越明显。

相控阵雷达对温度要求严格，工作温度为–45～55℃，存放温度为–50～60℃，这种宽泛而苛刻的要求所引起的极端温度容易对电子设备产生严重影响，降低预期使用寿命。温度的变化对雷达电子设备的危害主要集中在三个方面。

1)引发设备故障

相控阵雷达运行时，环境温度的升高会产生大量热，引起热扰动，还会大大降低元器件的工作频率，甚至使电子器件永久性失效。降频率与环境温度关系示意图如图 5.1 所示。

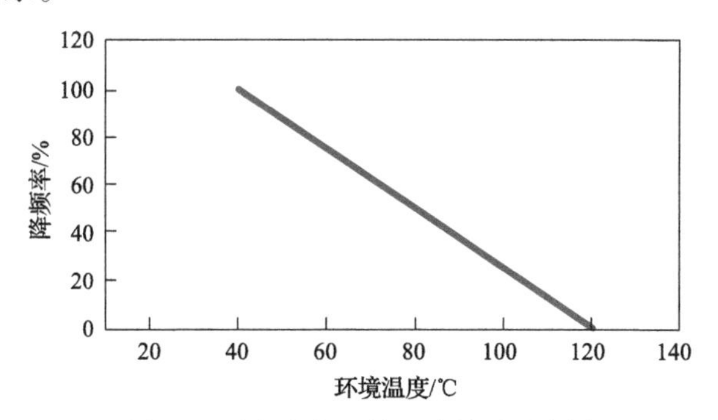

图 5.1　降频率与环境温度关系示意图

核心电子器件遵循“10℃”法则，电子设备的工作温度每升高 10℃，失效率将增加一倍左右。

2)热噪声

热噪声又称电阻噪声，是由通信设备中无源器件如电阻、馈线的电子布朗运动引起的。器件电阻在外部电力作用下会高速运动，随着时间的推移，电路功率不断增加，进一步加剧内部电子的无规则运动，产生大量干扰性的噪声信号，引起热噪声。

电阻器在实际运行中会产生热量，提高环境温度，而过高的环境温度会使电阻器产生热噪声和噪声电压，这种热噪声是连续性不规则的宽频谱噪声，会随着温度的升高而加剧。25℃电阻热噪声与功率关系示意图如图 5.2 所示。

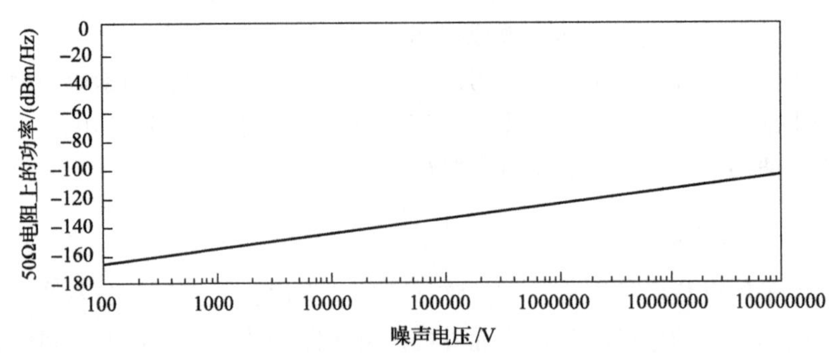

图 5.2 25℃电阻热噪声与功率关系示意图

常用的电子器件二极管、三极管和一些发光器件、变压器、电感线圈等都会产生相当的热量，引发热噪声，改变运行参数会极大地破坏电子设备的可靠性。

3)引起相位变化

对于雷达波，相位变化指的是波段在循环中特定时刻的位置发生了变化。

相控阵雷达中，移相器和衰减器可以量化控制在雷达波传输路径上的幅度和相位误差，但与其他电子设备不同的是，由于军事需要，雷达移相器灵敏度较高，对环境温度更为敏感，温度的变化会改变移相器和衰减器的相位补偿和量化精度，造成相位、波束指向精度、旁瓣、波束赋形等雷达关键指标的变化，影响雷达工作精度。

2. 极端湿度危害

极端湿热会促进霉菌的滋生，使设备表面结露，引起高压击穿进而引发金属的快速腐蚀、元件脚锈蚀和导电性变差，影响电子设备的绝缘性能，导致相控阵雷达性能发生改变。极端湿度环境对雷达电子设备的危害具体体现在以下几个方面：

(1)雷达电子设备吸收水蒸气，金属原子在特定的电压条件下产生电离迁移，导致元器件的绝缘性大幅度降低，引发短路。

(2)液体附着于电子元器件上，导致设备霉菌滋生，材料表面结露，高压击穿，造成接插件接触电阻增大、电气部件绝缘水平下降、微波传输性能不稳定。

(3)在极端湿度环境下，电路板上的金属材料产生腐蚀现象，如铜在潮湿环境中会生成碱式碳酸铜，发生腐蚀。由于电路板上覆盖的金属厚度很薄，一定的腐蚀会对雷达电子设备造成致命的损害。极端湿度环境下电路板腐蚀如图 5.3 所示。

3. 灰尘危害

灰尘是不均匀分散体系，它由悬浮在空气中的微粒组成。这些微粒会随着空气进行漂浮，当移动到电路板附近时，电路板的工作电场被吸附在其表面上，造

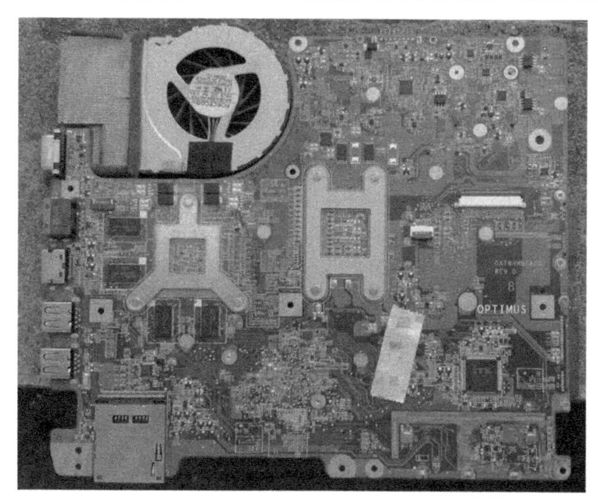

图 5.3　极端湿度环境下电路板腐蚀

成灰尘积累，而灰尘的大量堆积会严重影响电子设备的可靠性和传热性。相控阵雷达的电子设备采用风冷时将进一步加剧灰尘污染。灰尘对雷达电子设备的危害主要体现在以下几个方面：

(1) 发热元件温度过高。空气中的絮状物附着于电子元器件上，降低散热能力，导致热阻增大，产生热量累积，同时由于热阻增大，进一步加大了热量积累，导致电气芯片温度过高，降低芯片工作效率。

(2) 导致短路。相控阵雷达的某些机箱具有裸露的电路板，易造成器件引脚和电器接触点灰尘积累，如图 5.4 所示。大量的灰尘会降低元器件间的绝缘性能，造成瞬间的导通短路等故障。

图 5.4　灰尘布满电路板导致短路

(3) 污染内部环境。在相对潮湿的环境中，大量的灰尘堆积还会导致病毒和细菌的滋生繁衍，使得在它与空气进行交换时散播灰尘、病菌，成为空气污染源。

4. 漏水漏液危害

相控阵雷达的信号处理机等终端设备是信息系统数据处理、存储、备份、采集、管理、数据加密和传输的中心枢纽，里面装设有大量的发热电子设备。为保证相控阵雷达系统能够在长期稳定可靠的状态下工作，必须依靠冷却系统把其产生的耗散热带走[1]。

雷达舱体密封性不好导致的漏水和冷却系统导致的漏液会腐蚀设备及电路元器件，如图 5.5 所示，影响正常工作，产生重大安全隐患。漏水漏液对雷达电子设备的危害具体体现在以下几个方面：

(1) 某些化学液体具有腐蚀性甚至毒性，威胁操作人员的健康和人身安全。

(2) 某些设备（如冷却装置）的漏液会影响工作的可靠性，最终导致功能性失效。

(3) 密封性不好导致的漏水是常见现象，漏水会导致电路板短路，释放大量热，升高温度，导致热失控并引起火灾。

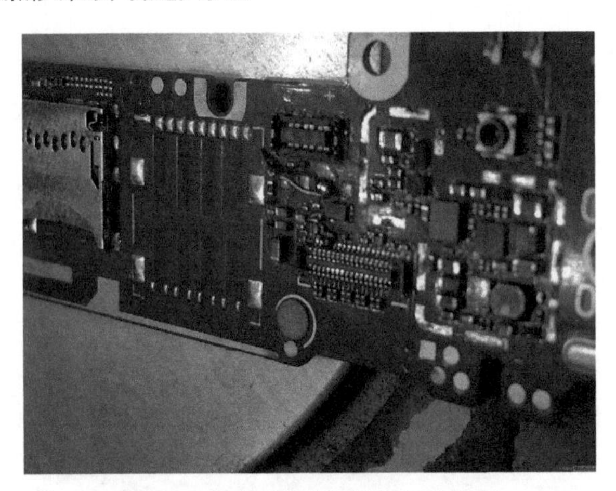

图 5.5　漏水漏液腐蚀损坏的电路板

5. 盐雾危害

我国幅员辽阔，海岸线长达 3.2 万 km，沿海岸线分布有大量的雷达等电子装备，而海洋中盐雾环境对雷达等电子设备具有极大的破坏性。盐雾中的钠离子、氯离子和氧气容易附着在相控阵雷达电子元器件的表面，变成电解液膜，对电子器件的金属材质造成一定的电化学腐蚀，如图 5.6 所示。盐雾对雷达电子设备的危害具体体现在以下几个方面：

(1) 雷达电子元器件的机械性能和电气性能发生变化，降低工作可靠性。

(2)导致连接器接触不良，降低运行可靠性。

(3)降低相控阵雷达某些机械系统的传动精确度，降低紧固件的作用效果。

(4)造成电气短路，破坏材料绝缘层，造成漏电等故障。

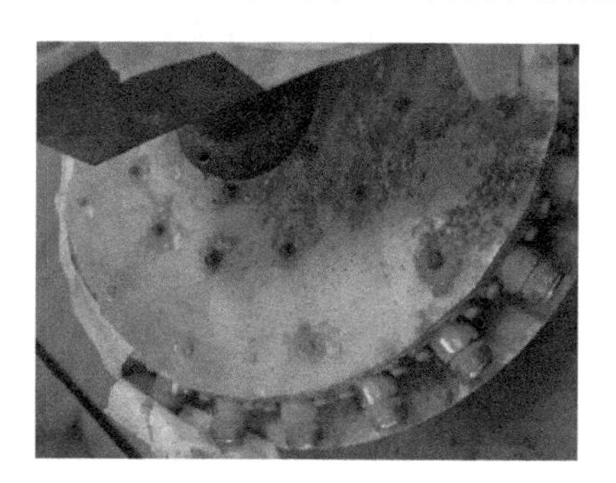

图 5.6　金属材料的盐雾腐蚀

6. 振动冲击危害

相控阵雷达在运输或使用过程中不可避免地要受到路面颠簸、风力、载体发动机等产生的振动，振动通过结构传递到内部电子设备，使其受到危害。

振动危害主要分为共振和疲劳效应，它们会造成相控阵雷达电子元器件的失效，并且降低整机电性能，造成结构疲劳损伤，严重的甚至完全破坏雷达的功能和性能，具体体现在以下几个方面：

(1)引起构件疲劳。长期的振动效应会使雷达内部的机械结构产生材料疲劳，从而降低结构的稳定性和使用寿命。

(2)引起共振破坏结构。机械系统所受的激励频率与固有频率接近时，系统振幅显著增大，最终超过构件的承受极限而导致破坏，如共振导致机箱面板开裂，如图 5.7 所示。

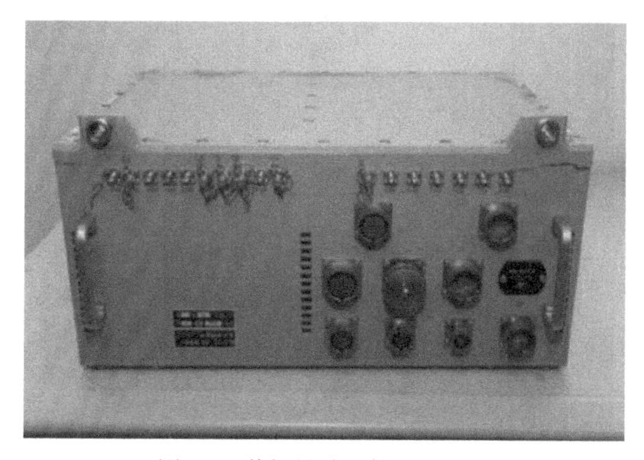

图 5.7　共振导致机箱面板开裂

(3) 电路器件损伤。宽频带随机振动是一种常遇到的工况环境，其高频分量会降低电子设备的稳定性、可靠性和精度，低频分量会破坏结构件(如 T/R 组件、主板的焊点)，严重影响电子设备正常工作。

(4) 接触不良。剧烈的振动会破坏雷达内部电子或机械设备的易损部位，引起接触不良，丧失精度，从而影响整个系统的工作可靠性。

7. 冰雪危害

随着气候的变化，冰冻雨雪造成的裹冰日趋成为一种普遍的严重自然灾害，常见的裹冰类型有雪凇、雾凇、雨凇和混合凇等。气温低于 0℃出现降雨或浓雾时，阵列天线不断地捕捉大气环境中的过冷却水滴，然后在低温的作用下逐渐冻结转化成混合凇而形成硬冰块，其结构呈层状或者板块状，以透明层和不透明层相交替的形式出现，在低温环境下具有生长速度快和附着力较强的特点，对阵列天线的危害极其严重[2]。雷达裹冰如图 5.8 所示。阵面裹冰积雪对雷达的不利影响主要体现在以下几个方面：

(1) 影响阵列天线的电性能指标。当雷达的天线阵面上面覆盖有冰层或积雪时，电磁波在传输过程中要穿透冰雪层而造成电磁损耗增加。这种电磁损耗主要包括两部分：一部分为电磁波在两种媒质中传输的反射损耗；另一部分为电磁波在有耗媒质中的传播损耗[3]。

(2) 增加对雷达阵面结构刚强度要求。由多条线阵组成的平面阵最容易积雪裹

图 5.8　雷达裹冰

冰。厚厚的裹冰积雪层不仅会使天线的负载增加，而且会造成天线的透风性能降低，致使风载荷增大，天线的传动系统所需动力增加，对阵面的加速造成影响，严重时还会出现停机状况[4]。

(3)影响维护人员的操作安全。

5.2 环 境 控 制

在电子设备内部环境因素的控制上(包括温度控制、湿度控制、灰尘控制和漏水漏液控制等)，智能控制系统同样应用广泛。其中，温度与湿度控制通常被集成于同一套系统，可应用于雷达阵面环境的温湿度监测与控制；灰尘控制目前多应用于空气质量的检测与净化,可以使电子设备的元器件避免受到灰尘堆积的影响；漏水漏液控制在电子设备的防护中同样必不可少。本节将根据若干案例介绍几种常用的控制系统。

5.2.1 温度控制

温度的监测与控制在相控阵雷达中发挥着重要的作用，温度控制技术也日趋成熟和多样化。温度控制的根本任务是采用各种温度控制策略，提供温度适宜的工作环境。对电子设备而言，可以保证发热的电子元器件长期可靠地工作。除少部分要求不高的领域采用人工控温方式外，温度控制基本上以自动控制为主要模式，而自动控制经过多年的发展，已逐步趋于智能化。

1. 温度控制基本原理

温度控制的实质即控制热量传递，而内部环境中的热量有导热、对流和辐射三种传递形式。导热的基本定律是傅里叶定律，用热流密度表示为

$$q = -\lambda \frac{\partial t}{\partial x} \tag{5.1}$$

式中，λ 为导热系数，W/(m · K)；q 为热流密度(单位时间通过单位面积的热流量)，W/m^2；$\frac{\partial t}{\partial x}$ 为物体沿 x 方向的温度梯度，K/m。

对流换热采用牛顿冷却公式计算，即

$$\Phi = h_c A_d (t_w - t_f) \tag{5.2}$$

式中，h_c 为对流换热系数，W/(m^2 · ℃)；A_d 为对流换热面积，m^2；t_w 为热表面温度，℃；t_f 为冷却流体温度，℃。

任意物体的辐射能力可用式(5.3)计算：

$$\Phi=\varepsilon A_{\mathrm{f}}\sigma_0 T^4 \tag{5.3}$$

式中，ε为物体的表面黑度；σ_0为斯蒂芬-玻尔兹曼常数，$5.67\times10^{-8}\mathrm{W/(m^2\cdot K^4)}$；$A_{\mathrm{f}}$为辐射表面积，$\mathrm{m^2}$；$T$为物体表面的热力学温度，K。

温度控制根据控制范围可分为全局温控和局部温控。

1)全局温控

为了保证电子设备内部的整体环境温度得到控制，可以通过控制进入电子设备内部气体温度的方式进行，这种温控方法通常与洁净度控制同步进行。温度控制对控制算法的要求比较高，目前多采用PID控制算法、改进的PID控制算法和单一反馈点的温度控制法等。

2)局部温控

电子设备内部有些部件发热量较大，影响设备温度稳定性，应采取措施降低局部温度。常见方法有局部风冷和局部水冷两种。

(1)局部风冷。

在局部加装散热风扇进行降温，在需要冷却的部位配置排风管道，常见方法是恒温气浴法。

(2)局部水冷。

在设备需要冷却的部件外侧或周围布置冷却管道，采用独立的温度控制单元控制管道中的水温。对电子产品的温度控制进行研究和设计，统称为热设计，主要包含理论分析方面的研究和工程应用方面的研究。热设计理论包括微通道肋片散热器的数值分析、改进型冷却剂的传热特性、接触热阻的探讨、新冷却方式的研究、热仿真分析软件的研发等。热设计的一般步骤如图5.9所示。

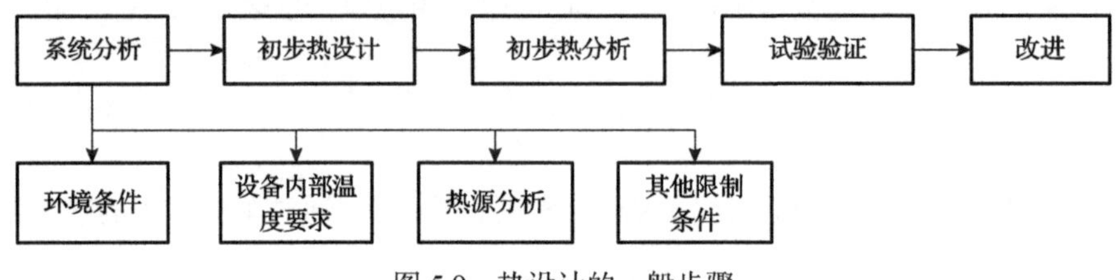

图5.9　热设计的一般步骤

2. 温度智能控制

目前，智能控制系统在温度控制方面已成功应用于相控阵雷达电子设备，两种温度智能控制系统的工作原理如下。

1)基于PID控制与模糊控制相结合的智能控制系统

以机载相控阵雷达为例，基于PID控制与模糊控制的温度智能控制系统如图

5.10 所示[5]。冲压空气通过整流罩的前端流经活门 1，发动机引气流经活门 2，然后在混合腔内，两种气体经过混合后再分成四路气流，其中第一路气流直接通过电子舱 2 进入风道，第二路气流流入活门 3 后再经过电子舱 1 进入风道，第三路气流通过活门 4 后进入电子舱 3，第四路气流经过活门 5 后进入电子舱 4。温度传感器组将电子舱内的温度数据反馈给智能控制器，由智能控制器调节活门 1 和活门 2 的开度，从而实现对冷却空气温度和流量的控制，进而保证实现对电子舱中设备进行加热和冷却。

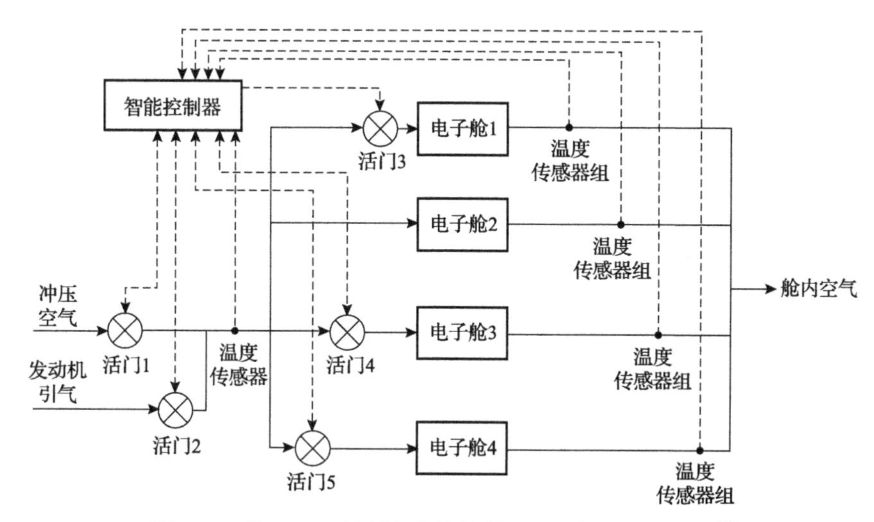

图 5.10　基于 PID 控制与模糊控制的温度智能控制系统[5]

该环境控制系统是多输入和多输出的多变量控制系统，控制变量具有非线性、大滞后的特点。如图 5.11 所示[5]，系统采用 PID 模糊算法，智能控制器的输入为温度误差 e 和误差变化率 Δe，输出为 PID 参数的变化率 ΔK_{p}、ΔK_{i}、ΔK_{d}。智能控

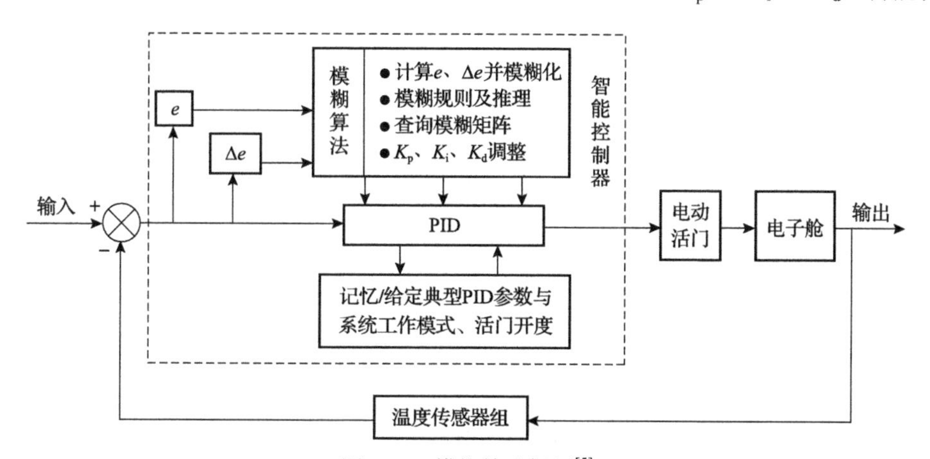

图 5.11　模糊算法框图[5]

制器在存储器中记录典型的 PID 参数与系统工作模式、活门开度，从而保证系统响应速度的提高。

2)分布式温度监测系统

分布式温度监测系统主要是利用分布式的布局监控各个区域的温度情况，设定合理阈值，当出现温度超过阈值的情况时，系统将会发出报警，同时控制外部温度调控设备进行降温处理。系统还会定期记录环境温度数值，存储在 SD 卡中，便于查看事故发生时间和箱体内环境变化情况。分布式温度监测用于大型电子设备的环境控制，其中，温度传感系统采用有线传送方式，传感节点一般控制在 60 个左右。系统控制器采用 FPGA 或单片机，二者的区别如表 5.1 所示。

表 5.1 系统控制硬件对比

系统控制硬件	单片机	FPGA
运行速度	较慢	较快
价格	低	较高
功耗	低	高
复杂度	低	高
器材大小	小	较大
应用场合	嵌入式系统	微电子领域

由表 5.1 可以看出，该温度传感系统程序、存储、编程采用单片机较合适。此类系统主要由上位机(主机)、下位机(控制器)、外部设备、传感器及总线组成。

3. 智能温控结构

随着电子器件和组装技术的快速发展，相控阵雷达产品向着高度集成化方向发展，功能和结构一体化设计的优点日益突出。通过在现有结构上集成传感器或者环境控制系统中其他设备、构件等，能够实现一物多用的设计理念。改进的智能结构除具备受载、密封等作用外，还具有检测、执行等其他功能，这进一步提高了雷达设备的智能化、集成度。

在温度控制中，冷却单元可采用水-风混合冷却法，结构简单，容易实现。水-风混合冷却法气流循环图如图 5.12 所示。

无论采用水冷、风冷还是其他冷却方式，都必须考虑冷却系统的设备体积对雷达集成度的影响。采用水冷时，可以将冷却水管集成在安装大功率电子元器件的底板上，底板便兼具结构承载和换热器的作用。冷却水管集成示意图如图 5.13 所示。

采用风冷时，散热风扇可与设备维修门集成于一体，如图 5.14 所示。散热风扇的启停由温度控制系统控制，在温度适宜时，风扇处于关闭状态；在温度传感器检测到环境温度过高时，控制器便发出指令，自动开启散热风扇进行降温。

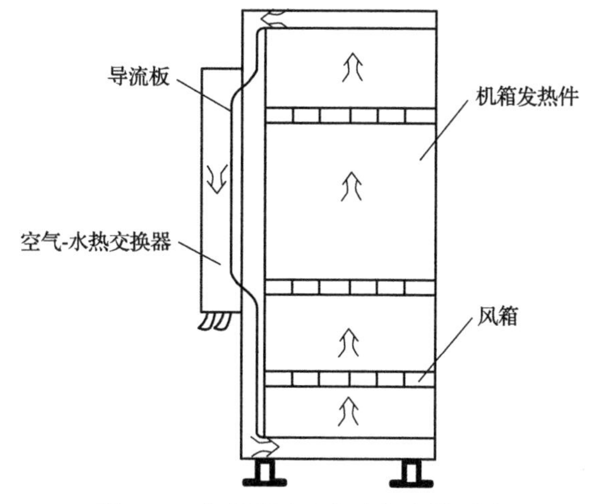

图 5.12　水-风混合冷却法气流循环图

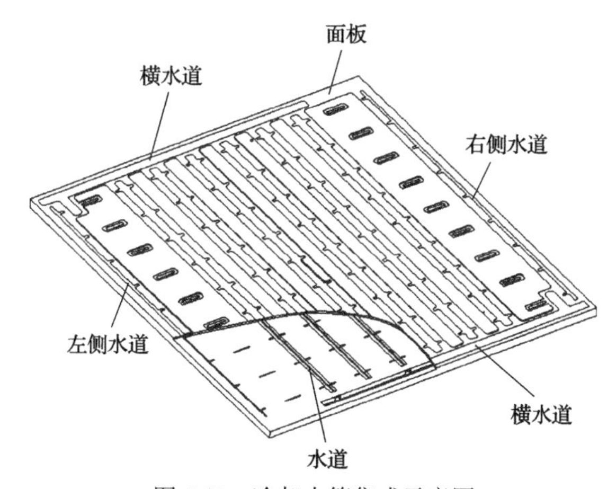

图 5.13　冷却水管集成示意图

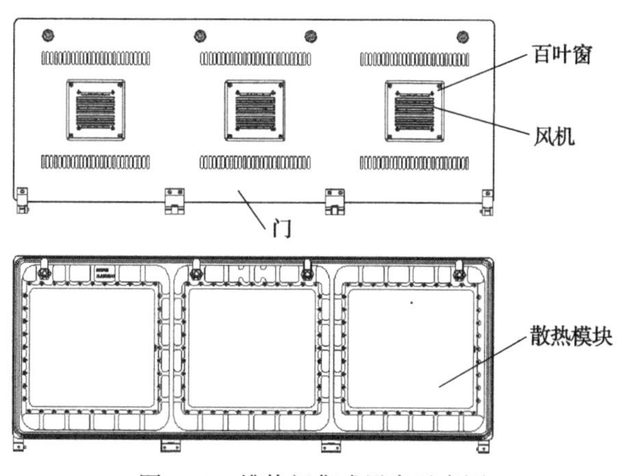

图 5.14　维修门集成风扇示意图

5.2.2 湿度控制

对电子设备而言，湿度控制可以避免电子元器件受到潮湿空气的影响。传统的湿度测控手段粗糙落后，大多数仍在使用干湿球湿度计，采用人工测控方式，甚至凭借经验进行湿度控制，控制效果不太理想。因此，迫切需要改进湿度控制技术，湿度智能控制技术在湿度控制方面的应用由此得到发展。

1. 湿度控制基本原理

湿度即空气的干湿程度，湿度越大，表示空气中的水汽越多，空气就越潮湿。湿度有三种基本表达形式，即水汽压、相对湿度、露点温度，而平常所说的湿度一般为相对湿度(RH)。相对湿度是绝对湿度与最高湿度之间的比值，即在一定气温条件下，空气中实际水汽压与饱和水汽压之比。

绝对湿度的计算公式为

$$\rho_{\mathrm{w}} = \frac{e}{R_{\mathrm{w}}T} = \frac{m}{V} \tag{5.4}$$

式中，ρ_{w} 为绝对湿度，g/m^3；e 为蒸汽压，Pa；R_{w} 为水的气体常数，461J/(kg·K)；T 为温度，K；m 为在空气中溶解的水的质量，g；V 为空气体积，m^3。

相对湿度的计算公式为

$$\varphi = \frac{\rho_{\mathrm{w}}}{\rho_{\mathrm{w,max}}} \times 100\% = \frac{e}{E} \times 100\% = \frac{s}{S} \times 100\% \tag{5.5}$$

式中，$\rho_{\mathrm{w,max}}$ 为最高湿度，g/m^3；E 为饱和蒸汽压，Pa；s 为比湿，g/kg；S 为最高比湿，g/kg。

对材料表面进行防潮处理是防潮设计的基本方法，具体措施有：对元器件乃至整件进行密封、灌封、镶嵌、气体填充或液体填充；不同金属(特别是活泼金属和稳定金属)之间应避免在暴露的表面上接触，以防在潮湿的环境中发生化学反应。在防潮设计中可以采取一项或者多项综合措施，其中主要的设计方法包括：选择具有防水、防霉和防锈蚀性能的材料；设计空气循环系统或者排水疏流系统以避免湿气积聚；在防锈能力较差的材料表面加保护涂层；提供干燥装置用以吸收湿气[6]；憎水处理以改变材料亲水性能，提高耐水渗透的能力等。目前常用的空气除湿方法如表 5.2 所示。

除表 5.2 所列的方法外，还有隔离密封方法除湿，该部分内容将在后面进行阐述。以上除湿方法虽然应用广泛，但都存在一定的不足之处。例如，冷却法所达到的露点有限，且能耗较大；液体吸附法的吸附剂存在腐蚀问题；固体吸附法所用的固体干燥剂的再生过程比较复杂，同时还会消耗大量的能量。传统除湿方法的不足日益凸显，研究新型除湿方法成为环境控制技术发展的迫切需求，因此近些年出现的空气调节系统除湿、热泵除湿、电化学除湿和热电冷凝除湿等新型除湿方法引起了广泛关注。

表 5.2　常用空气除湿方法比较

比较项目	冷却法	液体吸附法	固体吸附法	膜法
除湿原理	冷凝	吸收	吸附	渗透
设备占用空间	中	大	大	较大
维修/维护	中	难	难	难
主要设备	表冷器、风机盘管等	吸收塔、泵等	吸附塔、换热器、转轮等	膜分离器、换热器等
处理空气量	中	大	大	中
所需介质	制冷剂（半导体除湿不需要）	液体吸附剂	固体吸附剂	除湿膜
除湿效率	温差越大，效率越高	液体吸附剂性能越好，效率越高	固体吸附剂性能越好，效率越高	效率较低

2. 常见湿度控制方法

雷达天线阵面几种常见除湿方法的原理如下。

1) 制冷水+风机盘管除湿

风机盘管除湿原理图如图 5.15 所示。当阵面环境温度上升时，在冷却装置 9

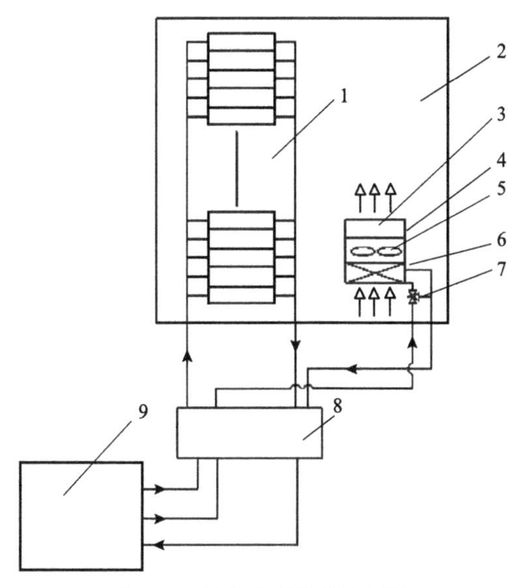

图 5.15　风机盘管除湿原理图

1. 阵面冷却系统；2. 相控阵雷达阵面；3. 电加热组；4. 阵面风机盘管系统；5. 循环风机；6. 盘管；7. 电动三通阀；8. 水铰链；9. 制冷型二次冷却装置

中产生冷却水并流向盘管 6，盘管中的湿空气温度会下降，低于露点温度后湿空气开始冷凝，变成水露流出。如果环境温度较低，则高频箱内的冷湿空气首先被电加热组 3 加热，此时高频箱内绝对湿度恒定，相对湿度降低。如果还不能满足要求，再经过阵面风机盘管系统 4 凝结成水流出，进一步降低湿度。该方法具有占用空间小、效率高的优点，同时还能实现高频箱内的温度调节，存在的缺点是需要设计一路单独的冷却水，水铰链和制冷型机组的设计也较为复杂。

2) 空调器除湿

空调器除湿原理图如图 5.16 所示。其冷源的获得方式是先通过与制冷剂换热，然后制冷剂再与冷却水换热，此外，空调是直接安装在高频箱内的。该方法同样具有效率高的优点，同时水铰链和制冷型机组采用常规设计。由于水换热空调需要安装在高频箱中，所占用的空间较大，且空调的工作角度受限，会产生噪声、振动和少许热量，在一定程度上影响了高频箱内的工作环境。

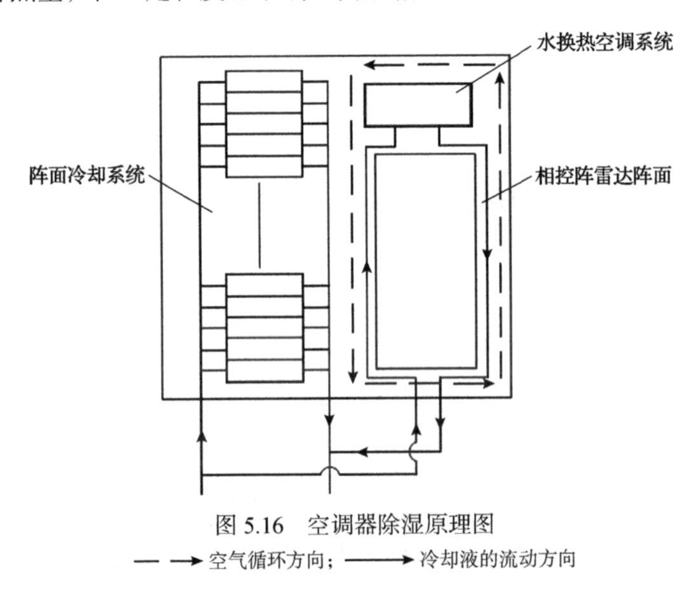

图 5.16　空调器除湿原理图

— — ➜ 空气循环方向；———➜ 冷却液的流动方向

3) 半导体除湿

半导体除湿原理图如图 5.17 所示。在天线阵面内安装半导体除湿机，除湿机的开关通过湿度传感器 6 控制，接通 DC 电源的半导体制冷片 3 会产生佩尔捷效应，如图 5.18 所示。一侧温度降低形成冷端，从外界环境吸热；另一侧温度上升形成热端，向外界环境放热。在风机 2 的作用下，湿空气以一定的流速掠过冷端吸热面而被冷却，当湿空气温度低于露点温度时便会凝结成水并滴入下方的接水器 9 中。经过上述过程，天线阵面内空气的温湿度下降，并被吹向半导体片热端 4，热端随之被冷却，已除湿空气被加热后吹向高频箱内，至此完成一次天线阵面空气的除湿过程。

在该方法中，半导体工作位置不受限，不需要提供制冷剂，但同时也存在效率低、耗电量大的问题。在高频箱内产生的热量会导致空气温度上升，该方法无法控制天线阵面内的环境温度，当温度上升较高时，会使得半导体冷、热端温差过大，除湿过程便会停止。

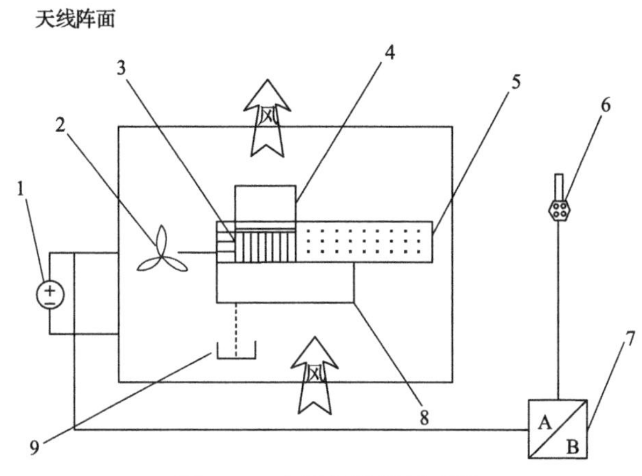

图 5.17　半导体除湿原理图

1. 电源；2. 风机；3. 半导体制冷片；4. 半导体片热端；5. 隔热层；6. 湿度传感器；7. 控制器；8. 冷端散热器；9. 接水器

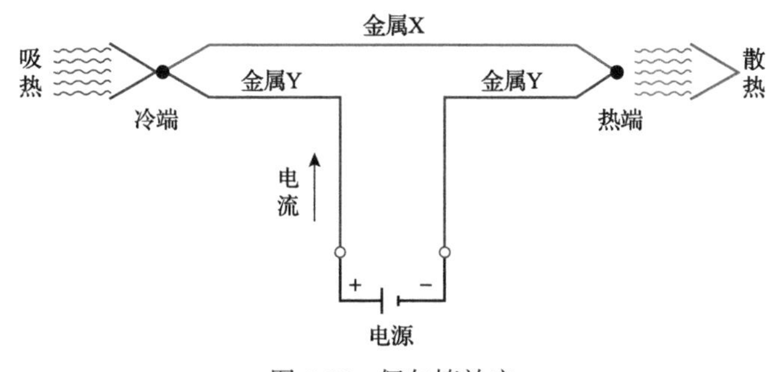

图 5.18　佩尔捷效应

4) 冷却法+固体吸附除湿

冷却法+固体吸附除湿原理图如图 5.19 所示。高频箱外过滤后的空气经压缩机 1 加压达到饱和状态后，被送到冷凝器 2 中进行冷却，凝结成水后再经过气水分离器 3，使得大部分水分从中分离出去并排到高频箱外。剩余的压缩空气继续送往干燥筒 5 得到进一步的干燥，从干燥筒 5 流出的干燥空气被送往储气罐 8。在需要降低湿度的情况下，储气罐 8 中的干燥空气被送往高频箱内，与其中的湿空气进行混合达到湿度控制的目的。除将干燥空气送往储气罐 8 外，还有少部分进入再生状态的干燥筒 5，回洗其中的干燥材料。在该方法中有两个干燥筒轮换工作，此外还设计了两套压缩机轮换工作，以提高系统的可靠性。

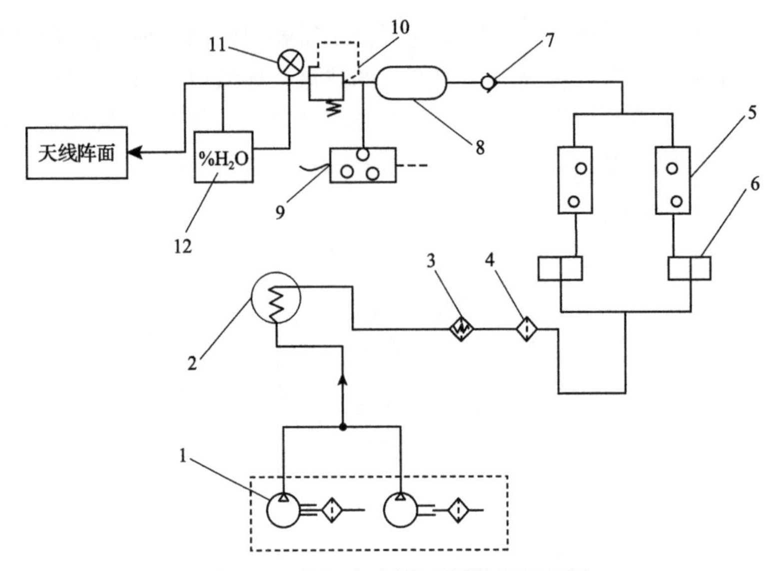

图 5.19 冷却法+固体吸附除湿原理图

1. 压缩机；2. 冷凝器；3. 气水分离器(加热型)；4. 气水分离器；5. 干燥筒；6. 电磁阀；7. 单向阀；8. 储气罐；9. 压力控制器；10. 调压阀；11. 压力表；12. 湿度表

该方法节约箱内空间，但箱外压缩干燥空气的设备体积较大。为了保证除湿的可靠性，高频箱的密封性要有较高的要求。由于该方案的控温效果差，需要在高频箱内加装换热器以提高控温能力。

3. 湿度智能控制

1)雷达机柜智能除湿系统

系统为了保证机柜内部设备在潮湿地域运行的安全性和可靠性，设计了基于单片机和半导体制冷技术的智能除湿系统。半导体制冷片及风扇由单片机输出的PWM 信号来驱动，机柜内部环境信息采用 LCD 显示。该系统不仅能够自动除湿，还可以检测电路故障并设置了报警功能，具有检测准确、控制灵活、能耗低等优点。

机柜智能除湿系统结构如图 5.20 所示。基本原理如下：风扇吸入潮湿空气，先经半导体制冷器的冷面冷却成水排出箱外，冷凝后的空气再经半导体制冷片的散热面加热，柜内的相对湿度得到进一步降低；系统同时检测柜内外环境温度，当内部温度过高且大于外部温度时，便实时开启箱体换气扇以降低温度，避免高温环境对电力设备的老化作用；按键用于预设自动除湿模式的除湿阈值，系统还能够切换至手动除湿工作模式；半导体制冷片热端设有过热保护电路，当环境温度超过半导体制冷器的最大温度时，制冷器便不再工作，以免因温度过高而被烧毁；系统可以通过串口实时监测柜内环境的温湿度和除湿器的工作状态。系统的控制算法流程如图 5.21 所示。

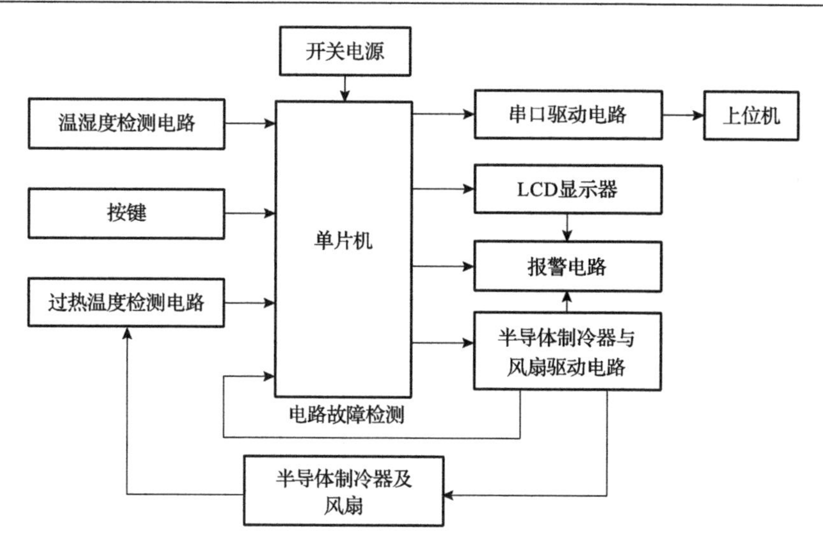

图 5.20　机柜智能除湿系统结构

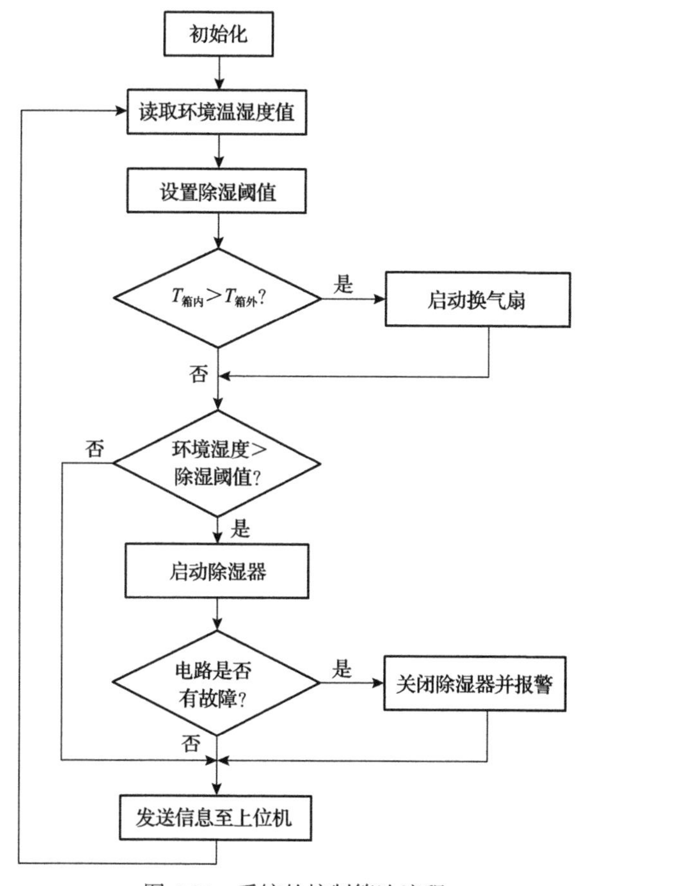

图 5.21　系统的控制算法流程

2)雷达阵面环境除湿系统

雷达阵面环境除湿系统组成如图 5.22 所示。在实际使用中，用户可根据需要适当地调整除湿机和温湿度测控仪的个数(1 台除湿机配置 3 台温湿度测控仪)。系统的工作原理为：温湿度测控仪将检测到的温湿度值传给控制中心，根据与预设值的比较，系统采取相应的控湿措施；此外，控制中心会存储温湿度的历史记录以便操作人员查询；一般整个控湿过程是自动完成的，必要时可以根据需求进行人工干预。

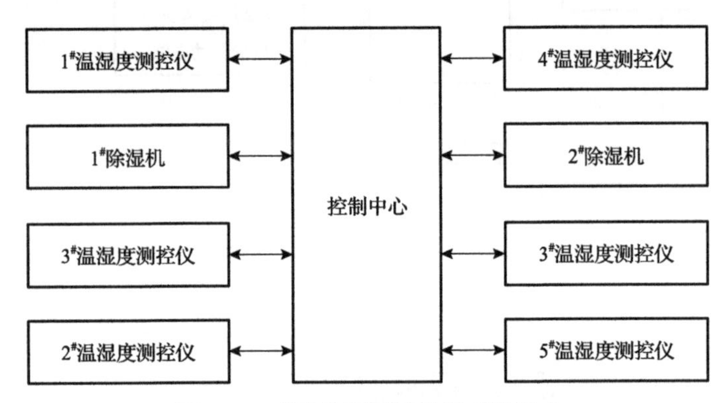

图 5.22　雷达阵面环境除湿系统组成

该系统控制中心具有功能完善、用户界面友好的特点，此外，通信实现选择通信协议，该通信协议可靠、开放、透明。控制中心能够很好地完成监测环境温湿度的任务，还可以通过扩展的串行通信端口实现和计算机之间的通信，其硬件系统电路结构功能模块如图 5.23 所示。

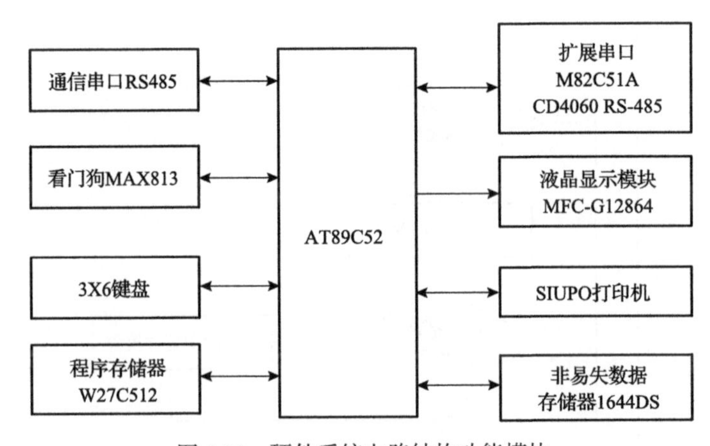

图 5.23　硬件系统电路结构功能模块

按照硬件电路结构设计以及系统功能要求，将程序分为键盘模块、通信模块、显示模块、打印模块四个模块，主程序流程如图 5.24 所示。

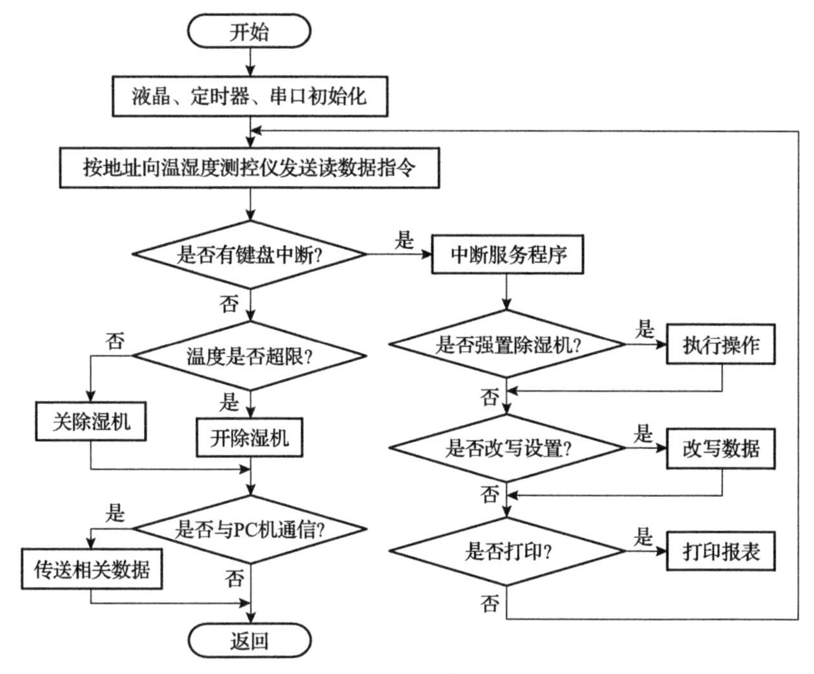

图 5.24　主程序流程

4. 智能湿控结构

目前，常见的湿度控制设备主要是除湿机。维修门板集成除湿机设备示意图如图 5.25 所示。其工作原理为：通过风扇将设备内的潮湿空气抽入排湿机中，通过热交换器将空气中的水分子冷凝成水珠使空气的湿度降低而形成干燥气体，然后再排出，通过不断地循环，保证环境的湿度维持在适宜值。

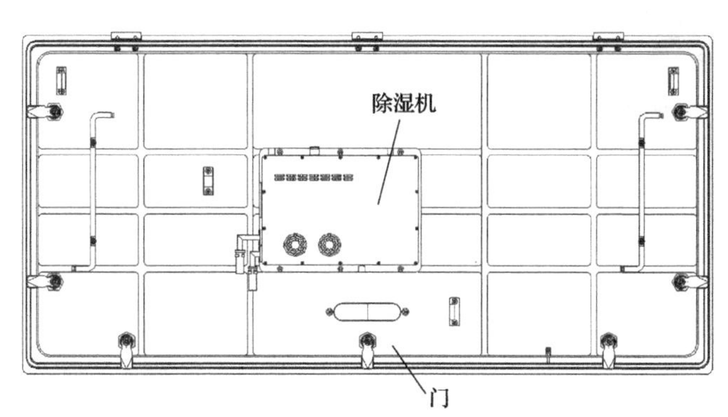

图 5.25　维修门板集成除湿机设备示意图

常见的除湿机占用空间大，可考虑将除湿机与高频箱背板或门板制成一体。除湿机需要一条线路连接到控制中心，其启停由控制器根据检测到的环境湿度值决定：湿度适宜时，除湿机关闭；湿度过高时，除湿机开启。除湿过程中冷凝的水珠应通过专门的水道流出，水道可以单独安装在箱体内，但这样会增加结构的复杂性，影响箱内设备的集成度。也可以考虑将水道集成在结构板中，水道要保证畅通，避免堵塞。

5.2.3 灰尘控制

灰尘堆积会影响电子设备的工作性能，灰尘弥漫还会恶化使用环境。灰尘控制旨在提供空气洁净的环境，降低灰尘对电子设备或使用者的危害。

1. 灰尘控制原理

空气中飘浮着大量颗粒物，可视为一种气溶胶，气溶胶粒子的沉降导致电子设备内部的灰尘堆积。气溶胶基本理论表明，布朗扩散运动、重力、静电力、湍流等因素会导致粒子发生沉降和堆积现象。在电子设备机箱结构中，颗粒沉积机理如表 5.3 所示，空气中不同直径的颗粒如图 5.26 所示。

表 5.3 颗粒沉积机理分类

沉积机理	主要适用对象
惯性沉积	粒子直径大、气流速度快
湍流沉积	亚微米粒子
扩散沉积	小尺度粒子(<0.1μm)
静电沉积	细小荷电粒子

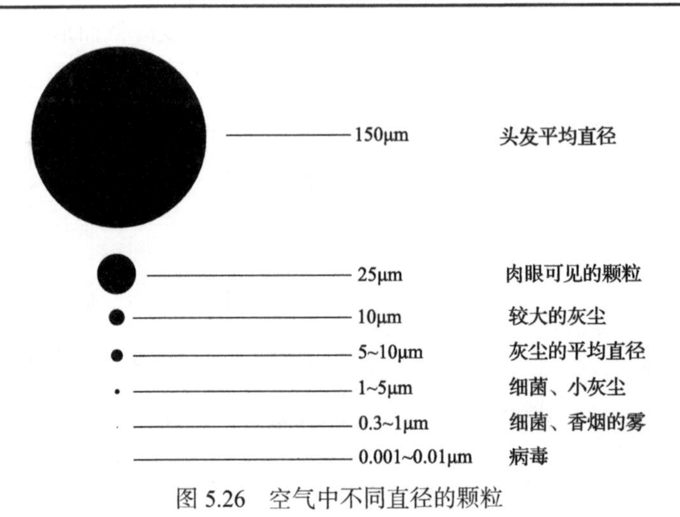

图 5.26 空气中不同直径的颗粒

在进行空气中颗粒物的采样时，让一定量的空气流过过滤网膜，在过滤介质上将产生颗粒物堆积。通过研究过滤介质的质量变化及对沉积物的化学分析，可

以得到颗粒物的组成及含量，即

$$C = \frac{m}{vtA} \times 100\% \tag{5.6}$$

式中，C 为空气样本颗粒物含量；m 为附着颗粒物质量；v 为空气流速；t 为空气样本采集时间；A 为气流管道横截面积。

目前常用的空气除尘方法及原理如表 5.4 所示[7]。其中，电除尘方法应用广泛，其具体原理如下：在电场作用下，空气中的自由离子要向两极移动。由于离子的运动，电极之间形成了电流。当电压升高到一定数值后，空气发生电离现象，造成向两极之间运动的自由离子数量急剧增加，使极间的电流迅速增大，进而空气变成导体。当放电极周围区域的空气全部被电离后，其周围会形成一圈淡蓝色的电晕。当空气中的灰尘粒子经过电除尘器时，有少量的尘粒在通过电晕区所在的小片区域时会获得正电荷而被吸附在电晕极上，另外大量的尘粒从电晕区以外的区域通过时会获得负电荷，最后被逐渐吸附在阳极板上。当尘埃被吸附聚集到相当的量时便会落入收集槽中，由此实现除尘的目的[8]。

表 5.4　常用的空气除尘方法及原理[7]

除尘方法	原理
机械式除尘	包括重力沉降室、惯性除尘器、旋风除尘器等
电除尘	包含有灰尘的气体在经过高压静电场时，尘粒与负离子相结合后带上负电，在电场的作用下趋向阳极表面进行放电而实现灰尘的沉积，实现电分离
湿式除尘	使用液体(如水)与含尘气体接触，利用液网、液膜或液滴净化空气
过滤除尘	使含尘气体通过一定的过滤材料(多孔介质)来分离气体中的固体粉尘

除尘效果要以空气洁净度等级为参考，如表 5.5 所示[9]。

表 5.5　空气洁净度等级[9]

空气洁净度等级	不小于所标粒径的粒子最大浓度/(个/m^3 空气)					
	0.1μm	0.2μm	0.3μm	0.5μm	1μm	5μm
ISO Class 1	10	2	—	—	—	—
ISO Class 2	100	24	10	4		
ISO Class 3	1000	237	102	35	8	
ISO Class 4	10000	2370	1020	352	83	
ISO Class 5	100000	23700	10200	3520	832	29
ISO Class 6	1000000	237000	102000	35200	8320	293
ISO Class 7	—	—	—	352000	83200	2930
ISO Class 8	—	—	—	3520000	832000	29300
ISO Class 9	—	—	—	35200000	8320000	293000

注：由于考虑到测量过程的不确定性因素影响，规定使用不超过三个有效的浓度数字来确定洁净度的等级水平。

2. 灰尘监测

随着大气环境质量的恶化，雾霾天气多发，严重影响着人们的健康，对电子设备也造成了一定的危害。雾霾的主要组成成分是$PM_{2.5}$，针对$PM_{2.5}$的特征，并结合单片机与太阳能技术，设计出一种低成本、多功能的空气颗粒物智能监控系统，如图 5.27 所示。该系统由太阳能电池提供电能，颗粒物监测过程为：空气自由流过灰尘传感器中心孔洞，并通过定向发射的 LED 光的折射情况来判断空气中灰尘的含量；灰尘监测数据通过转换模块后送至单片机端口，同时，温湿度传感器监测到的信号送至不同端口；对输送的数据进行处理，并将处理得到的温湿度值、$PM_{2.5}$含量与变化曲线实时显示出来，不同空气质量状态可由 LED 灯 4 种颜色表示；多点数据处理中心用于接收多个站点监测到的$PM_{2.5}$含量。

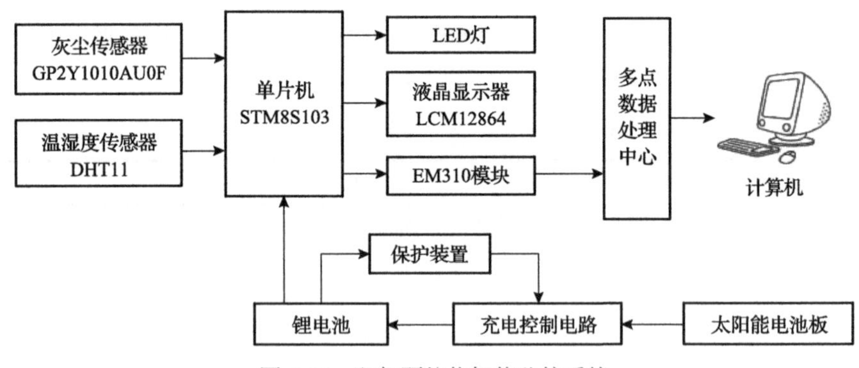

图 5.27　空气颗粒物智能监控系统

该系统进行了结构优化设计，并且提高了抗干扰性能和远距离收发功能，实现了对空气质量($PM_{2.5}$含量)与温湿度的远程监控功能。按照硬件电路的设计及要实现的功能要求，系统软件程序流程如图 5.28 所示。

如图 5.29 所示，粉尘传感器是一款光学空气质量测量传感器，在其内部的对角处安装红外线发光二极管和光电晶体管，能够检测到空气环境中尘埃反射光，能够测量尺寸位于 0.8μm 以上微小粒子，具有体积小、重量轻、便于安装的特点[10]。

3. 灰尘控制

高频箱是雷达电子设备的主要载体。雷达的主要电子设备都以分机或单元形式安装在箱体内，需要具有较高的可靠性、电磁兼容性、气密性、隔热性等，防止灰尘侵入是高频箱环境控制技术不可或缺的一环。常用的措施有在高频箱正面安装天线罩，背面设置维修门，如图 5.30 所示。

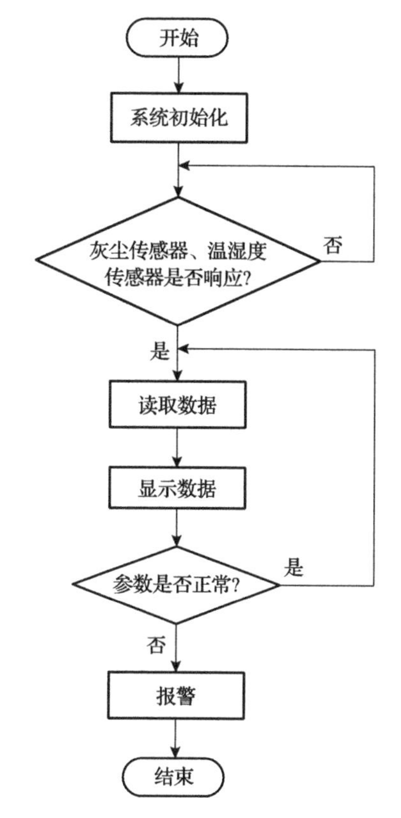

图 5.28　系统软件程序流程

图 5.29　粉尘传感器

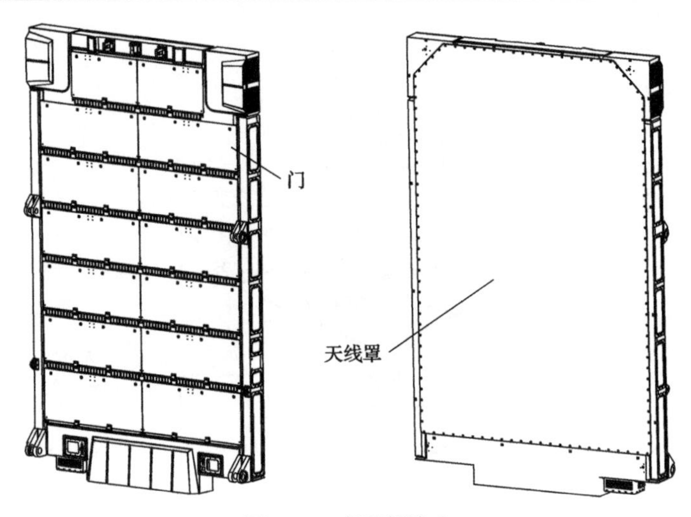

图 5.30　高频箱防尘

除在箱体结构上采用密封设计外，对于风冷式高频箱，无论在进风口还是出风口，都必须安装防尘装置。进出风口防尘装置如图 5.31 所示，防尘装置一般采用空气过滤装置，包括干过滤器、湿过滤器和静电吸附过滤器等。所选用的空气过滤器要易于拆装，在使用中需要保持清洁。

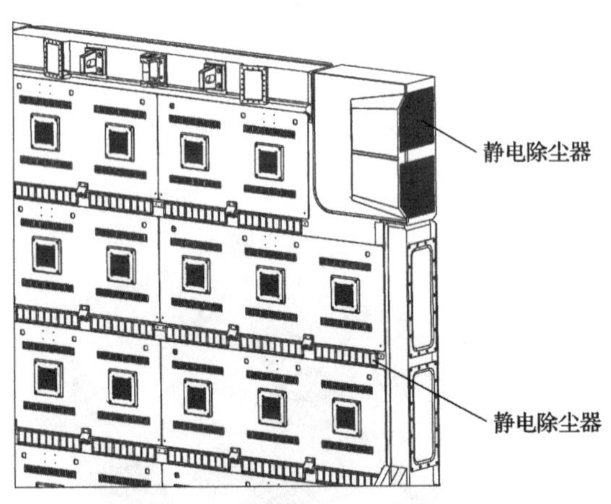

图 5.31　进出风口防尘装置

风机过滤单元是一种内配风机的机组，可以输送高质量空气，能够对空气中的微粒浓度进行整体控制。该方法采用中效过滤器和超高效过滤器进行空气过滤，过滤前的环境气流至少已经达到千级洁净度标准。其中，超高效过滤器的过滤效率至少满足 99.99995%@ 0.12μm 的要求。此外，超高效过滤器无法过滤分子级污染物或气载分子污染物这类尺寸极小的粒子，需要增加化学过滤器。风机过滤单元原理图如图 5.32 所示。

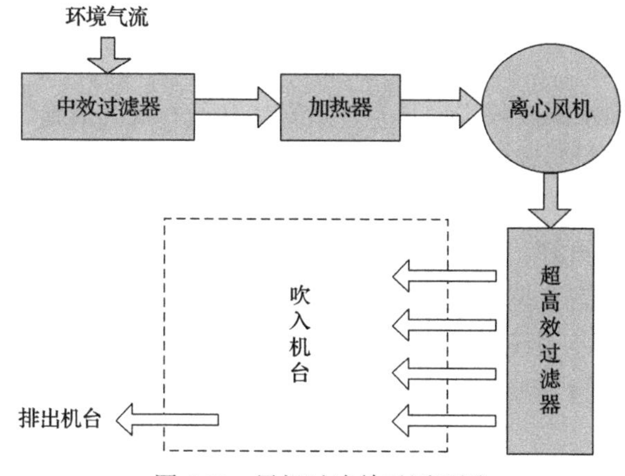

图 5.32　风机过滤单元原理图

如图 5.33 所示，静电除尘器利用初效网进行空气粗滤，较大粉尘及丝、条杂物被阻留在初效网外表面，初步净化的气体进入电子集尘箱，带电尘粒吸附到集尘板上达到除尘目的。相比于一般工业除尘设备，静电除尘器具有体积小、耗能少和除尘效率高等优点。

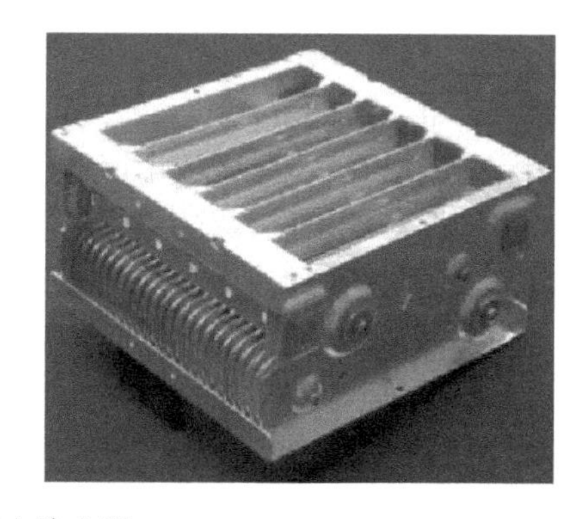

图 5.33　静电除尘器

在高频箱、雷达方舱或其他设备的灰尘控制中，可选择上述电子集尘器作为除尘设备。当要求监测空气质量并实现自动除尘控制时，可安装上述粉尘传感器实现监测功能，并可选择单片机作为控制器。电子集尘器除可以单独加装外，也可与雷达结构一体化，通过布置好的线路与控制器连接。

5.2.4　漏水漏液控制

电子设备面临的漏水漏液问题一般分为两种情况：一是设备外部的水或其他液体侵入设备内部；二是设备内部的液体泄漏。为消除或降低液体泄漏对电子设备的危害，各种漏水漏液的检测及控制方法相继出现。

1. 漏水漏液检测

密封是防止漏水漏液危害最基本、最直接和最有效的措施，同时也是三防性能的设计要求。密封装置可以防止杂质进入设备内部，也可避免设备内部的液体泄漏。

设备密封性能再好，也无法完全消除漏水漏液潜在的隐患，对雷达等电子设备内部元器件而言，漏水是一个始终不能忽略的重大隐患。通过在设备内部安装分布式漏水传感系统，并结合单片机控制技术，设计出一套数字化检测装置，实现设备漏水远程检测与精确定位，并且能在判断发生漏液之后及时采取相应措施。

一般漏液检测报警系统有以下几种漏液报警情况：

(1)漏液报警。漏液浸泡检测线缆导致短路，该信号发送到漏液控制器后，随即发出漏液报警。

(2)漏液位置检测。如果线缆检测到漏液发生并导致线间短路的情况，系统监测的电流值就会发生相应改变。根据欧姆定律（$R=U/I$）及电阻与长度的关系（$R=\rho L/S$），系统可以自动计算漏液发生的具体位置并予以显示。

(3)断线报警。如果外力造成漏液检测线缆或者感应线缆发生断裂，这种情况下导线会失电，监测系统判定断线就会随即发出断线报警。

传感电缆漏水检测原理如图 5.34 所示，电缆由两种不同类型的四组导线构成两个导电回路。如果没有发生漏水情况，两个回路之间没有接触，互相独立，系统所监测的电阻为正常值；如果发生漏水情况，材料由于本身的特性而发生变化，使得其中 2 根黑色导线相接触，这时两个导电回路便不再独立，电阻值随之发生变化，系统即可判定发生漏水情况。

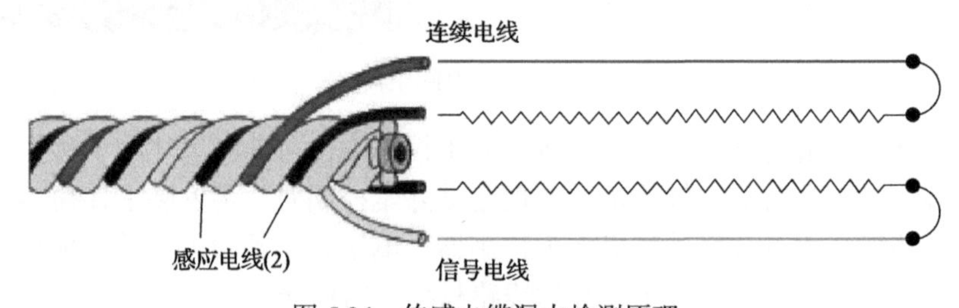

图 5.34　传感电缆漏水检测原理

传感电缆漏水定位原理如图 5.35 所示，分压电阻 R_f 串接在检测电路中，电路供电使用稳压源。其中，V 为供电电压，V_2 为 R_f 的电压，V_x 为泄漏点到电源负极的电压($V_x=V_1$)，I 为通过 R_f 的电流，可得

$$I = \frac{V_2}{R_f} \tag{5.7}$$

$$X = \frac{R_f\left(V_1 / V_2 - 1\right)}{K_s} \tag{5.8}$$

式中，K_s 为单位长度电阻值。

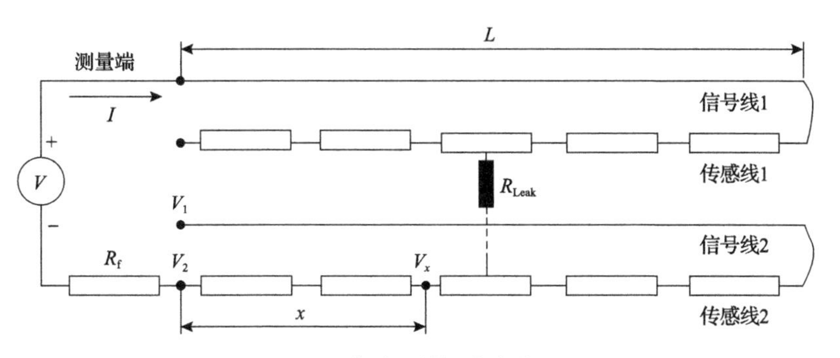

图 5.35 传感电缆漏水定位原理

当系统判定发生漏水情况时，除发出报警和进行漏水定位外，还应及时采取措施来降低或停止漏水危害。可采取的措施有：针对漏水情况(泄漏率)和重点防护部件进行分区域隔离，自动切断电源，若有条件，可实施断水操作等。系统应尽量实现自动化漏液处理，必要时可人为干预。

系统硬件设计主要由 32 位控制器、数据采集器、漏水感应电缆、继电器控制电路、TFT 显示电路、电源等组成，如图 5.36 所示。系统软件设计主要由按键模块、显示模块、继电器控制模块、数据采集模块、数据分析模块、通信模块、报警模块等组成，程序流程如图 5.37 所示[11]。

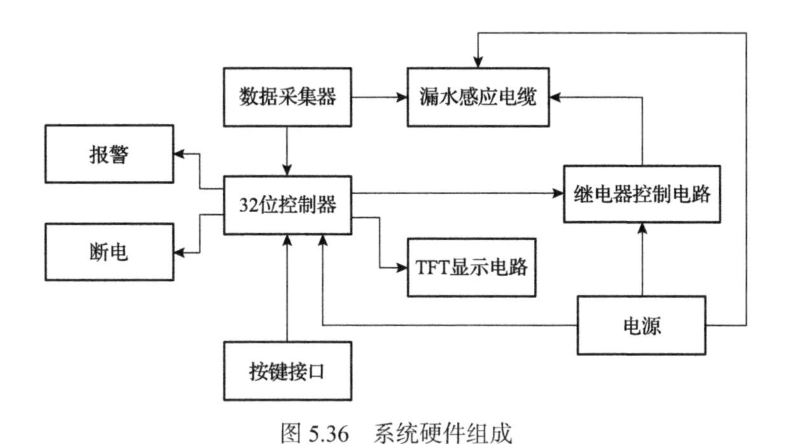

图 5.36 系统硬件组成

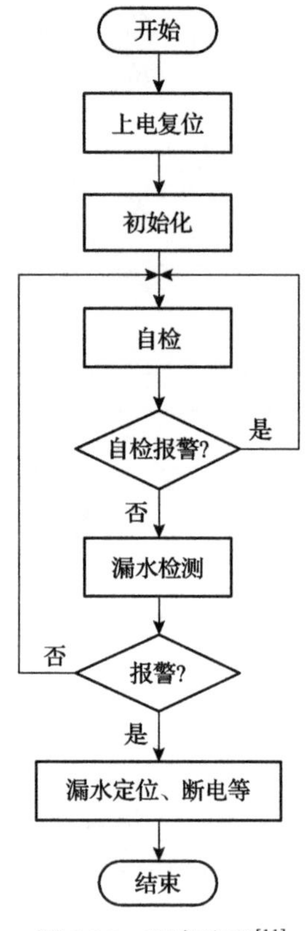

图 5.37　程序流程[11]

2. 典型结构漏水漏液检测方法

1) 有源子阵骨架

有源子阵是阵面基本扩展单位，也是最小的完整电信功能模块。子阵骨架上同时集成冷却水道与漏液流道。漏液流道内布置以穿心电容为核心的漏液监测智能结构，如图 5.38 所示。

2) 漏液检测带

相控阵雷达由大量电子设备组成，漏液检测带的布置方法是一个值得研究的问题。如果在雷达设备内部均匀布置漏液检测带，会导致布置困难、成本增加、结构复杂等问题。如果能在有限的空间内布置最少的漏液检测带，并且布置方案能够满足所有重要区域的漏液检测要求，这就实现了漏液检测带的最优布置，能够使雷达内部结构更加紧凑。

漏液检测带的布置要考虑两个问题：检测带的长度和布置位置。检测带的长度自然是越短越好，这样布置简单，也能降低成本。检测带应该布置在漏液危害大的区域，如重要的电子元器件附近，可以通过试验来确定较好的布置方案。

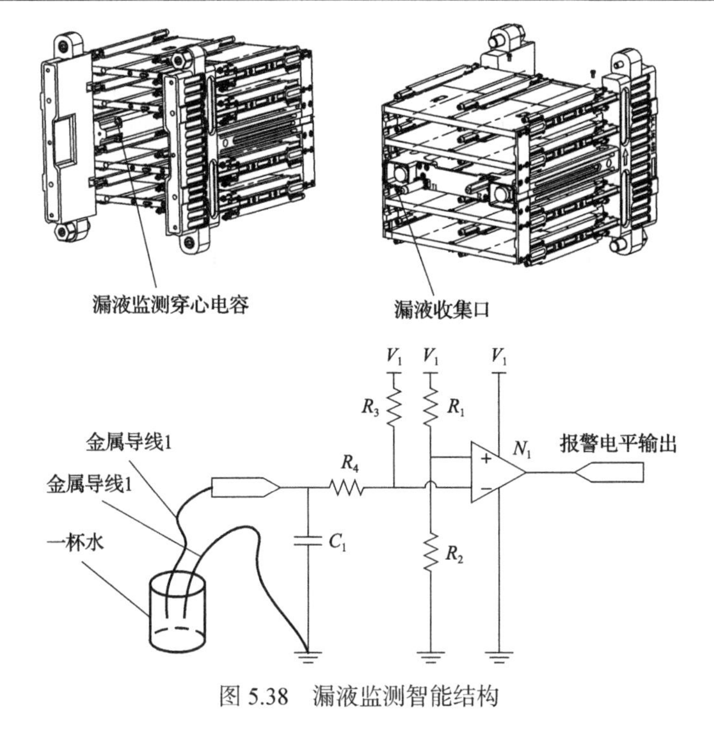

图 5.38　漏液监测智能结构

5.2.5　盐雾控制

不同于广大内陆地区，盐雾是沿海地区或海洋大气环境的主要特征，盐雾控制对工作于海洋环境中的电子设备来说很重要。

海洋盐雾中含有大量 Cl^-，Cl^- 可以穿透金属材料表面的氧化层和防护层，与内部金属发生电化学反应而产生腐蚀。离海洋越远，大气中含盐量越低，同时物体阻隔越多，雾量也就越少。此外，盐雾腐蚀和空气相对湿度及温度(一定范围内)呈正相关。盐雾腐蚀机理如下。

在原电池环境中，金属失去电子成为电池阳极：

$$Fe - 2e^- = Fe^{2+} \tag{5.9}$$

由于环境潮湿，阴极附近的电子易被水膜中的 O_2 氧化成为 OH^-：

$$O_2 + 2H_2O + 4e^- = 4OH^- \tag{5.10}$$

电解液中出现铁锈：

$$\begin{cases} 2Fe^{2+} + 2Cl^- + 2OH^- = FeCl_2 \cdot Fe(OH)_2 \\ 4Fe(OH)_2 + O_2 + 2H_2O = 4Fe(OH)_3 \end{cases} \tag{5.11}$$

除盐雾的电解质作用外，盐雾液滴中的大量溶解氧同样影响腐蚀过程。氧能引起金属表面阴极发生去极化过程，而盐雾中又含有充足的氧气，因此会导致电化学反应不断进行，进而加剧腐蚀。此外，由于 Cl^- 可以很容易地穿过金属表面氧化层，氧化物中的氧受到排挤，此时会形成可溶性的金属氯化物，破坏了金属的钝化。

盐雾颗粒只有沉降在金属表面并形成电解液膜时，才会对金属产生腐蚀。盐雾沉降率越大，在一定范围内形成于金属表面的液膜就会越厚。当盐雾沉降率减小时，形成的膜层会比较薄，这时就利于氧到达阴极表面参与反应。因此，随着盐雾沉降率的增加，并且有中等厚度的盐液膜层产生，以及氧扩散到阴极表面的速度适宜后，盐雾腐蚀速度的上升才会比较缓慢。

防盐雾要从两个方面出发，一是防腐蚀设计，其基本原则有：设计密封结构，采用耐盐雾材料(不锈钢或以塑料代替金属)，元器件表面涂覆有机涂层，不同金属之间避免发生接触腐蚀等。二是消除电子设备工作环境中的盐雾，而盐雾是盐核溶于水后形成的，可采用除雾器除去空气中的盐雾液滴，即能实现除雾的效果。

1. 分离除盐

1)雾化喷淋除盐

经过雾化的微小水滴与盐雾中的 Cl^- 接触形成较大的水滴或尘粒，质量增加之后沉降在水池里。其中质量略小的尘粒或水滴不易沉降，可在撞击到挡水板形成水膜后，再流入水池中。

2)离心力分离除盐

离心力分离除盐是通过旋风分离器(见图 5.39)产生的离心力来分离含盐空气中质量较大的盐雾颗粒，并形成水膜流出。

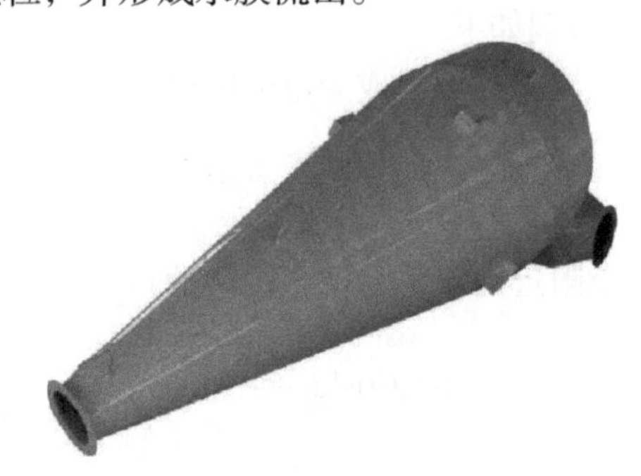

图 5.39　旋风分离器

3)超重力分离除盐

借助转子高速旋转产生的超重力环境以及多孔填料，使空气中的 Cl^- 和水分发生流动接触，产生微雾、液膜，持续不断地形成巨大的相界面，相间的传质效率得到极大提高，空气中的盐雾颗粒得以充分捕捉，实现水、气分离并排出。

2. 盐雾过滤器

通过采用不同密度抗水型玻璃纤维滤纸滤网、热熔胶分隔或点状分隔技术，捕捉不同粒径的 Cl^- 并使用滤网拦截。该方法具有运行阻力低、过滤面积大和抗压力高等优点，特别适用于对防盐雾腐蚀要求较高的电子设备。

3. 静电除雾

静电除雾与静电除尘方法类似，都利用了荷电粒子在电场的定向运动原理。螺旋立体离子电离技术原理如图 5.40 所示，与一般静电除尘相比，其大大提高了净化效率，可以高效去除空气中的微小固态或者液态的悬浮杂质和气溶胶。

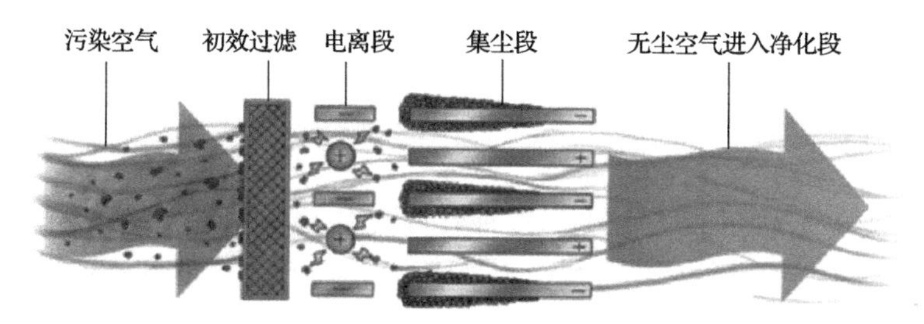

图 5.40　螺旋立体离子电离技术原理

在军用移动方舱、雷达车等设备上采用的除雾器如图 5.41 所示，它是新一代的进气处理装置，其材质采用先进的高性能航海级镁铝合金，配以微弧氧化特种防腐处理，底部设排水装置，属于轻量化、耐腐蚀的高端产品。

图 5.41　除雾器

在密闭空间内的除雾试验如图 5.42 所示，其中，大于 33μm 的液态颗粒分离率达到 99.9%，由此验证了除雾器具有极高的性能。

图 5.42 除雾试验

5.2.6 主动减振

雷达在运输/运行过程中会受到多种状况下的载荷作用，使天线、机柜及安装在机柜内的电子设备产生振动，从而使运行姿态稳定度和指向精度降低，会严重影响到天线成像的质量及性能，出现成像模糊和分辨率降低的状况；另外，在振动很严重的状况下可能破坏天线结构或电子设备。因此，有必要对雷达的振动进行有效控制[12]。车载雷达及设备常用的抗冲击和振动指标如表 5.6 和表 5.7 所示。

表 5.6 抗冲击指标

装载形式	冲击脉冲波形	峰值加速度/(m/s^2)	脉冲持续时间/ms
轮式战斗车	半正弦波	200	11

表 5.7 振动指标

振动方向	总均方根加速度/(m/s^2)	加速度谱密度极值/$[m^2/(s^4 \cdot Hz)]$	对应频率/Hz
垂直方向	20.25	6.87	5
		6.87	12
		1.54	26
		0.4	50
		0.4	100
		1.00	150
		1.00	335
		0.10	500

续表

振动方向	总均方根加速度/(m/s^2)	加速度谱密度极值/$[m^2/(s^4 \cdot Hz)]$	对应频率/Hz
水平方向 (横向和纵向)	10.03	0.60	5
		0.60	10
		0.06	50
		0.01	61
		0.01	120
		0.40	300
		0.40	415
		0.10	500

1. 振动智能控制系统

振动智能控制系统主要使用电磁流变材料、压电材料和电磁伸缩材料等，将普通结构与智能材料有效地结合到一起，可以实现功能互补，其中以压电类智能结构材料研究最深，应用最为广泛。由于正逆压电效应存在于压电材料中，压电材料既可作为智能制动或驱动的元件，又可当作机敏传感材料使用，同时，由于这类材料具有频带宽、功耗低等优异特性，已被广泛用于合成孔径雷达结构方面的振动控制领域。

结构振动控制方法通常分为被动振动控制方法、主动振动控制方法和主被动一体化振动控制方法。主动振动控制方法是通过从结构振动系统的外部输入能量来抑制结构的振动。采用智能控制算法或者采用智能驱动和智能阻尼装置的振动控制方式称为智能振动控制，属于主动减振方法。

2. 磁流变减振方法

磁流变减振以监测和减小雷达运输载体(如车辆)和车轮的运动传感器为基础，主要用于对行驶环境和路况做出动态响应。常见的磁流变减振器如图 5.43 所

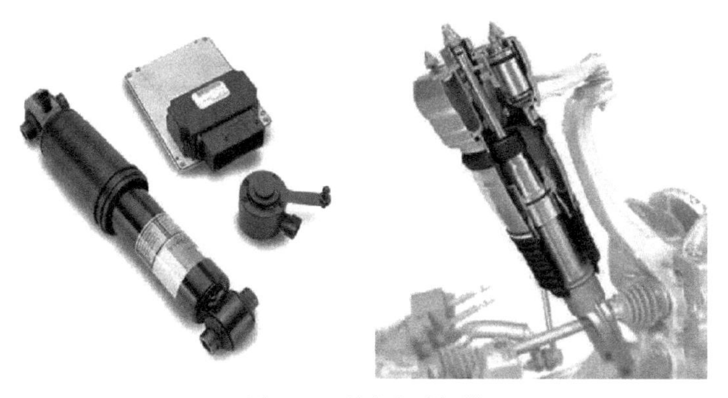

图 5.43　磁流变减振器

示，它有三个组成部分，即受温度变化较小的载体液(基液)、防止粒子沉降和结团的稳定剂、能够在特定磁场中极化的离散微粒。在磁场作用下，磁流变体(磁流变液)的黏度会明显变化，能够从液体可逆地变化为半固体，起到吸收振动的效果。

利用磁流变液原理可以设计出相应的减振隔振器，即磁流变阻尼器。磁流变减振控制过程如图 5.44 所示，控制器接收被控对象的振动响应信息，根据预设好的控制规律改变对应的磁场强度，从而使屈服应力和表观黏度系数灵活多变，进而控制阻尼力，达到减振隔振的效果。

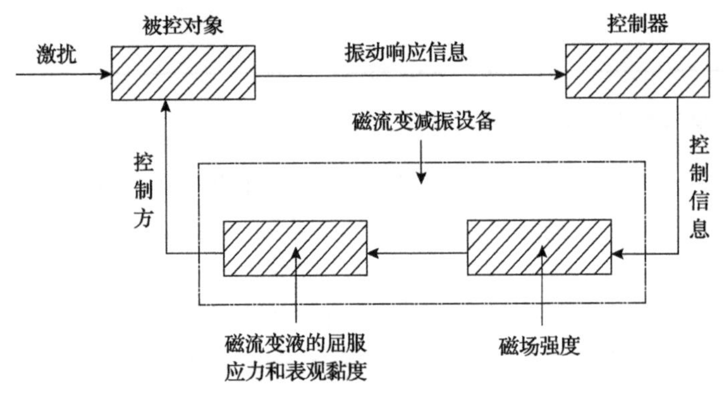

图 5.44　磁流变减振控制过程

磁流变减振器主要有三种工作模式：挤压模式、流动模式和剪切模式。磁流变液是阻尼器的工作液，电磁线圈缠绕在阻尼器的活塞上。当磁流变液外部有磁场作用时，它的流变特性会大幅度变化，改变阻尼通道两端的压力差，从而改变阻尼器的阻尼力。除此之外，磁流变液的黏度可通过线圈电流改变，从而对阻尼连续、顺逆地调节，它的工作原理简图如图 5.45 所示。

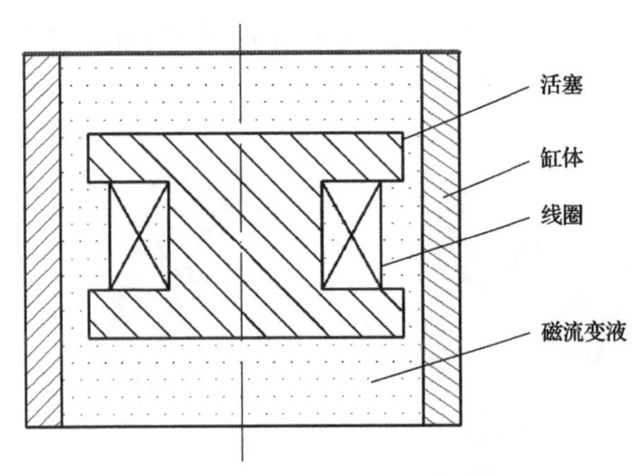

图 5.45　磁流变减振器工作原理

磁流变减振器常用于雷达载车智能悬架设计，控制过程如图 5.46 所示，控制器接收被控对象的振动响应，根据提前设定好的控制规律，通过改变磁场强度得到不同的表观黏度系数和屈服应力，为汽车悬架智能化减振。

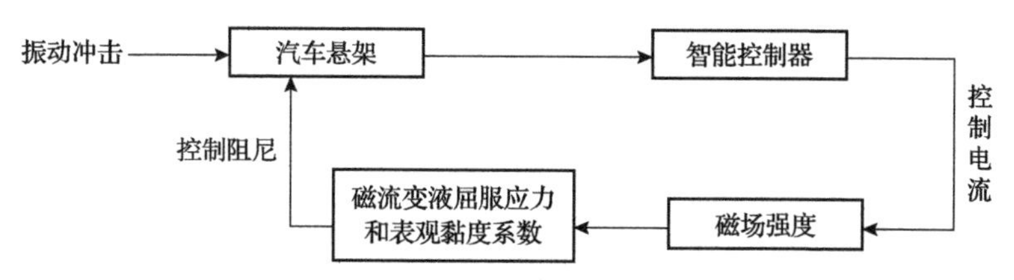

图 5.46　雷达载车磁流变智能悬架减振控制过程

雷达载车悬架智能控制系统具有一定的迟滞性、非线性和饱和性，用数学模型描述具有一定的困难，一般的线性控制方法无法达到良好的控制效果，而模糊 PID 控制(见图 5.47)具有控制精度高、模型简单和非线性适应性强的特点，与一般的 PID 控制相比，模糊 PID 控制具有鲁棒性强、响应迅速和超调小等特点，提高了控制的有效性和可行性。

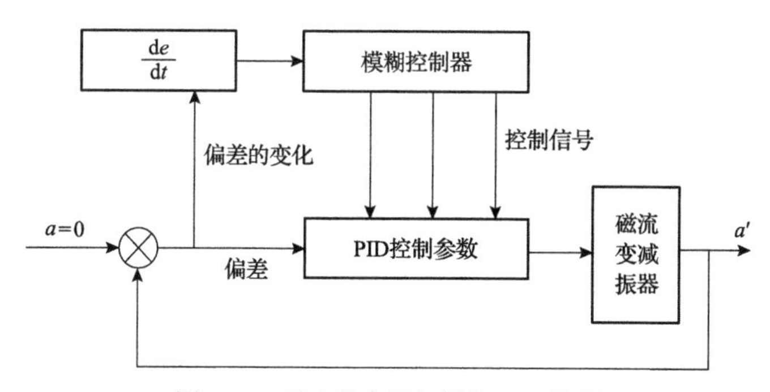

图 5.47　雷达载车悬架模糊 PID 控制

基于雷达载车悬架的模糊 PID 控制，考虑车体俯仰和侧倾振动，采用图 5.48 所示的模块整车控制系统图，通过各个减振器件和距离、信号等传感器确定所需的控制力，调节磁流变减振器的控制电流，对悬架系统进行智能化设计。

3. 压电智能振动控制系统

1)压电主动杆原理

压电陶瓷具有压电应变系数小的特点，其压电应变系数通常在 $10\sim10^3$pm/V 量级，当它在自由状态下被加载很大的电压时，其输出位移量特别小，通常使用压电陶瓷堆的方式使压电陶瓷片堆叠起来而产生较大的位移量。在压电陶瓷堆中的压电片上下侧分别设有电极，压电堆工作原理如图 5.49 所示，使压电片在力学上形成串联，电学上形成并联，进而实现在较小电压驱动的状况下获得比较大的整体位移输出量[13]。

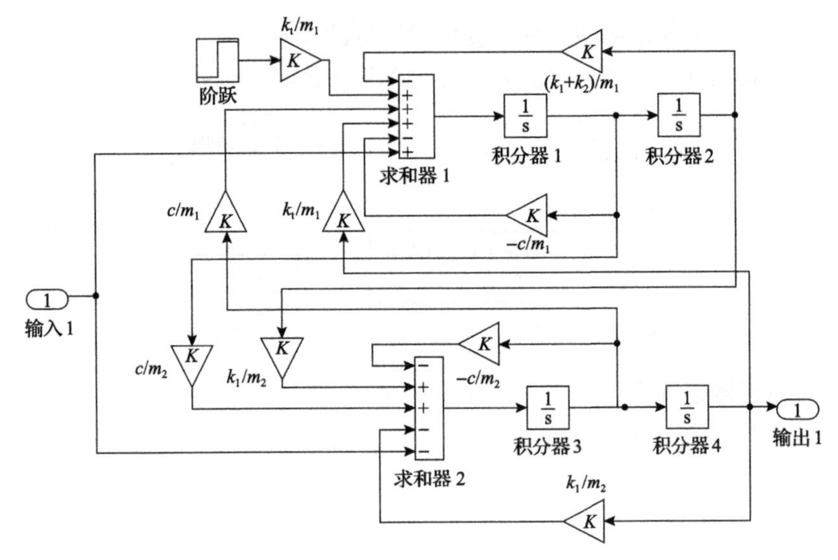

图 5.48　雷达载车悬架磁流变减振器系统控制设计

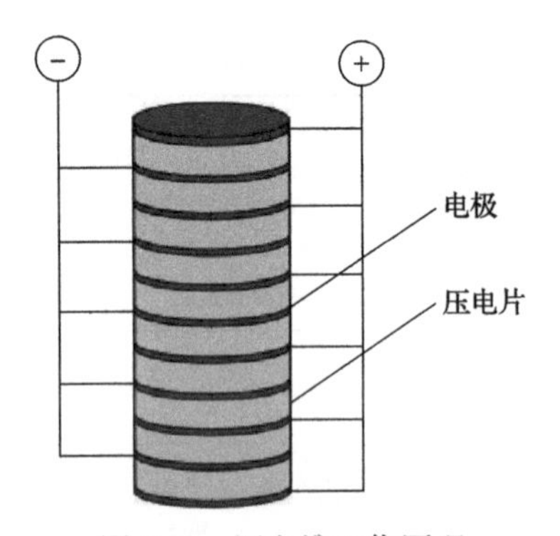

图 5.49　压电堆工作原理

依据压电堆的工作理论，压电主动杆结构如图 5.50 所示[14]，主要由压电堆、输出杆、球铰、预压弹簧、套筒、链接机构和驱动电路等组成。压电陶瓷堆虽然

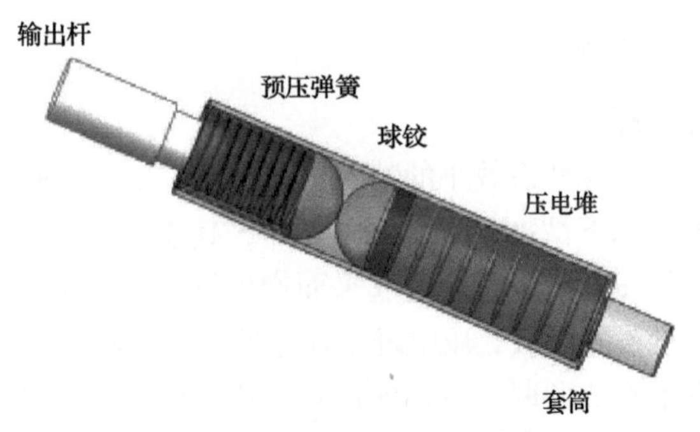

图 5.50　压电主动杆结构[14]

可以在较小电压的作用下产生比较大的作动力和作动位移，但不能承受在外力作用下产生的弯矩，因此使用球铰的目的是防止弯曲载荷造成的压电堆破坏。通过使用预压弹簧提供相应的预紧力，压电陶瓷片被压紧而减小陶瓷片之间的缝隙，使压电主动杆具有提供张力和拉力的功能。

2)压电智能结构振动控制系统

压电智能结构振动控制系统中的作动器和传感器通过将压电材料布置于结构内部或粘贴在其表面而构成智能结构，在垂直计划单场的作用下，埋置型致动器会沿着长度方向发生剪切变形，而表面粘贴型致动器会沿着厚度方向发生伸缩变形，从而达到拉伸制动的效果。具有压电材料的主动智能控制系统是研究智能结构的方向之一，它可控制和自动感知振动状况，并通过将控制器、作动器和基体结构有效结合在一起来精确地调节系统结构，达到控制结构振动的目的。这类结构一般由控制器、传感器和传感器网络等构成，基本的结构原理如图 5.51 所示。

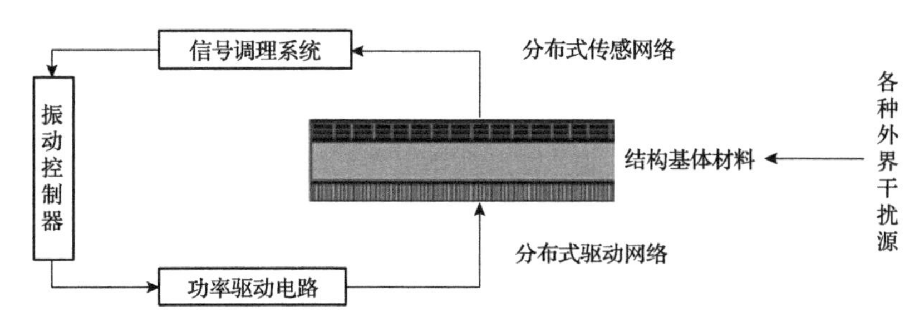

图 5.51　压电智能结构振动控制系统

5.2.7　冰雪控制

大型阵列天线在寒冷、雨雪天气环境中使用时可能有不同程度的结冰，结冰可导致电磁波收发和结构承载状况的严重恶化，并最终对雷达性能产生严重影响，乃至彻底失去探测感知功能。对于战备值班或高海拔无人值守雷达，停机除冰方法显然不可取。因此，对阵列式天线阵面的结冰状态进行在线监测以及进行自动除冰处理，对保证国防安全具有重要的意义。

目前，针对天线阵面结冰监测和除冰的研究比较少，除冰的实现有主动除冰和被动除冰两种。主动除冰是指采用电热技术、微波技术、电气技术和机械除冰技术等对冰层进行处理；被动除冰是指使用特殊涂层材料进行除冰[15]。

1. 防/除冰技术

1)电热/暖气除冰

电热除冰是在结构件中间层中加载电阻线圈，利用电流加热使覆冰融化。

当温度传感器和结冰探测装置感应或者检测到相关位置存在冰层时，外部系统通过控制嵌装辐射单元的前端或安装于需融冰位置的热阻元件发热而实现除冰的过程。

暖气除冰是指在制造结构件时，提前在比较容易结冰的位置铺设相应的暖气通道，通过间断式方式输送暖气，使阵面易结冰位置的冰层融化。对连续性除冰系统来说，使用间歇性方式除冰可以减少能源的消耗。除冰所用的暖气一般通过风扇配合加热器将热空气输送到暖气通道内进行内部循环，从而实现除冰。此方法通常需要在相关的结构件中加设暖气管道，会增加制造难度和提高成本投入。

2) 微波除冰

微波除冰是指在微波穿过冰层并且照射到表面时会使冰层表面的温度升高，从而促使冰层融化。在阵面天线表面添加涂层材料，提高表面吸收微波的能力，并且配备微波发射器或者直接利用雷达自身发射微波，以提高除冰效率。微波除冰能耗一般小于 $0.01\mathrm{W/m^2}$，除冰效率较高。

3) 电脉冲除冰

电脉冲除冰属于机械式除冰，通过使用电容器件对安装在覆盖有冰层的结构上的电磁线圈进行放电，在较短的时间内产生一个较大幅度值的机械力，使覆盖的冰层破裂而脱落。电脉冲除冰的难点在于如何得到最优的脉冲电路以及除冰电脉冲激励的计算；冰层失效准则的研究以及如何得到电脉冲除冰结构的疲劳寿命时间。在未解决上述难点之前，电脉冲除冰在阵面天线上的应用还需进行大量的理论与试验研究。

4) 超声波除冰

超声波除冰也是机械除冰的一种。当超声波在覆冰阵面上进行传播时，利用覆冰阵面具有多层异性介质的特点，除会在阵面上产生兰姆波外，还会产生一系列的时间谐波振动，即水平剪切波。兰姆波属于板波的一种类型，它可以根据质点的运动方式分为对称型兰姆波和非对称型兰姆波。其中对称型兰姆波具有中心质点能够做纵向振动运动、上下表面质点可以做椭圆运动和反相位运动、运动方向对称性的特点。非对称型兰姆波具有中心质点可以做横向振动运动、上下表面质点可以做椭圆运动和同相位运动、运动方向不对称的特点[16]。

超声波在阵面和覆冰层上传播的过程中所产生的兰姆波与水平剪切波在不同的介质中具有不同的传输速度，导致在阵面与覆冰层的结合处产生一个速度差值，进而生成剪切应力，使得覆冰层与阵面结合处的黏合力被削弱[17]。

对处于覆冰状态下的雷达阵面进行仿真，选取如图 5.52 所示的无限小微元体进行研究。图中，兰姆波沿着 Y 轴方向和 Z 轴方向进行传播，水平剪切波沿着 Y

轴方向进行传播，质点的位移沿着 X 轴方向。XZ 平面上的剪切应力由旋转阵面产生的离心应力与压电陶瓷片在 XY 平面上产生的剪切应力耦合而成。当雷达的阵面被覆盖上冰层后，XZ 平面方向产生的剪切应力将会使雷达阵面上的覆冰层进行剥离，同时在 XY 平面方向上产生的剪切应力会使覆冰层产生破碎的作用力，这两种应力使得雷达阵面与覆冰层结合面处的黏合力被较大地削弱，然后再通过其他外力使覆冰层脱落[18]。

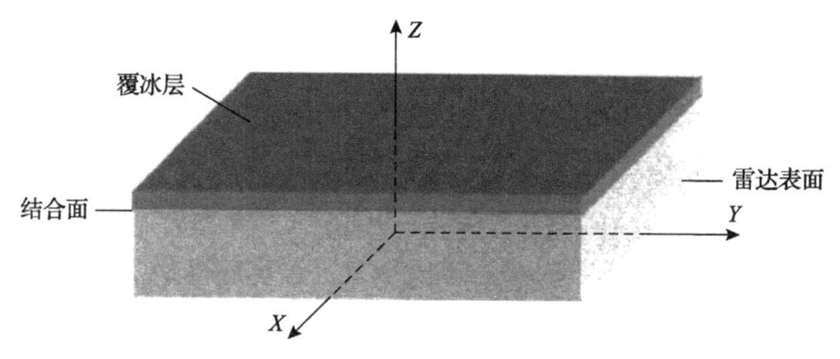

图 5.52　覆冰层与雷达表面双层系统微元体

2. 结冰在线识别与控制系统

实现阵面天线在线除冰功能，需要除冰系统拥有在线自动检测结冰和自动除冰的功能。这就意味着系统不但要能够进行在线自动检测，还要能够分析天线覆冰的状况，具体包括覆冰的位置和覆冰的程度，最后通过系统对除冰执行装置发出指令，执行除冰动作以达到除冰的目的。

在天线阵面表面因温度达到结冰温度并且覆盖有冰层之后，阵面的截面相当于冰层与结构件的组合，使得阵面结构件的刚度在原有基础上增加，并可以通过传感器反映在其相应的振型曲率上。因此，理论上，综合安装于表面的温度传感器与覆冰前后振型曲率的变化能够间接判断覆冰状态。

1)软件系统功能

自动除冰系统软件主要包括四大模块，其功能示意图如图 5.53 所示。其中显示模块主要用以实时显示后台各大模块的分析数据和结果，具体有覆冰检测的结果、除冰执行动作、每个通道的数据采集结果和模态分析图谱。

操作模块主要用于对所采集的数据进行相关参数设置并对所采集的相关数据进行自动存储以便进行查看，对系统运行进行操作和显示界面的相关状态。

分析模块是除冰系统的核心模块，可以实现对阵面振动数据的采集，并对数据进行模态分析，再对相关振型的数据进行提取并且计算阵面的覆冰参数，最终计算出覆冰状态的结果。

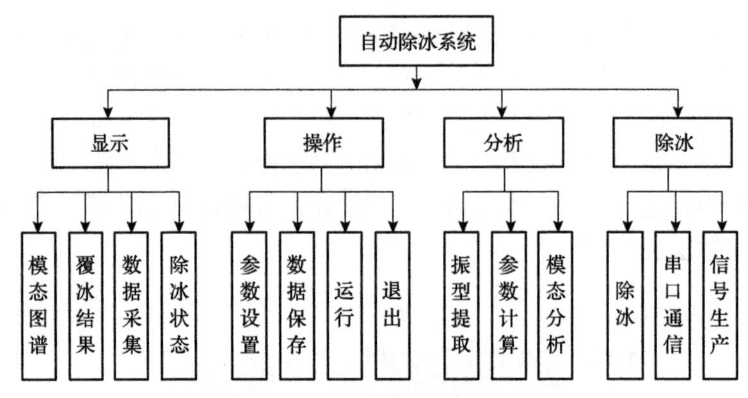

图 5.53　自动除冰系统功能示意图

除冰模块的功能在于分析模块获取雷达阵面上的覆冰位置后，可以根据覆冰层的厚度自动发出相应的除冰动作控制信号并且计算除冰所需要的时间；另外，除冰控制信号主要通过串口发送到相应的除冰执行机构；当雷达阵面存在多处覆冰层时，系统能够自行判断覆冰层容易脱落的位置并进行优先除冰。

2)软件系统流程

自动除冰系统流程如图 5.54 所示。在一个循环中，自动除冰系统首先经过数据采集模块对所需的相关信号进行拾取，在拾取完成之后，温度/模态模块对阵面结构的振型/温度进行识别分析，将分析的数据再传输给计算模块进行计算，完成相关特征参数的计算以及覆冰状态的诊断。当系统未检测到天线阵面表面覆冰时，系统进入下一个循环，并再次更新所采集到的数据，从而实现在线检测覆冰状态。当系统检测到天线阵面表面覆冰时，覆冰检测的相关子程序停止运行，同时系统进入除冰控制状态，生成除冰指令并通过串口进行指令通信，最终完成除冰的动作，除冰时长则为本次除冰实际所需时间(忽略除冰子程序运行所需时间)。待除冰的动作执行完成后，系统开始进行新的循环。采用此种方式的好处在于：实际情况下覆冰与除冰需要一定的时间来实现，通过采用非连续性的执行方式进行检测和除冰，不但能够减少系统内存需求以提高系统整体性能，而且可以最大限度地减少压电陶瓷片对传感器信号采集的干扰。

3)硬件系统结构

采集阵面易结冰处的温度或振动数据以及执行相关的除冰动作需要硬件来进行保障，硬件系统通过电荷放大器结合传感器及数据采集卡和相匹配的数据通道接线盒可以实现对数据的采集。另外，通过使用单片机、继电器、超声波发生器和压电陶瓷片等来实现除冰动作的执行。数据采集和除冰动作的执行主要通过上位机进行连接，以实现实时在线监测与自动执行。系统硬件结构组成如图 5.55 所示。

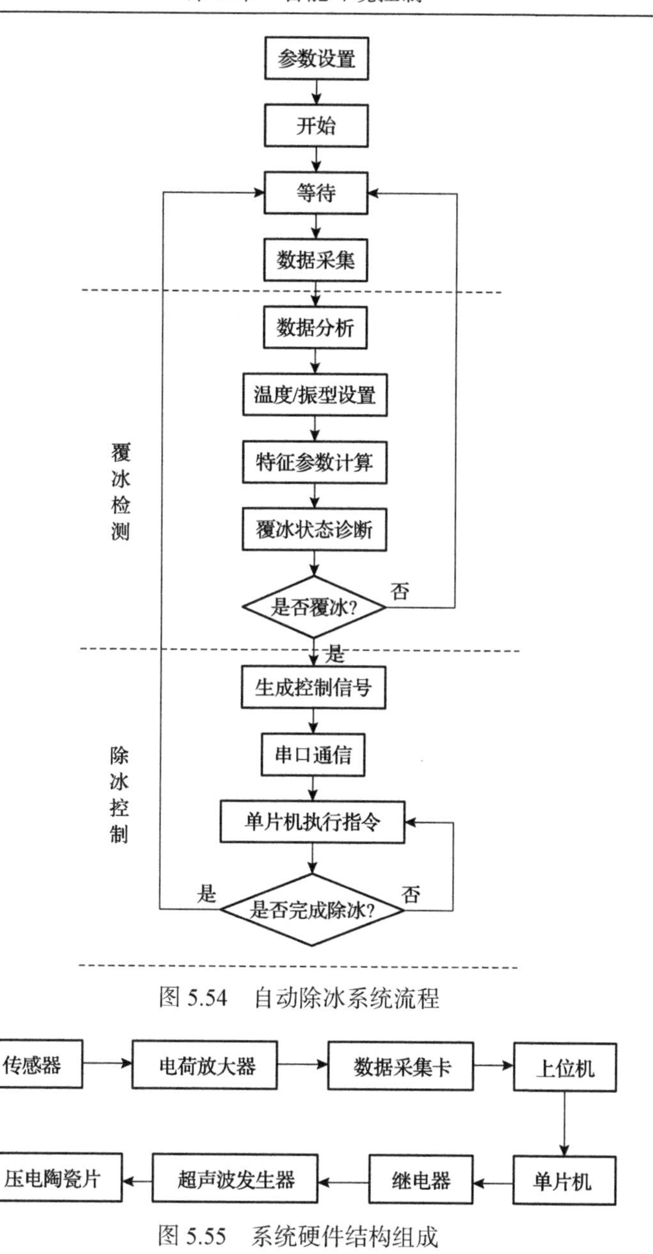

图 5.54　自动除冰系统流程

图 5.55　系统硬件结构组成

5.3　智能环境控制技术综合应用

5.3.1　智能环境控制系统总体设计

相控阵雷达电子系统主要包含天线阵面、电子方舱和方舱内的机柜等。智能环境控制系统主要对雷达电子各分系统的内部环境关键参数进行监测，如温度、湿度、烟雾、盐雾等，通过闭合回路快速响应，以便实时调控，改善电子设备所处环境，提高可靠性。

相控阵雷达智能环境控制系统主要由环境检测传感器、信号处理器、数据采集机、状态识别系统，控制系统和显示系统等组成。其工作原理为传感器在采集到相关的特征数据后，通过相应的接口传输至信号处理机进行相关数据的预处理，再应用傅里叶变换等方法对信号进行处理分析计算，然后将计算结果传输至状态识别系统中进行判断分析，最后将所得的分析结果以及相关决策建议传输至显示系统，如图 5.56 所示[19]。

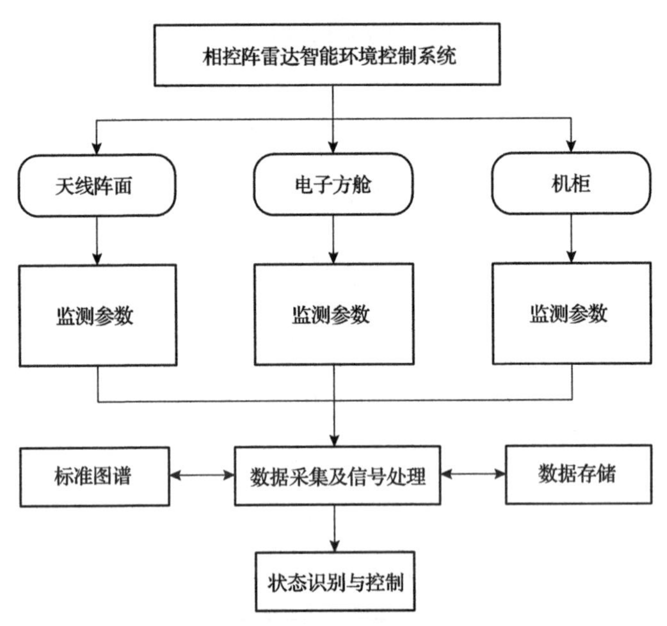

图 5.56 相控阵雷达智能环境控制系统[19]

5.3.2 智能环境控制系统功能模块设计与实现

1. 天线阵面智能环境控制

天线阵面是雷达的核心部分，保证天线电性能的实现，并满足阵面电子设备环境、可靠性等要求。

天线阵面智能环境控制系统主要由主控制器、下位机(子控制器)、传感器组(温度、湿度、烟雾、盐雾)、外部设备及总线组成。上位机由一台计算机组成，下位机选择单片机，单片机、传感器采用 5V 供电。天线阵面智能环境控制系统组成如图 5.57 所示。

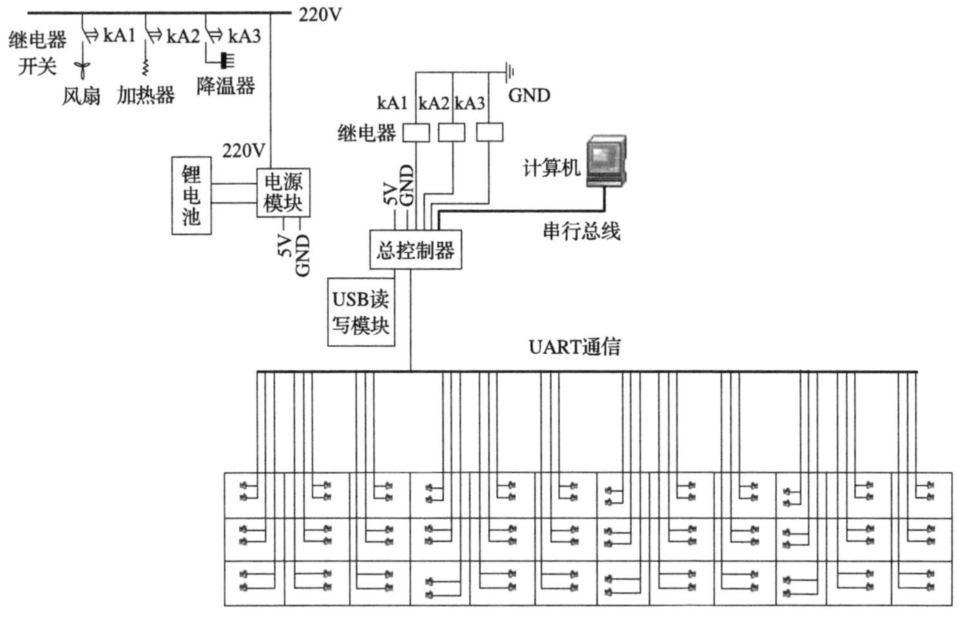

图 5.57　天线阵面智能环境控制系统组成

如图 5.58 所示，该系统还设计了 USB 读写模块，与单片机相连，可以存储、读取数据。

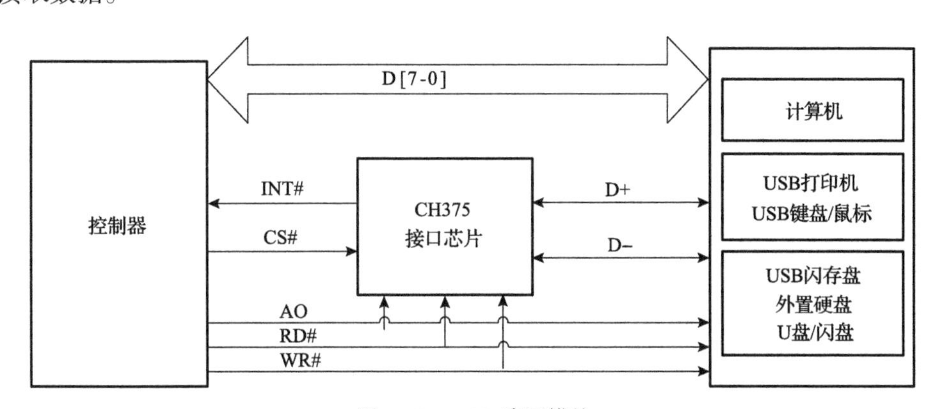

图 5.58　USB 读写模块

天线阵面智能环境控制系统布线图如图 5.59 所示，由 7 个控制器控制 7 组共 64 个传感器组(每组均包含一个温度、湿度、烟雾、盐雾传感器)。

以中间 9 个一组传感器组为例，详细的布线方案如图 5.60 所示。传感器组 1、2、3(4、5、6 及 7、8、9)以三角位置分别布在 3×1 的单个方格空间内，负责这一部分的数据采集。其走线直接与每格原侧边布线处集中在一起，所有的线引至框架一侧后，再集中引出至控制器处。

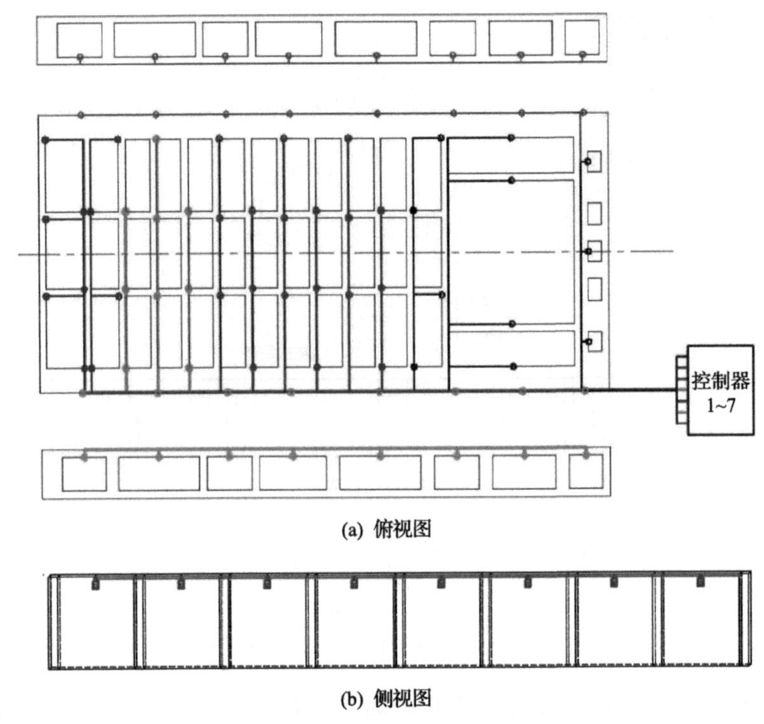

(a) 俯视图

(b) 侧视图

图 5.59　天线阵面智能环境控制系统布线图

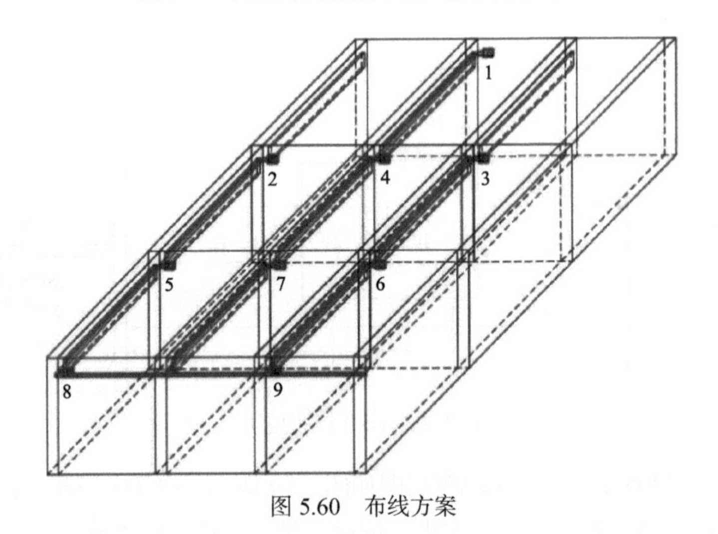

图 5.60　布线方案

依据该布线方案，雷达待机环境下测得的高频箱内各点温湿度随时间的变化曲线如图 5.61 和图 5.62 所示。分析可见，整体上温湿度曲线平稳，所有数据没有出现明显的错误值，说明系统运行正常。测试时雷达处于待机状态，测得的温湿度与室内温湿度相似，测试数据呈现出随时间变化的趋势，温度早上低、中午高、晚上低，湿度早上高、中午低、晚上高，与实际较为吻合。

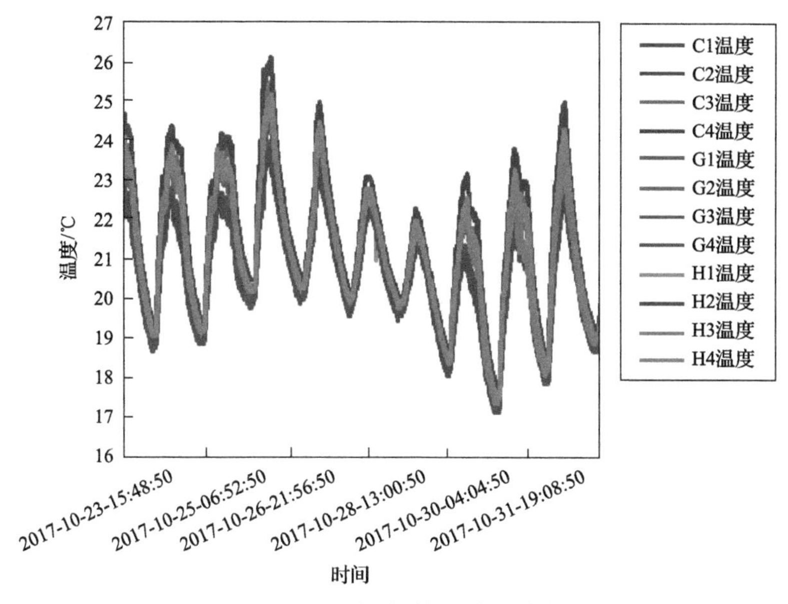

图 5.61　温度随时间的变化曲线

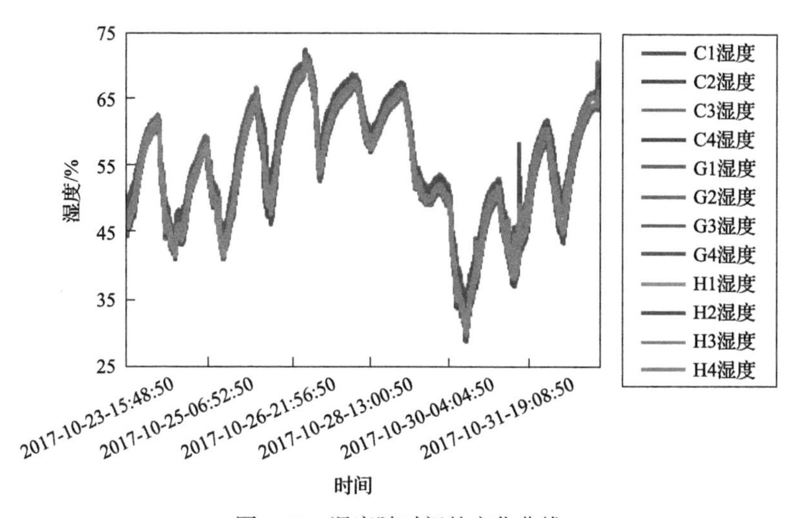

图 5.62　湿度随时间的变化曲线

在高频箱内充入浓度为 $2mg/m^2$ 的盐雾气体和浓度为 $4mL/m^3$ 的烟雾气体，雷达待机环境下测得的各点盐雾浓度、烟雾浓度随时间的变化曲线如图 5.63 和图 5.64 所示。分析可见，检测系统检测到数据后，启动控制系统，随着控制系统的运行，盐雾浓度、烟雾浓度曲线平稳下降，说明智能环境控制系统运行正常。

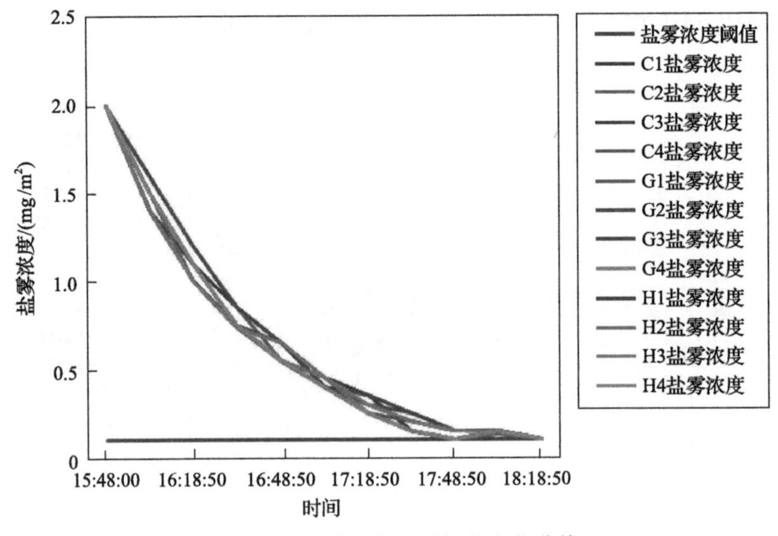

图 5.63 盐雾浓度随时间的变化曲线

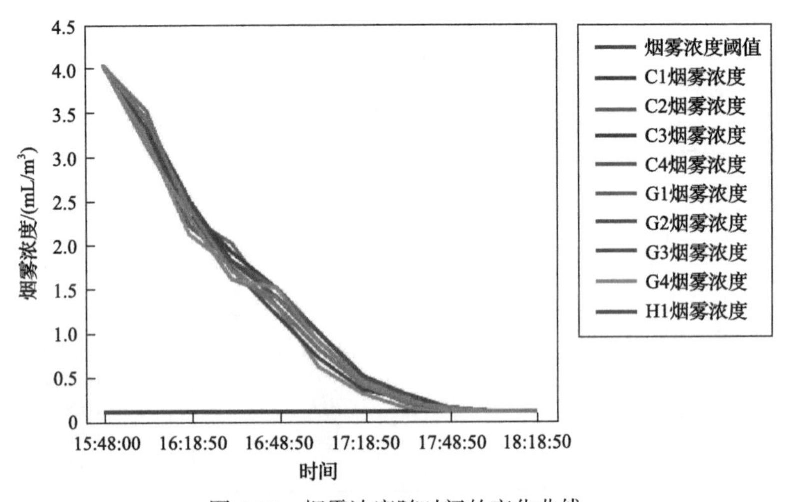

图 5.64 烟雾浓度随时间的变化曲线

2. 机柜智能环境控制

雷达电子设备通常安装在密闭机柜内，机柜的屏蔽性能、密封性能及承载能力较强，因此环境控制效果比较好。机柜智能环境控制系统如图 5.65 所示。

机柜包括机柜前门、后门、侧门和骨架，内部安装转门和插箱，底部安装底框和减振器，前门安装显示屏，显示机柜进风口的风温、湿度。机柜结构示意图如图 5.66 所示。

机柜智能环境控制系统集成检测、控制单元安装在机柜内，完成机柜、插箱的控制及状态监测，在完成各部分状态的显示、远程控制下，还负责完成机柜的自动测试及与雷达控制台的数据交互。

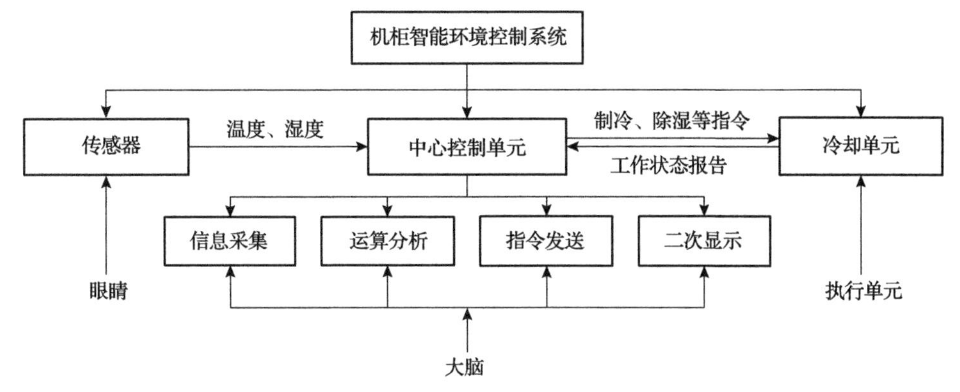

图 5.65　机柜智能环境控制系统

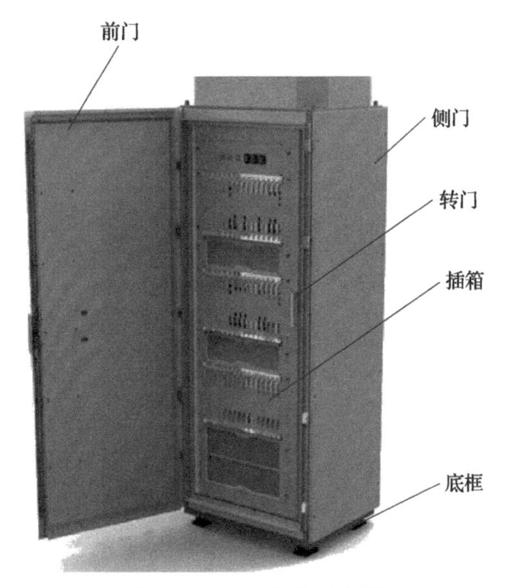

图 5.66　机柜结构示意图

根据环境要求，采用可编程逻辑控制器(PLC)作为整个控制系统的核心，PLC 包括电源模块、CPU 模块、I/O 输入模块、I/O 输出模块、模拟量输入模块、高速计数模块。电源模块用来为 PLC 供电；I/O 输入模块完成各部分传感器状态的采集；I/O 输出模块完成对机柜状态的控制；CPU 模块是整个 PLC 的控制核心，同时控制与雷达控制台的通信。

监控管理组成框图如图 5.67 所示，机柜内传感器布置如图 5.68 所示。

机柜的控制方式包括本地控制和远程控制两种。本地控制主要通过机柜控制主机自动化运维；远程控制模式通过雷达主控台向机柜发送控制指令，来完成对机柜的控制操作。

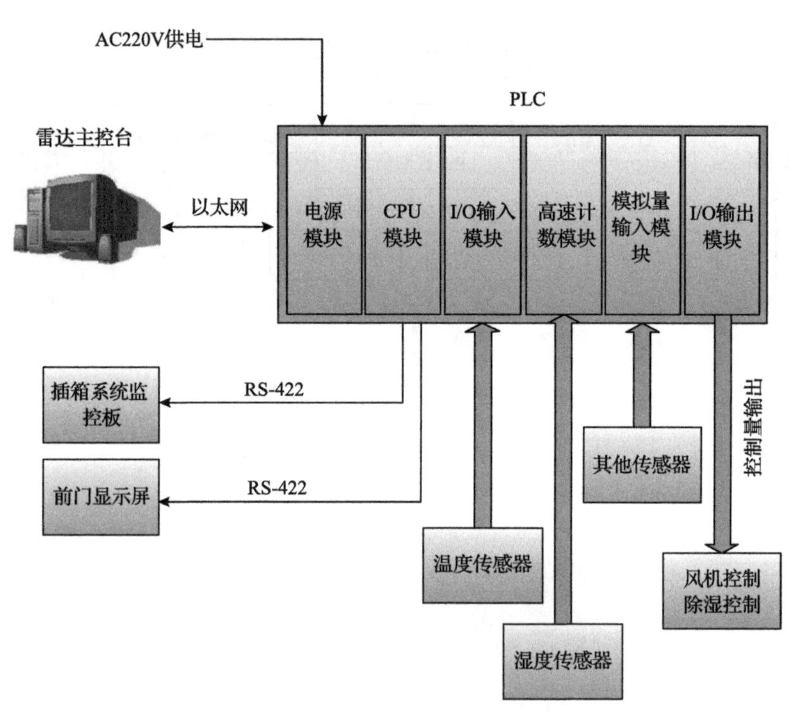

图 5.67　监控管理组成框图

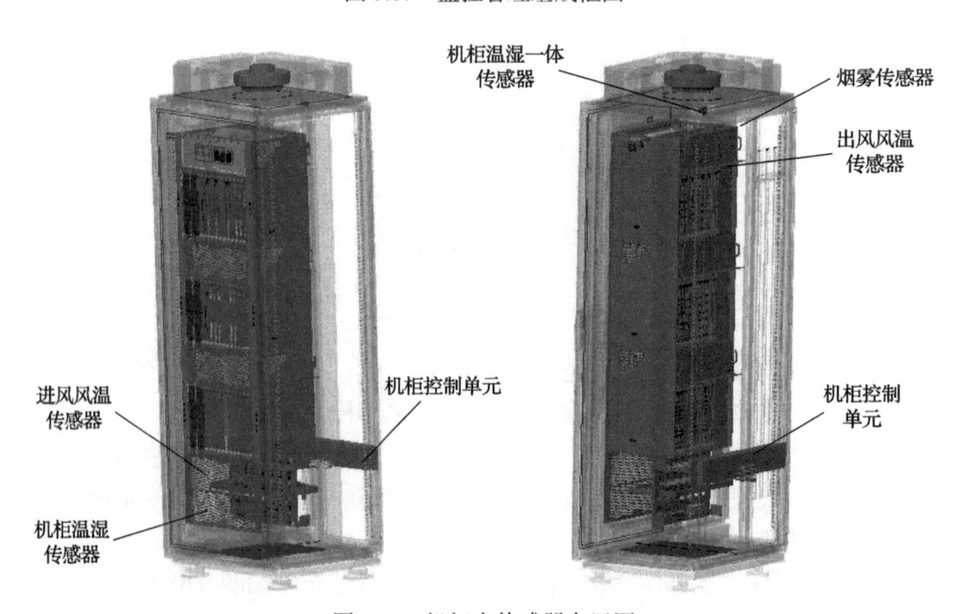

图 5.68　机柜内传感器布置图

3. 电子方舱智能环境控制

电子方舱分为作战指挥区、雷达操控区和电子设备区三个功能区，舱内设备布局如图 5.69 所示。作为雷达唯一的有人系统，电子方舱空气环境控制系统设计不好或出现故障，雷达就不能正常发挥其战场使命。

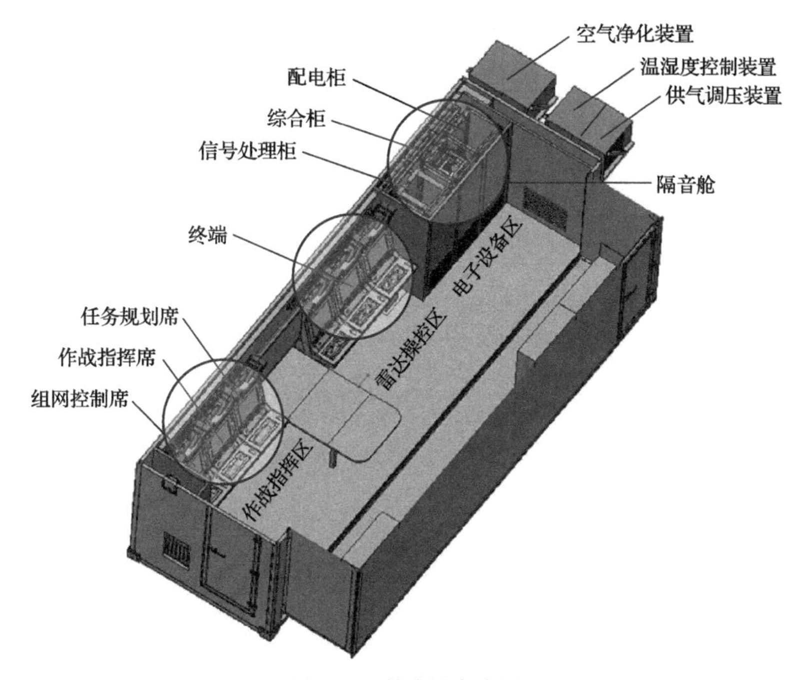

图 5.69　舱内设备布局

空气环境控制系统是实现电子方舱环境控制和热控制的分系统，电子方舱环境控制系统从功能上可以细分为不同的子系统，每个子系统又包含不同零部件，具体的功能分类如下。

(1) 供气调压功能：在高海拔环境中，控制舱内空气总压和氧分压水平在指标范围内。

(2) 空气成分控制功能：控制密封舱内空气盐雾、烟雾、二氧化碳、微量有害气体水平在指标范围内。

(3) 温湿度控制功能：控制密封舱内空气温度和相对湿度水平在指标范围内。

(4) 设备温度控制功能：控制设备工作温度在指标范围内。

按照空气环境控制系统的功能划分，可以将空气环境控制系统划分为供气调压子系统、空气成分控制子系统、温湿度控制子系统和流体回路子系统，如图 5.70 所示。空气环境控制系统的各个子系统相互都伴随着物质交换和能量交换，其中，供气调压子系统向空气成分控制子系统输入空气；空气成分控制子系统将二氧化碳分压控制在指标范围内，返回除去二氧化碳的空气给供气调压子系统；供气调压子系统给温湿度控制子系统输入空气，温湿度控制子系统对空气降温除湿后又将空气输入回供气调压子系统中；温湿度控制子系统向流体回路子系统中输入高温流体，经过流体回路子系统降温后又返回到温湿度控制子系统中。

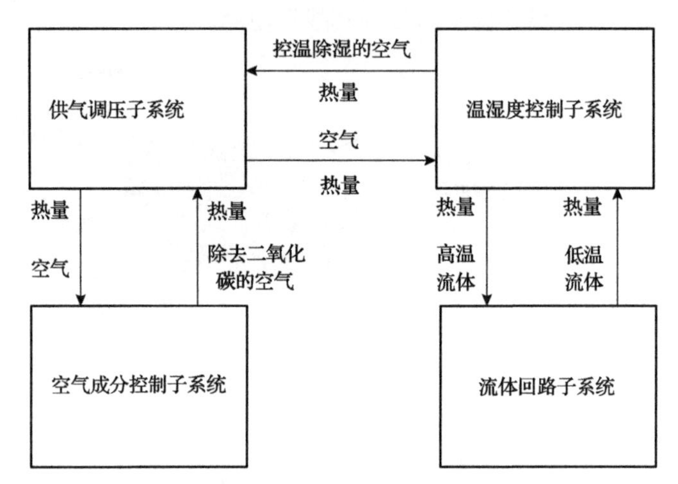

图 5.70　空气环境控制系统

系统对应的监控软件如图 5.71 所示。当将主控制器与计算机通过 USB 串口

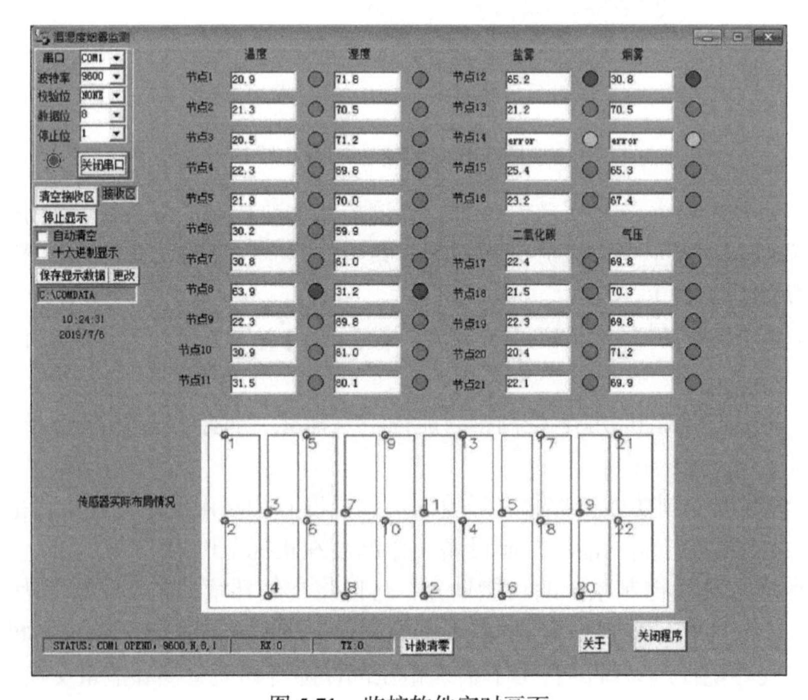

图 5.71　监控软件实时画面

线连接之后，打开该软件，连接成功即可将实时数据显示在计算机上。软件左侧主要为串口通信相关设置，包括串口号、通信波特率等基本参数，此外还有接收数据的存储等功能。右侧为实时显示部分，包括所有传感器节点(可按照实际需求增减)的情况。指示灯共有红、黄、绿三色，红色代表警告，即当前节点处的测量值超过了设定的阈值，需要进行处理；黄色代表对应节点的传感器断开了连接、传感器失效等一系列可能的错误情况；绿色为正常状态。对应的下方为传感器的实际布局情况，便于工作人员直接查询相关故障发生在雷达的具体位置，从而开展快速修复工作。

参考文献

[1] 王建峰. 固态有源相控阵雷达热控制技术. 电子机械工程, 2007, 23(6): 27-32.
[2] 宋宗凤, 王佐祥, 郭伟. 水平对数周期天线振子杆裹冰分析. 机械强度, 2017, 39(4): 981-985.
[3] 张立新, 张玉梅. 冰雪对大型阵列天线性能影响分析. 雷达科学与技术, 2015, (2): 195-199.
[4] 徐如海. 情报雷达的高原环境适应性设计研究. 现代雷达, 2005, 27(7): 14-16, 61.
[5] 李红. 某机载雷达智能环境控制器的设计. 电子机械工程, 2011, 27(6): 13-16.
[6] 丁晓东. 电子设备的三防设计. 环境技术, 2006, (5): 34-36.
[7] 吴锋, 葛维翰, 李涛. 中央空调消毒净化技术的探讨. 中国公共卫生管理, 2013, 29(4): 525-526.
[8] 徐陈凯, 张润卿, 郭佳, 等. 高压静电吸尘窗的设计与应用. 家电科技, 2007, (6): 42-43.
[9] Cleanrooms and Associated Controlled Environments Committee. ISO 14644-1：Cleanrooms and associated controlled environments—Part 1: Classification of air cleanliness by particle concentration. ISO, 2015.
[10] 杨强, 胡青云, 马晨翔, 等. 多功能辐射环境监测系统设计. 核电子学与探测技术, 2017, 37(5): 515-520.
[11] 郑宏强. 转向架寿命周期费用估算分析研究. 长沙铁道学院学报(社会科学版), 2013, 14(3): 206-208.
[12] 张卫杰, 董涛, 温俊峰. 星载SAR卫星天线扰动对波束中心指向的影响. 计算机仿真, 2005, 22(7): 7-10.
[13] Yi K A, Veillette R J. A charge controller for linear operation of a piezoelectric stack actuator. IEEE Transactions on Control Systems Technology, 2005, 13(4): 517-526.
[14] 高伟, 陈建军, 崔明涛, 等. 压电主动杆位置和增益在随机智能桁架结构振动控制中的优化. 振动与冲击, 2003, 22(1): 56-60.
[15] 汪根胜, 石阳春, 蒋立波, 等. 风力机叶片防除冰技术研究现状. 装备环境工程, 2016, 13(2): 103-109.

[16] 何清, 陈国光, 田晓丽. 薄壁焊缝的超声板波检测方法研究. 应用基础与工程科学学报, 2005, (S1): 124-129.

[17] 颜健, 李录平, 雷利斌, 等. 风力机桨叶超声波除冰实验技术研究及其应用. 可再生能源, 2015, 33(1): 68-74.

[18] 谭海辉, 李录平, 靳攀科, 等. 风力机叶片超声波除冰理论与方法. 中国电机工程学报, 2010, 30(35): 112-117.

[19] 赵新舟. 机动雷达结构系统智能化监测和诊断技术. 电子机械工程, 2014, 30(2): 61-64.

第6章　雷达结构健康监测

智能化已成为雷达结构发展的重要方向和趋势，是将智能高精度传感器与智能信息处理技术在雷达结构的设计中进行应用。其中雷达结构健康监测方法是智能化应用的重要发展方向，其目标是识别雷达结构在服役环境影响下的工作状态是否正常，对雷达的结构退化程度进行评估。传统的机内自检检测方法是一种非在线的、间接检测方法，主要根据结构的材料退化、雷达的操作维修历史及雷达的力学仿真分析和预期寿命来保证雷达的正常使用状态，但它无法实时、在线地传送雷达的运行状况，难以对雷达故障提前进行预警。因此，应用雷达结构健康监测方法[1]对雷达结构的关键部件进行在线的健康状况监测与评估，可以大幅度提高检查与维护的效率，最终可以实现雷达的在线维护，为减少维护成本、提高雷达性能与可靠性及使用寿命带来革命性技术突破。

美国军方提出了一种视情维修的设备维护策略——预测和健康管理(prognostic and health management，PHM)，应用PHM技术使设备具备故障诊断和健康管理的能力。预测是指对关键部件或系统的状态进行预计性诊断，包括确定关键部件或系统的剩余寿命。健康管理是以诊断/预测信息、可用资源和使用需求对设备是否维护做出的一种决策能力。多年来，国内外学者已经对PHM系统关键技术展开了广泛的研究应用，如信号处理技术、特征选择技术、模式识别、智能专家系统及寿命预测技术等[2]，在航空航天、发动机结构、桥梁结构和齿轮箱等领域均取得了快速发展。

目前，雷达结构健康监测问题同样得到国内外学者的广泛关注。传统的雷达机械结构部件的故障排除监测方法主要是根据维护保养手册定期对雷达的关键件和重要件进行检查、维护、更换等操作，从而保证雷达在10～25年服役寿命中可靠稳定地工作，但是在不同的生产加工、服役环境条件下，雷达结构部件的寿命也是不同的。因此，定期对雷达的关键件和重要件进行检查、维护、更换等操作是一种既不科学又不合理的维护策略。为了尽量减少雷达故障停机时间对雷达正常服役的影响，避免雷达服役的安全事故，延长雷达的工作周期，借鉴在机床、桥梁、航空航天等领域的故障诊断与健康管理方法，研究雷达结构的健康监测和预测管理方法。

6.1 健康监测系统

随着雷达服役年龄的增加，受满负荷运行与外部环境的影响，结构将出现不同程度的损伤，进而带来安全隐患。若能及时对大型雷达设备的应力与疲劳状况、运行状态、工作姿态、热控状态等进行感知与监测，对天线阵面配备温度传感器、烟雾报警装置，满足电子设备热控监测、防火告警要求，对冷却系统设置完善的控制保护系统，自动检测与隔离供液压力过高、流量过低等故障，则可避免结构精度指标下降、承载能力下降、伺服系统和冷却系统故障等问题的发生。利用传感器技术、实时诊断技术和信号处理技术等进行结构安全性设计，使雷达结构除具有承受载荷的能力外，还具有健康监测、自适应等能力，可为实现雷达长期、高可靠性工作奠定坚实的基础。

雷达结构健康监测方法是一种管理雷达结构健康状态的解决方案，是一种多学科综合应用的技术，既有现代信息技术又有人工智能技术等研究成果，雷达结构健康监测的关键技术主要有数据采集、信息处理与故障识别、状态评估、故障诊断预测和保障决策等关键技术。

传统的天线阵面机内自检仅能对单元馈电端的电性能进行监测，其测量值并不能反映天线结构健康状态对系统性能的影响。雷达结构健康监测系统框架如图 6.1 所示[3]。该系统采用分层智能推理架构，系统级、分系统级、器件级都有逻辑推理设备，雷达结构健康监测系统安装专用传感器，通过优化设计，用最少的传感器实现所需要求。

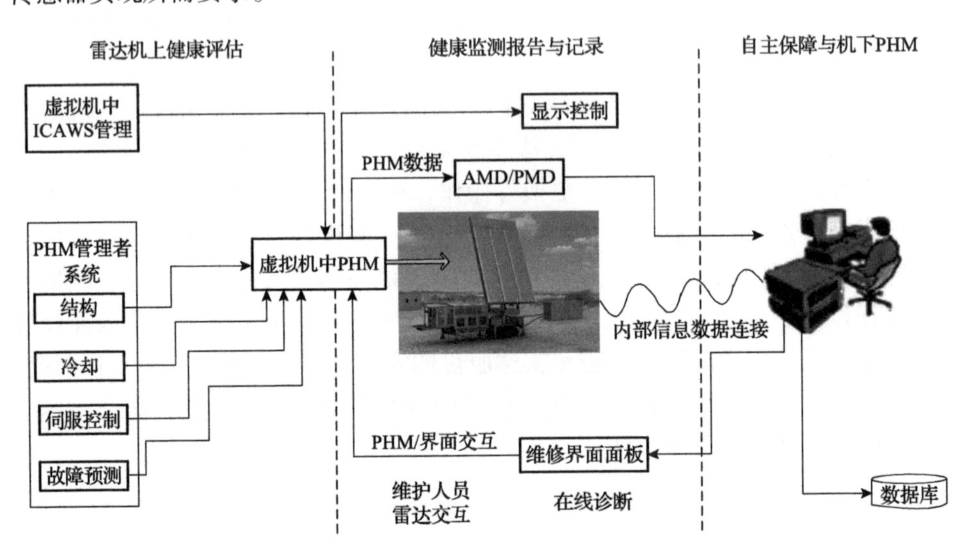

图 6.1 雷达结构健康监测系统框架

通过诊断分析，把器件级的自身监测信息和状态参数传达给分系统级。分系统级管理器包括结构、冷却、伺服控制、故障预测，分系统管理软件驻留在综合处理机中，各分系统级管理器具有信号处理、信息传输交互和区域推理功能，持续不断地监测雷达相应分系统的运行状态。最终的分系统故障信息传达给雷达管理器，实现各分系统故障信息的关联性逻辑分析，实现故障诊断，并做出隔离处理。再把雷达的整体健康信息和维修需求信息传达至地面联合分布式信息系统，及时做出雷达状态信息、技术状态管理，调整任务安排，实时掌握整个集群的运维状态。

结构关键部位的应力状态信息、冷却分系统的运行状态、伺服分系统的运行状态等均通过相应传感器进行信息采集，多种传感器融合共同作用，综合处理机通过内置的推理模型，按照系统特定的逻辑或者规则进行各分系统状态特征提取。通过监测或者预测的状态，有故障出现时进行声光等报警，并通过人机交互界面在线显示，故障信息将保存备份，与地面联合分布式信息系统进行数据传递，提供维修保障信息和方法，同时，建立数据库进行存储，为日后工作维护积累数据经验，提高雷达健康监测的准确性。

为进行雷达结构健康监测的应用，在雷达产品全寿命期可基于各类传感器对结构信息进行采集，实现雷达结构的数字化。传感器的应用方向可归纳为结构应力应变传感器、压力传感器、拉力传感器、液压传感器、温湿度传感器、芯片温度传感器，冷却系统压力、流量与温度传感器，漏液传感器等，以及阵面姿态的监测元件(如惯导)等。

基于上述各类传感采集技术，可实现雷达整机的工作状况、运行姿态、冷却效果、疲劳情况等隐性信息全部显性化。采用雷达结构的数字化技术，通过将光纤、压电、电阻应变片等传感元件及其组合监测网络嵌入雷达结构关键部位，实时监测雷达结构所受应力、应变、温度、振动、冲击及损伤等特征信息，并借助智能算法综合评估结构健康状态，可实现对结构关键部位损伤类型、位置及程度的实时在线识别，从而为结构健康状态评估、快速维护、疲劳监测、结构安全性、耐久性能评估提供可靠依据与保障。

将预测和健康管理方法与雷达安全性设计相结合，应用雷达结构健康监测技术，在雷达产品全寿命期基于各类传感器对雷达结构信息进行采集，实现雷达结构健康状态的数字化监测。

雷达结构健康管理技术是对传统雷达机内自检功能的进一步拓展，监控和评估雷达结构的健康状态，由事件主宰的维修(事后维修)或时间相关的维修(定期维修)策略向基于状态的维修(视情维修)策略进行转变，该技术是压缩维修保障成本、缩小保障规模、提高雷达寿命周期的重要手段。

6.2 传感器信息采集与传输

雷达结构健康监测是基于各类传感器对结构信息的采集，传感器网络位于整个监测系统的最前端。传感器的作用是为了获得相控阵雷达结构的环境载荷、分系统及整体的结构特征。传感器信息采集与传输是由获取雷达结构状态的传感器元件和用于数据传递的传输网络组成的。传感器元件主要用来感知和采集被监测结构及其所处环境的各种信息，而传输网络主要传输传感器网络信号给数据采集单元。从相控阵雷达工程实现的角度来看，传感器元件需要具有低成本、高精度、微型化、高可靠、网络化等要求，其中微型化是为了提高应用的集成度，降低对相控阵雷达结构本体的影响，高可靠是要求在相控阵雷达整个服役周期内传感器元件能正常使用，网络化是为了便于信息的采集及传输。目前传感器元件主要有光纤、压电陶瓷、压电聚合物、电敏材料、形状记忆合金、电阻应变丝等[4]，用于在线实时测量雷达结构的应力、应变、温度、湿度、位置、速度、磁场等信息。

6.2.1 传感器分类与选型

1. 应力应变传感器

在雷达产品的整个服役周期内，关键结构件的应力应变健康状况将直接影响产品的使用性和可靠性，通过应力应变传感器可有效地获取雷达关键结构件的应力应变信息。常用的应力应变传感器有以下几个：

(1) 电阻应变片。电阻应变片和半导体应变片的结构比较简单，品种多，可满足用户多种需求，且产品稳定性好。但其灵敏度和电磁相容性较差，一般只应用于一些实时性和精度要求不高的测试中。

(2) 压电陶瓷。压电陶瓷具有较高的灵敏度，可将极其微弱的机械振动转换成电信号，可用于声呐系统、气象探测、遥测环境保护等，但具有难以集成在阵面内部且柔顺性差等缺点，限制了它在自适应阵面中的进一步应用。

(3) 压电薄膜。压电薄膜通常很薄，不但柔软、密度低、灵敏度高，而且具有很强的机械韧性，其柔顺性比压电陶瓷高 10 倍左右，可制成较大面积和多种厚度的压电薄膜。

(4) 光纤光栅传感器(见图 6.2)。光纤是一种受到广为重视的传感元件，有抗干扰型、光栅型和分布型等多种类型，可嵌埋于材料内部作为应变传感元件。光纤的突出优点是具有很高的灵敏度(1V/με)，而且线性度好、稳定性高、可多路复用，还具有很强的电磁抗干扰性，但其信号处理相对复杂，辅助设备较大，限制了它在实际结构中的应用[5]。表 6.1 列出了几种典型应变传感器的性能比较。

图 6.2　光纤光栅传感器

表 6.1　应变传感器材料的性能对比

特性	电阻应变片	半导体应变片	光纤光栅传感器	压电薄膜	压电陶瓷
灵敏度/(V/ε)	30	1000	10^6	10^4	2×10^4
频带宽/Hz	$0\sim10^4$	$0\sim10^4$	$0\sim10^4$	$0.1\sim10^9$	$0.1\sim10^9$
测量标距/mm	0.20	0.76	1.02	<1.02	<1.02
性能稳定性	中	中	优	低	中
电磁相容性	低	中	优	中	中
尺寸、重量	小	小	小	小	小
辅助设备	—	—	复杂	—	—

综合对比各种传感器的性能以及与雷达结构的集成度，电阻应变片和光纤光栅传感器均可应用在雷达结构的监测中，且技术成熟度高。

2. 温度传感器

冷却系统的水泵、风机、压缩机等部件发生故障以及冷却液性能退化或变质都会给系统冷却性能造成十分严重的影响[6]，冷却系统的可测物理量主要是温度、湿度、压力等，对冷却系统可采集状态数据进行分析，可反馈出冷却系统的运行状态，从而实现对设备运行状态的监测。

3. 湿度传感器

根据湿度传感器的传感原理，可以将湿度传感器分为电参量和非电参量两种。电参量湿度传感器有电容式湿度计、电解质离子式湿度计、电阻式湿度计，非电参量湿度传感器有干湿球式湿度计、毛发式湿度计、重量式湿度计。

对于电容式湿度计，环境中湿度的改变会影响湿敏元器件上涂覆的感湿材料的介电常数，从而改变电路中电容的大小，进而引起电参量变化。与电容式湿度传感器相似，环境中湿度的变化也会影响电阻式湿度计的电阻特性，进而改变电路中的电阻值，最终电参量的大小反映环境相对湿度的大小。电阻电容值大小的改变能够快速改变电路中的电参量。此类湿度传感器具有灵敏度好、响应时间短的优点，但是抗电磁干扰能力弱、测试量程小。

对于毛发式湿度计，作为湿敏材料的毛发的膨胀量与环境相对湿度的变化量具有一定的线性关系，环境中相对湿度的改变会引发毛发发生线性膨胀或收缩。这类湿度传感器的优点是结构简单、成本低、可用于易燃易爆环境，缺点是误差大、精度低、灵敏度低、响应时间长。

随着光纤技术的发展，光纤光栅湿度传感器也得到了广泛的应用，其原理是涂覆在光纤光栅上的湿敏材料特性决定光纤光栅湿度传感器测定湿度的特性。光纤光栅湿度传感器的敏感元件是涂覆有湿敏材料的光纤布拉格光栅，它具有测试量程大、精度高、体积轻巧、环境适用性强、长期稳定性好等优点。与传统湿度传感器相比，光纤光栅湿度传感器具有诸多优点，但也存在制作工艺复杂、解调设备成本高等问题。

4. 伺服状态传感器

大型化、高转速、高精度是机械和相位扫描雷达系统中天线座伺服结构的一个发展方向，但是在高转速、大加速度、大位移、大载荷等作用下，伺服系统中的传动构件(如丝杠、齿轮、轴承、涡轮蜗杆等机构部件)会产生各种变形或故障，从而导致伺服系统的工作误差、结构件磨损甚至安全事故等问题。如何在线获取伺服系统的状态信息，是伺服机构故障分析预测的关键。目前在伺服系统的内部安装有光栅尺、编码器等传感器，可以对伺服系统状态进行监测与诊断。以内置传感器为基础的伺服系统状态监测已经在数控机床等方面开展了相关研究与应用，利用伺服系统内部自带的信息采集设备进行伺服机构运行状态的评估是一个可行有效的方法。

在雷达伺服系统运行的过程中，由于机械结构的振动必然会产生声音，在雷达工作状态时，内部的传动机构(如齿轮、轴承、电机等)均会产生相应的声音。在正常工作时，发出的声音会在一定的频域范围内，当出现故障时，发出的声音频域和正常工作时相比肯定会出现异样，而这正是利用声音传感器进行伺服状态故障检测的原理。将伺服系统内置的信息采集设备与声音传感器相结合，可以有效地实现对伺服状态的监控。以光纤传感器技术为基础的光纤声音传感器是一个不错的选择，与传统传声器相比，它具有抗电磁干扰和射频干扰强、传输损耗低、灵敏度高、结构简单等特点。

在相控阵雷达结构的健康监测中，为了尽量减少传感器的类型和种类，提高各种传感器的组网与解析效率，以光纤为主的各类传感器是优先的选择。

6.2.2 传感器组网与传输

针对雷达结构健康监测，既要选用多种类的传感器，又要具有分布式协同工作能力的传感器网络技术，用来满足雷达结构健康监测的多点、多传感器的监测需求。国内外在结构监测传感器网络技术方面开展了大量研究，但多是面向土木工程结构的应用研究，主要是传感器网络节点研制、组网传输、传感器网管方法等方面[7]。针对雷达结构健康监测应用的研究还处于探索和起步阶段，要实现传感器网络在雷达结构健康监测领域的真正实用化，还存在许多难点和问题需要解决。

雷达结构健康监测往往需要多种类、大规模测试，需要建立大数据量、实时性高的传感器网络架构，也决定了传感器网络资源需要具有高鲁棒性和可靠性。

在雷达结构健康监测中，需要传感器网络系统能够匹配多种传感器，如应力应变、温度、湿度等传感器，并且受雷达结构特点的限制，要求传感器网络具有集成化、小尺寸、低功耗、多通道数等要求。

在雷达结构健康监测中，为了保障雷达可靠服役，传感器网络需要有实时性和同步性。

雷达结构健康监测的传感器网络系统需要具有协调工作及多任务工作要求，实现传感器数据的协调管理。

雷达结构健康监测的传感器网络同其他应用领域相比，具有如下特点：

(1) 传感器节点位置较为固定。通过前期仿真分析，需要在雷达结构的关键部件布置传感器节点，用于测量这些位置的应力、应变、变形、振动等状态，传感器节点通常是相对固定的，不需要进行移动。所需的传感器网络结构也较为固定，即其静态拓扑连接关系。

(2) 同时性要求较高。在雷达结构健康监测过程中，需要同时采集各种状态信息，需要传感器网络按照统一的定时系统同时采集各种信息状态。

(3) 以物理位置为中心。雷达结构健康监测传感器采集获得的各关键部件信息必须和布置位置一一对应，这样才能清楚接收到的数据来自哪个关键结构部件。

鉴于雷达结构健康监测传感器网络所具有的特点，雷达结构健康监测的组网技术需要满足以下要求：

(1) 传输网络应具有稳定性。通常情况下，不需要经常改变网络拓扑关系，仅在个别情况下进行调整和重组。由于雷达结构健康监测所需的传感器网络结构较为固定，各传感器在传输网络中的路由信息也就更容易记录和保存，这样也就节省了传感器节点所需的能量。当传输网络中的个别传感器节点需要进行调整或者出现故障时，仅对该节点进行调整即可，这种局部调整不影响整个传输网络的正常工作。

(2) 主机统一指挥网络中的传感器节点，可以实现双向通信。在雷达结构健康监测的传输网络中，各个传感器探测节点是同时进行数据采集任务的，按照统一的任务管理，各传感器节点并不能单独进行。

(3) 每个传感器节点都将设置有唯一的位置标识。布置的传感器通过各自的位置标识实现采集数据与测量位置的一一对应。

雷达结构健康监测系统中传感器组网是为了多传感器通过网内信息共享，从而合理地分配系统资源，进行统一的系统调度，以使性能最优。

6.3 雷达结构的损伤和故障识别

在雷达结构健康监测过程中，一种结构损伤通常是由于结构内部的多种特性参数的改变，同时，结构中某一个特性参数的变化通常又会造成多种不同类型的损伤故障。因此，需要应用信号处理等手段将传感器原始数据进行相应特征信息提取分离。雷达结构的组成系统繁多，其相应的损伤状态也有很多区别，本节以雷达结构的常用材料(如金属材料、复合材料等)进行相关典型损伤的分析总结，同时，以雷达典型的传动机构、冷却系统等进行损伤定性或者定量的具体评估。

6.3.1 金属材料结构件的损伤识别

在土木工程领域，许多重大建筑工程结构，如开发江河能源的大型水利工程、跨江跨海的超大跨桥梁、开发海洋油气能源的大型海洋平台结构、开发电力资源的核电站等，由于工程造价昂贵，它们的使用寿命需要达到几十年甚至上百年，材料老化、环境侵蚀、各种载荷的长期作用或其他因素都会导致结构及其系统发生损伤积累，从而降低其抗力，当达到一定的使用时间后，结构内部就会出现微小裂纹等损伤形式。如果不对这些微小损伤进行监测，不采取必要的修补措施，那么损伤就会继续扩展，从而破坏结构的健康状态，甚至会发生严重的事故。这里需要强调的是，当土木工程结构中出现类似微小裂纹等损伤时，并不代表该结构不能被继续使用[8]，只有当这些损伤累积到一定程度，结构完全失效时才不能继续服役。

相控阵雷达结构也同样存在这样的问题，目前大部分相控阵雷达结构选用的材料多为钢材、铝合金等金属材料，随着雷达服役时间的增加，在各种服役环境载荷的作用下，雷达结构所用的材料会发生疲劳或者老化，日积月累，雷达结构中会产生损伤积累，最终会导致结构失效。因此，能够及时监测出结构损伤状态，并进行相应的评估和预警对雷达结构的安全是非常有必要的。当雷达结构中出现微小的损伤时，雷达还可以继续正常的服役工作，但是雷达的安全系数已经在降低。因此对雷达结构中金属材料的裂纹扩展情况进行实时监测，并针对不同裂纹扩展情况进行评估和预警，雷达服役的安全性将大为提高，使得结构更加安全可靠。

对于绝大部分金属构件，在其全寿命的服役过程中，结构或构件开始工作的瞬间，金属材料的疲劳过程就已经开始了，而且是不可逆的。在实际工程中，疲劳过程不断扩展的结果就是裂纹和断裂等。裂纹是疲劳过程发展的必然结果，疲劳过程的终结就是断裂。

从几何特性来分类，裂纹主要分为穿透型、表面型和深埋型三种。

(1)穿透型裂纹：裂纹深度超过结构件厚度的一半时称为穿透型裂纹。

(2)表面型裂纹：裂纹深度比结构件厚度要小很多，裂纹主要分布在结构件表面。

(3)深埋型裂纹：相较于以上两种裂纹，深埋型裂纹分布于材料内部，且难以被观察到。

从力学理论特征上来分类，裂纹又可分为张开型裂纹(Ⅰ型)、滑移型裂纹(Ⅱ型)、撕开型裂纹(Ⅲ型)三类，如图 6.3 所示。

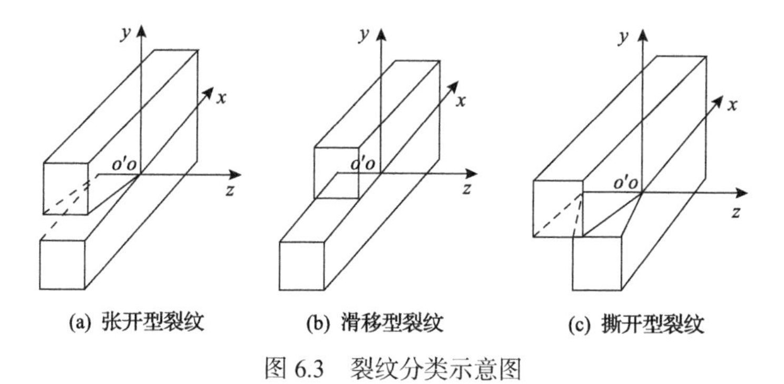

(a) 张开型裂纹　(b) 滑移型裂纹　(c) 撕开型裂纹

图 6.3　裂纹分类示意图

损伤累积程度会随着结构服役时间的增加而增加，材料应变的变化也将更加明显。

6.3.2　复合材料结构件的损伤识别

复合材料结构件是机载、星载等轻量化相控阵雷达的主要结构部件，然而受到其内部结构复杂性和制造缺陷的影响，需要对复合材料结构的损伤识别进行研究分析。

受复合材料制备工艺的影响，复合材料在加工成型阶段就有可能引入缺陷，而在服役过程中，由各类外载荷导致的损伤也是难以避免的[9]。结合航空航天领域复合材料的应用情况，对复合材料常见的损伤类型(见图 6.4)与原因进行汇总分析，如表 6.2 所示。

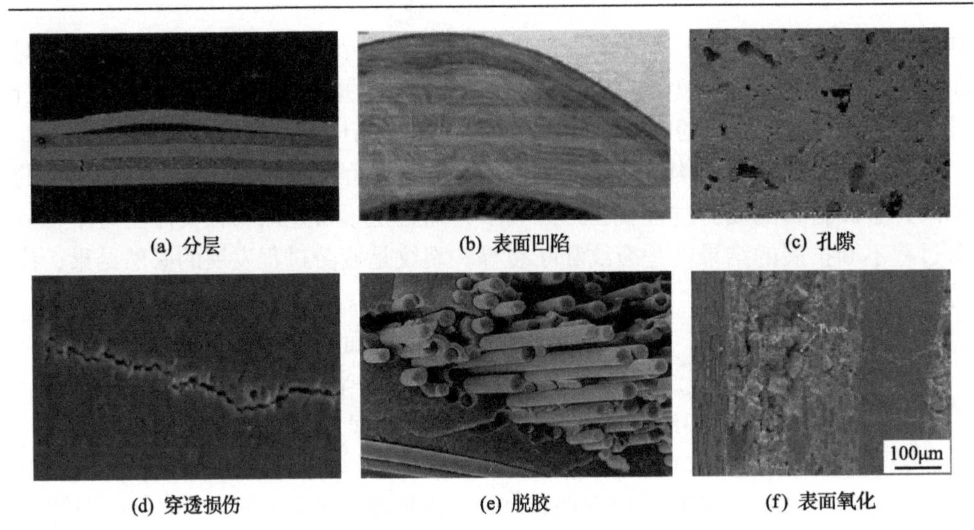

(a) 分层　(b) 表面凹陷　(c) 孔隙

(d) 穿透损伤　(e) 脱胶　(f) 表面氧化

图 6.4　复合材料损伤类型示意图

表 6.2　复合材料常见损伤类型与原因

损伤类型	损伤名称	典型原因
制造缺陷	表面损伤	操作失误、脱模不当
	孔隙	固化压力过低，树脂/纤维浸润性差，低分子挥发超标
	分层	存在夹杂物，含胶量过低，固化工艺不合理，制孔缺陷
	脱胶	胶接面黏合性差，胶接压力不够
使用损伤	表面划伤	尖锐物划伤
	表面凹陷	践踏，冲击损伤
	分层	工具跌落，设备跌落
	脱胶	非设计面外载荷，超载
	边缘损伤	边角受到撞击，可拆卸部件使用不当，开闭引起的磨损或擦伤
	穿透损伤	弹伤，尖锐物冲击
环境损伤	腐蚀坑	沙蚀，雨蚀，腐蚀性溶剂
	分层	冰雹冲击，跑道碎石冲击，鸟撞
	穿透损伤	撞击等
	表面氧化	高温，雷击
	夹层结构面芯脱胶	蜂窝进水，环境冲击

雷达结构中的复合材料结构无论在什么阶段，也无论受到何种损伤，均会造成结构损伤失效，导致雷达出现安全隐患，严重影响雷达的正常使用[10]，因此需要开展雷达结构中复合材料的健康监测。

6.3.3　伺服系统的故障识别

雷达结构的振动现象与伺服系统的运转是密切相关的，即使在电机的运转状态最佳时，也会伴随着振动。然而，伺服系统的各组成部分结构(如轴承、壳体、齿轮等)的加工及安装缺陷是不可避免的，会导致伺服系统在运行时的振动，同时相控阵雷达结构又具有大转动惯量、高转速等要求，进一步加剧了伺服机构的磨损和性能老化。

按振动引起的原因来分，伺服机构故障可分为不平衡故障、不对中故障、齿轮故障和滚动轴承故障等[11]。

1. 不平衡故障

转子系统的不平衡问题是最常见的问题，转子结构设计不合理、制造和安装误差、结构受热不均匀、部件的腐蚀磨损及松动等都会引起该问题。当转子的质心与各几何中心不重合时，转子系统在旋转时就会产生一个离心力系，产生转子的工频振动，最终造成伺服系统中的转轴等结构的弯曲变形，转轴内的应力也会发生变化，转动惯量的不平衡也会越来越恶劣，加速结构的磨损老化，引起系统的噪声。

2. 不对中故障

伺服传动机构通常含有一个或多个转子，如俯仰旋转是左右俯仰轴共同驱动实现阵面的俯仰运动，伺服传动是通过轴系传递运动和转矩，但是加工装配误差、环境载荷的变形等会造成俯仰轴工作时轴线之间不对中。轴线不对中会引起结构损坏、转轴变形等，导致雷达结构发生异常振动，这种异常振动的危害非常大。

3. 齿轮故障

由于材料的选择、制作及安装不到位，齿轮故障和失效形式很多，如伺服俯仰轴线不同轴、俯仰天线座左右齿轮转动不同心等，同时，齿轮运转过程中的载荷多是交变的，易引起齿面磨损、剥落、点蚀、胶合甚至断齿等。

4. 滚动轴承故障

滚动轴承是伺服系统中的重要部件，而滚动轴承引发的故障是引起系统失效的重要原因，特别是在高速、重载条件下的滚动轴承，由于工作面接触应力的长期反复作用，极易引起疲劳、裂纹、剥蚀、压痕等故障，从而引发轴承产生断裂、胶着、烧损等现象，而这些故障将会使轴承的旋转精度降低，产生振动噪声，增加轴承旋转的阻力，最终将使轴承受到阻滞和卡死，造成整个机械系统失效。

滚动轴承各种异常产生的振动频率由转子的旋转速度、损伤部位的形态及轴承元件的固有频率决定。转子的旋转速度越高、损伤越严重，其振动频率就越高；轴承元件的固有频率越高，当发生异常时激发某种固有频率，表现出的故障频率也就越高。

滚动轴承故障的振动特征是：当发生异常时，频谱非常丰富，不会只产生单一的特定频率，各频率分量的幅值显著增大；由于轴承元件的固有频率较高，一旦一种元件出现异常激发该种固有频率，频谱中就会出现高频成分。

6.3.4 冷却系统的故障识别

冷却系统是保证相控阵雷达可靠服役的关键技术，冷却系统的故障将直接影响雷达整机能否正常工作，从现有相控阵雷达的冷却方式上看，有自然散热、强迫风冷、液冷等，从冷却对象上看，主要有天线阵面、方舱机柜等。方舱机柜的冷却一般采用空调与强迫风冷结合的方式。天线阵面由于体积大、发热量大，常常采用液冷或强迫风冷的方式，并独立配备冷却系统。而针对冷却系统的故障识别主要是散热风扇故障、空调故障、液冷机组故障等。

1. 散热风扇故障

无论是液冷系统还是风冷系统，风机均是其中散热的主要功能器件，而风机又是由电子和机械部件组成的，风机的故障也就主要包含电子故障和机械故障。电子故障主要是电过应力，而机械故障主要是风机中的轴承故障，同时由于安装不到位，还会伴随有安装故障等。

实际的工程统计发现，机械失效、安装失效、电子失效是主要的故障模式[12]。其中，机械失效最主要的是轴承故障，绝大多数的机械失效均由轴承引起，因此研究冷却系统的状态监测时必须监测轴承性能；电流过大是电子失效的主要原因；安装失效的常见原因有连线错误、PCB 板损坏等。

2. 空调故障

在雷达的电子方舱中多配备空调机组，用来实现对电子方舱的环境控制设计，保证其内部人员及电子设备的正常工作。空调的可靠性也将决定雷达能否正常操作使用，从结构组成上来分，空调的故障主要包含传感器故障、执行机构故障和被控设备部件故障。传感器故障是指空调内对环境温度、湿度、压力、流量监测的传感器出现故障[13]，导致测量结果偏差，影响环境控制系统的正常运转；执行机构故障是指空调系统内控制决策部件的故障，该部分用来驱动空调的环境控制状态；被控设备部件故障是指空调系统中制冷制热设备的故障，如冷却机组、风机等。

从故障发生的过程角度来看，空调故障主要分为两类：突发性故障、渐进性故障。突发性故障是指空调性能停止，故障较大，比较容易检测；渐进性故障是指在发生之前所表现的征兆不明显，初期往往难以被检测到，但空调的性能正在逐渐降低。通常，渐进性故障是由系统参数的逐步恶化产生的，从某种意义上讲，渐进性故障的危害更大[13]。因此，对渐进性故障进行预警判断，需要对系统运行状态进行实时的、准确的监测，并预测系统参数的变化趋势，从而保证空调系统运行在最佳状态。

3. *液冷机组故障*

液冷机组发生故障时通常难以直接看到故障发生的部位，可从系统内的压力值和温度值上反映其运行状态。当系统的运行压力和温度偏离正常范围区间时，除去环境因素的影响，通常可以判断液冷机组发生了故障。

6.4　故障诊断、决策和预警方法

6.4.1　故障诊断与预测方法研究

在雷达故障发生之前，通过故障诊断与预测方法可提前进行判别和预警，从而避免雷达系统不必要的停机。雷达结构故障诊断与预测首先需要利用各种传感器对雷达各系统的状态进行采集，将采集的数据与以往历史数据库相结合，应用预测的方法对雷达性能进行预计评估，准确提供雷达工况信息。现有的故障预测方法主要有基于模型的故障预测方法、基于知识的故障预测方法、基于数据驱动的故障预测方法三种[14]。这三种预测方法又分别对应不同的建模方法，如图 6.5 所示。

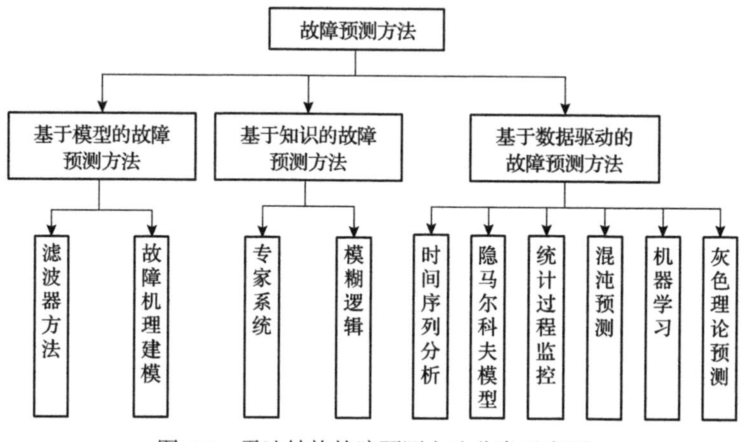

图 6.5　雷达结构故障预测方法分类示意图

1. 基于模型的故障预测方法

当系统的组成相对较为简单时，系统的数学模型也更容易建立，基于模型的故障预测方法具有较好的准确性，该方法较为典型的应用是对电子产品进行失效预测[14]。然而，随着系统的复杂度越来越高，基于模型进行故障预测的不足越来越明显，主要表现在以下方面：

(1) 由于雷达系统的复杂度非常高，很难建立准确的数学模型，该方法在雷达结构的应用中有一定的局限性。

(2) 对于不同的雷达结构，如机载、车载、舰载、地面等，需要建立不同类型的物理模型，工作量大，实际应用起来也比较困难。

2. 基于知识的故障预测方法

与基于模型的故障预测方法相比，应用更为广泛的是基于知识的故障预测方法，该方法具有定性推理分析的优点，同时具有难以进行定量计算的缺点。该方法的不足之处主要体现在以下方面：

(1) 预测的准确性是与经验知识的丰富程度息息相关的，而如何获取有效的知识没有统一的标准可以参考，尤其对于雷达结构这样复杂的系统。

(2) 基于知识的预测方法对知识数据库的积累有一定的要求，积累的周期相对较长，同样难以适用于相控阵雷达结构。

3. 基于数据驱动的故障预测方法

基于数据驱动的故障预测是以雷达系统采集数据为基础的一种故障预测方法。首先利用安装在相控阵雷达结构各关键部件的传感器活动雷达的运行状态，经过对测量采集数据的分析处理，从中提取相关表征雷达工作状态的特征量，从而通过特征量建立起相控阵雷达结构的状态模型，对相控阵雷达结构进行故障预测。在相控阵雷达结构中增加了测量传感器后，相控阵雷达的状态数据易于测试获得，雷达智能结构健康监测技术通过前端的传感器可实时在线获得雷达的运行状态，为基于数据驱动的故障预测提供了数据基础。该预测方法是雷达智能结构健康监测技术的主要应用方法和方向，下面着重对该方法进行介绍。

6.4.2　基于数据驱动的故障诊断与预测方法

根据故障预测可利用数据的特点，基于数据驱动的故障预测方法可以分为以下两类：

(1) 针对批产型的相控阵雷达，可以对大批量的相控阵雷达收集得到较多的故障数据，该类型预测方法的优点是仅仅对采集到的故障数据进行分析，该方法相对简洁明了，其所用的模型算法也较为广泛。但是该方法的缺点是仅对故障数据进行统计或者拟合分析，预测准确性较差，该方法也是在批量产品的情况下开展的伪时间序列的可靠度计算或预测，得到的预测结果是针对产品群体，只能说明批量产品在下个故障时间要发生故障，无法精确定位到个体[15]。

(2)针对相控阵雷达单台套，如果既能够获得该雷达设备的故障时间数据，又能收集得到雷达的状态特征参数数据，同时可以参考同类装备的故障信息，可以利用多源信息融合理论进行故障信息的定量和定性分析。根据目前的研究进展，Petri 网、证据推理理论和贝叶斯理论在多源信息融合故障预测方面具有非常良好的发展前景，而且更加适用于系统级故障预测。

Petri 网是一种图形建模工具,通过图形化的直观表达方式和严谨的数学理论，它可以对并发系统的静态特性进行描述，如结构特性，还能够对系统的动态特性进行分析，如有界性、安全性、活性、可达性等。Petri 网的最大优点在于可以很好地对并行事件的发展过程进行描述分析。在相控阵雷达复杂系统中，雷达的故障不止一种，产生的原因也很多，故障通常都是并行发生的，利用 Petri 网既可以对多故障的传播发展过程进行分析，也可以结合其他理论分析故障时间，实现在相控阵雷达复杂系统中故障发生前定位故障的目标。

对于复杂的相控阵雷达系统，其故障信息既有精确数据等定量信息，又有不完整数据、模糊数据等定性信息，证据推理理论对处理该类数据具有优势。通过信息变换技术，将模型的输入信号转化到信度结构框架下，解决不同信息同等标准处理的问题。同样，贝叶斯理论应用于故障预测可以解决先验信息的利用、分析问题。

在相控阵雷达结构健康监测系统中，将三种理论融合使用，同时结合具体的相控阵雷达产品，有望实现复杂相控阵雷达系统级故障预测，即在装备可能多故障并发的情况下，确定最可能的故障部件，并提前预测故障时间，如图 6.6 所示。

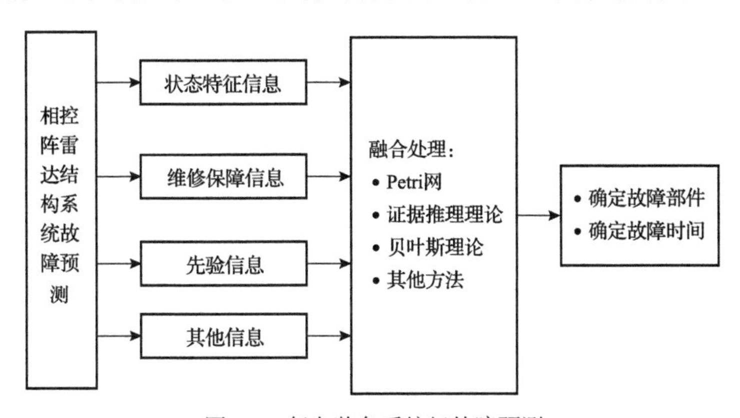

图 6.6　复杂装备系统级故障预测

6.5　雷达结构健康监测工程应用

雷达结构健康监测技术集传感器、信息归纳处理、状态监测、健康评估、故障预测决策和保障决策等关键技术于一体，是未来相控阵雷达结构朝着智能化发展的重要方向，与航空航天、土木工程等领域相比，雷达结构的健康监测技术属于起步研究阶段，已成为国内外各大研究机构的重点研究方向。虽然雷达系统级的健康监测尚未建立起来，但是对其主要关键技术已开展了大量相关的应用研究。下面将对雷达结构安全监测、伺服系统健康监测、冷却系统状态监测三个方面的应用研究进行详细的介绍。

6.5.1　雷达结构安全监测应用研究

雷达结构安全监测主要是通过应力应变传感器对雷达结构中的主要受力部件(如天线阵面支耳、方位大盘、抗倾覆支撑等)进行应力状态的测量，对雷达整机在服役过程中的安全状况进行实时监测，以确保服役过程中雷达的安全可靠。通过实时采集的应力应变状态参数，对雷达结构的寿命进行预测分析，以便提前发现损伤部件，能够做到及时视情维修，避免安全事故的发生。

1. 电阻应变传感器的应用

为了测量车载雷达在阵面举升、阵面折叠及跑车试验等过程(见图 6.7)中关键受力部件的应力应变情况，目前较多采用电阻应变传感器进行结构应力-应变状态的采集测量。

(a) 天线阵面举升

(b) 阵面折叠

图 6.7　车载雷达示意图

以某车载雷达产品为例进行支耳关键部位的应力应变监测介绍，如图 6.8 所示，该车载雷达为单车多块折叠方式。其折叠支耳细节如图 6.8 所示，天线阵面边块展平时，折叠支耳将承受约 14t 的载荷，参考仿真分析结果，支耳处应力将达到 250MPa，应力偏大。

图 6.8　车载雷达支耳受力示意图

为了保证结构安全可靠，在对支耳进行加固的同时，开展应力应变状态监测，根据实际监测结果评估分析产品状态。首先参考仿真分析结果，确定应变传感器布置的部位，多位于支耳安装位置区域。

通过对阵面在倒竖运输状态、举升状态、工作状态等多个阶段的应力应变监测，实时得到测量数据，以测量应变数值为纵坐标、天线阵面的各阶段时间为横坐标，根据其中一个测点在试验中所测的应变数据，可得到如图 6.9 所示的应变曲线。

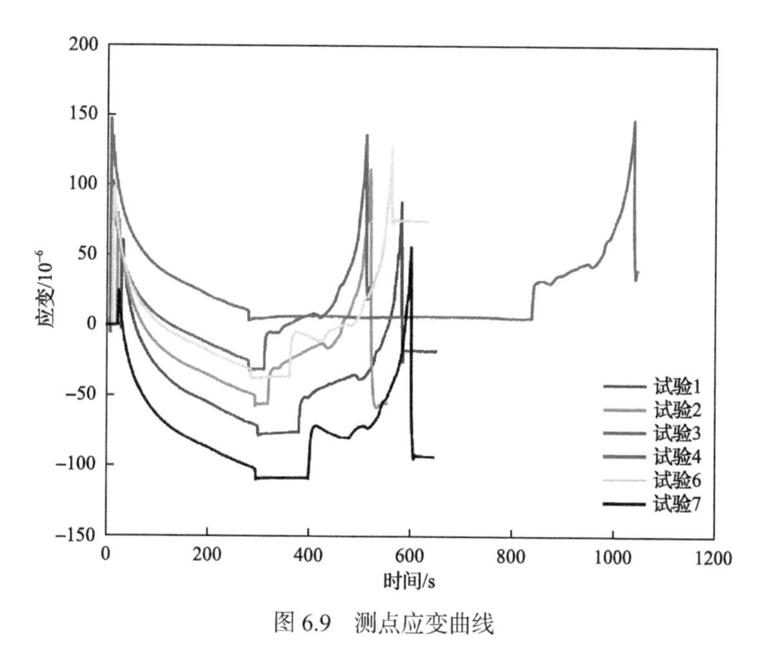

图 6.9　测点应变曲线

根据材料力学理论，在弹性阶段，主应变计算公式如式(6.1)所示，主应变与应变原始数据间为非线性关系。

$$\begin{cases} \varepsilon_{\max} = \dfrac{1}{2}\left[(\varepsilon_{90} + \varepsilon_0) + \sqrt{2\left[(\varepsilon_0 - \varepsilon_{45})^2 + (\varepsilon_{45} - \varepsilon_{90})^2\right]}\right] \\ \varepsilon_{\min} = \dfrac{1}{2}\left[(\varepsilon_{90} + \varepsilon_0) - \sqrt{2\left[(\varepsilon_0 - \varepsilon_{45})^2 + (\varepsilon_{45} - \varepsilon_{90})^2\right]}\right] \end{cases} \tag{6.1}$$

通过应力应变的测量与分析计算，即可完成对天线阵面关键结构件的应力应变健康监测。

2. 光纤光栅应变传感器的应用

在机载、星载雷达产品中，对雷达结构重量要求苛刻，大量采用轻质、高强度的复合材料技术。选用复合材料作为承力结构时，复合材料的蜂窝芯材和蒙皮共同承担外载荷，导致复合材料的结构变形和损伤，为了保证轻型雷达结构的安全可靠，需要对复合材料铺层和芯体内部应力、应变和损伤进行监测。

现有的国内外复合材料的损伤监测研究多选用光纤光栅传感器技术实现对复合材料应力、应变及温度等物理量的监测。鉴于复合材料成型的特点，在实际应用中，复合材料中集成光纤光栅传感器的方法主要有以下几种。

(1)表贴法。选用符合环境条件要求的黏接剂(如 AB 胶)直接将光纤光栅传感器粘贴在复合材料蒙皮的表面，通常黏接剂选用的都是高模量的，有利于应力应变的传递。

(2)装配固定法。该方法是用机械构件将光纤光栅传感器固定在复合材料结构的表面，通常为了保护传感器，还需增加一层保护材料，该方法集成度较差，多作为一种临时性方法。

(3)喷射法。喷射法是用喷枪在复合材料的表面喷射一层金属涂层，该涂层作为黏接剂用于固定光栅光纤传感器，喷射材料通常选用金属材料或黏合性强的粉末。

(4)埋入法。利用复合材料所特有的成型方法，在复合材料成型过程中，可以将光纤光栅传感器直接预埋铺设于预浸料和预浸料层间、预浸料和蜂窝层间，最终通过加压加温固化实现光纤光栅传感器与结构的集成[16]。采用预埋入的方法，能够有效地实现对复合材料铺层和芯体内部应力、应变和损伤的监测。

针对碳纤维等铺层结构选用埋入式集成方法，可有效地实现传感器与结构本体的集成，如图 6.10 所示。在复合材料蜂窝夹层结构成型之前，将光纤光栅传感器按照布局要求铺设于预浸料和预浸料层间，再通过加温加压实现光纤光栅传感器与结构的集成。将光纤光栅传感器埋入复合材料蜂窝夹层结构内部，能够实现对复合材料铺层和芯体内部应力、应变和损伤的监测[16]。

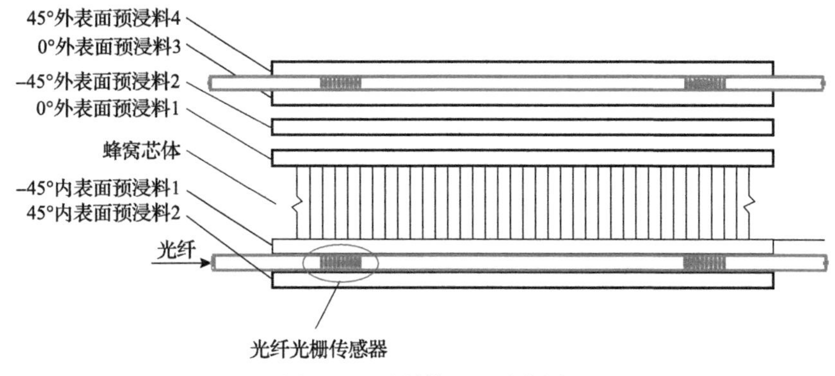

图 6.10　碳纤维埋入示意图

将光纤光栅传感器埋入复合材料蜂窝夹层结构时，需要在充分考虑不影响复合材料结构力学性能的前提下，考虑光纤光栅传感器的铺设与保护工艺，如图 6.11 和图 6.12 所示。埋入到复合材料内的光纤光栅传感器的直径小于单束复合材料纤维的直径，光纤光栅的结构对复合材料本身力学性能的影响较小。

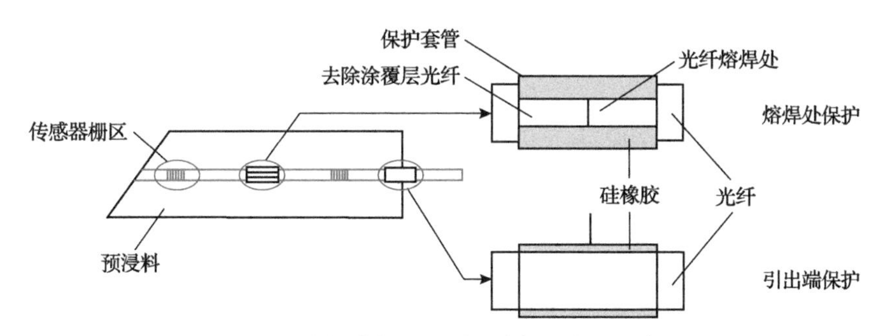

图 6.11　光纤熔焊处和引出端保护方法示意图

图 6.12　光纤光栅传感器铺设示意图

按以上光纤光栅传感器的集成工艺方法，制作了一个100mm×300mm的蜂窝夹层结构样件(见图 6.13)，在该样件中预埋两根光纤，每根光纤上有三个光纤光栅传感器，如图 6.14 所示。

图 6.13　蜂窝夹层结构样件实物图

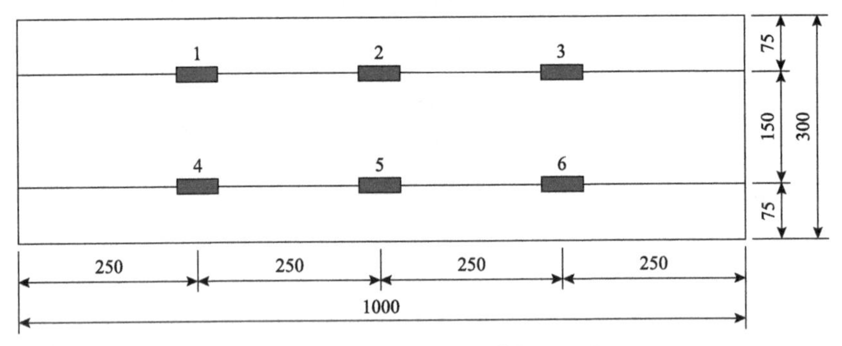

图 6.14　传感器布局图(单位：mm)

对蜂窝夹层结构样件进行加载，同时测量蜂窝夹层结构样件的应变，具体测量结果如表 6.3 所示。

表 6.3　蜂窝夹层结构样件应变测量结果

工况	蜂窝夹层结构样件的应变/10^{-6}					
	传感器 1	传感器 2	传感器 3	传感器 4	传感器 5	传感器 6
1	−1.55	−186.77	−3.29	−101.13	−3.51	−5.64
2	−1.80	−358.9	−7.32	−202.23	−25.41	−8.85
3	−4.11	−506.39	−11.14	−292.2	−40.10	−9.93
4	−6.37	−628.96	−17.84	−383.67	−63.43	−12.04
5	−1.19	−370.57	−8.13	−196.55	−24.41	−6.70

3. 基于应力应变测量的寿命预测

在航空航天、土木桥梁等领域，静强度理论、疲劳理论、损伤容限耐久性设计理论已经在结构设计中应用，结构的安全水平得到了提高[17]。但是，疲劳设计、损伤容限耐久性设计及定型试验主要依据设计载荷谱来进行，由于服役期间的实际载荷与设计载荷存在差异，在设计阶段很难准确地预测结构的实际寿命。为了雷达结构安全，设计时往往倾向于保守，但这样又会使结构效能不能充分发挥，从而造成浪费，而且并不是总能保证安全。如果实际使用过程中出现不可预测的载荷状况或损伤累积情况，雷达结构可能未达到设计寿命便出现破坏，很可能导致事故的发生。通过监测雷达结构危险部位所受应力、应变及载荷，结合疲劳理论、断裂理论实时分析结构损伤的演化发展，评估结构破坏风险，进而预测结构寿命。

基于应力应变的结构疲劳寿命预测最关键的就是如何进行结构损伤程度的计算。应用材料的应变寿命 Mason-Coffin 公式，描述总应变幅 ε_a 与疲劳失效寿命 N_f 之间的关系，该公式把总应变分成弹性应变和塑性应变两部分，然后分别应用胡克定律和塑性变形理论。Mason-Coffin 公式为

$$\varepsilon_a = \varepsilon_{ae} + \varepsilon_{ap} = \frac{\sigma_f'}{E}(2N_f)^b + \varepsilon_f'(2N_f)^c \tag{6.2}$$

式中，ε_a 为总应变幅；ε_{ap} 为塑性应变幅；ε_{ae} 为弹性应变幅；σ_f' 为疲劳强度系数；b 为疲劳强度指数；ε_f' 为疲劳延性系数；c 为疲劳延性指数；E 为弹性模量；$2N_f$ 为疲劳失效时的反复数。

从 Mason-Coffin 公式可以看出，该公式分别体现了弹性应变和塑性应变对结构疲劳寿命的影响机理，当应变幅较大时，塑性应变对疲劳寿命起主导作用，当应变幅较小时，材料尚处在弹性变形阶段，弹性应变对疲劳寿命起主导作用，弹性和塑性的交点处对应的寿命 $2N_f$ 为转变寿命，此时弹性和塑性作用是相同的。根据 Mason-Coffin 公式可以画出相应的结构变寿命曲线，通过大量的测试可以拟合出该曲线，随着测试次数的增加，得到的公式参数也就更加精确。

经典的 Mason-Coffin 公式并不能完全满足工程应用的要求，主要原因如下：一是该公式是以低周疲劳的半寿命得到的；二是该公式主要针对对称循环下的疲劳过程，然而工程实际中多数都不是对称循环的疲劳过程。

为了修正 Mason-Coffin 公式，采用两种平均应变(应力)修正的模型。

1) SWT 模型

$$\sigma_{max}\varepsilon_a = \frac{(\sigma_f')^2}{E}(2N_f)^{2b} + \sigma_f'\varepsilon_f'(2N_f)^{b+c} \tag{6.3}$$

式中，σ_f' 为疲劳强度系数；ε_f' 为疲劳延性系数；b 为疲劳强度指数；c 为疲劳延性指数，各参数均可由 Mason-Coffin 公式得到；ε_a 为总应变幅；E 为弹性模量。

SWT 模型对灰铸铁、碳素钢、低合金钢等材料进行了拟合，并且和试验结果比较，均得到了比较满意的结果。

2) 等效应变模型

$$(\varepsilon_a)_{eq}=\frac{\sigma_f'}{E}(2N_f)^{2b}+\varepsilon_f'(2N_f)^c \tag{6.4}$$

$$(\varepsilon_a)_{eq}=\varepsilon_a+A\left(\frac{2\sigma_m\sigma_a}{|\sigma_m|+\sigma_a}\right)\frac{1}{E}+B\left(\frac{2\varepsilon_m\varepsilon_a}{|\varepsilon_m|+\varepsilon_a}\right) \tag{6.5}$$

式中，σ_f' 为疲劳强度系数；ε_f' 为疲劳延性系数；b 为疲劳强度指数；c 为疲劳延性指数；E 为弹性模量；$(\varepsilon_a)_{eq}$ 定义为等效应变幅；σ_m、σ_a 分别为试验的平均应力和应力幅；ε_m、ε_a 分别为平均应变和总应变幅；A 为平均应力系数；B 为平均应变系数。

等效应变模型是在美国设计某飞行器时提出的一种新方法，综合考虑了平均应变和平均应力对疲劳失效寿命的影响，是一种有效的非对称循环下疲劳寿命预测方法。等效应变模型公式中的疲劳强度系数、疲劳延性系数和疲劳强度指数、疲劳延性指数仍可由 Mason-Coffin 公式得到，而采用等效应变幅 $(\varepsilon_a)_{eq}$ 来代替 Mason-Coffin 公式中的应变幅 ε_a，该等效应变幅是综合考虑疲劳过程中平均应力 σ_m、平均应变 ε_m、应力幅 σ_a 和应变幅 ε_a 的影响得到的。

6.5.2 伺服系统健康监测应用研究

相控阵雷达伺服系统的功能是实现雷达在工作范围内的高精度旋转驱动；根据雷控指令，通过手控、数字引导、跟踪等方式驱动天线转动，实现天线定位或跟随目标转动的功能，并实时提供精确的方位和俯仰角度信息。在高速、高加速度、大载荷、大位移等非常规工况下，振动、冲击、变形等因素会对伺服系统产生重大影响，导致丝杠、导轨、轴承、联轴器、齿轮、涡轮蜗杆等机械部件产生各种故障，由此引起伺服系统的运动误差、部件磨损甚至意外停机等问题，必须实时监控天线座状态、监测伺服回路性能等工作，对伺服系统进行故障分析，确保雷达系统的安全性。

电机、丝杠、轴承、联轴器、齿轮、涡轮蜗杆等设备的状态监测是在设备运行中对特定的特征信号进行检测、变换、记录和分析处理，是对设备进行故障预测、诊断的基础。检测的信号主要是机组或零部件运行的各种信息(如振动、温度、噪声等)，通过传感器把这些信息转换成电信号或其他物理量信号，送入信号处理系统中进行处理，得到反映设备运行状态的特征参数，从而实现对设备运行状态的监测。

伺服传动机构的特征参量一般表现为振幅、振动频率、相位、转速、时域波形、轴心位置、轴向位置等，检测数据一般有振动位移、振动速度或振动加速度等。

伺服传动机构在运行过程中存在着不同程度的振动，当振动超过一定限度时，就会对设备带来危害，导致机组零部件材质的疲劳甚至损坏，影响伺服传动机构的安全运行。而振动参数具有按时间顺序发生的概率特征，因此可以利用时间序列预测的方法对其进行预测，建立振动预测模型，有效地预测伺服传动机构运行中可能存在的事故隐患，避免突发性故障，控制渐进性故障，提高设备的安全运行率，保证伺服传动机构安全、可靠、高效地运行。

随着对传动机构、旋转机械故障机理研究的不断深入，谱分析技术日臻完善，方法越来越多，下面仅介绍几种最常用的方法。

1. 幅度谱

雷达中传动机构、旋转机械的振动一般表现为周期振动，它可分为许多频率分量的合成，即频率谱是离散谱，幅度谱表征每个频率分量上振动幅值的大小，它是故障诊断中最常用的分析手段，由它可依据前面介绍的故障特征频率诊断一般的故障类型。

2. 对数谱

前面介绍的幅度谱是该物理量的线性谱，但许多伺服故障信号往往反映在振动信号的边带分量和谐波分量上，虽然其变化量级可以很大，但对其基波分量而言，幅值较小甚至相当微弱，在幅度谱上不容易观察到其变化的程度，这时应采用对数谱。对数谱是将各频谱分量的幅度取对数而变为分贝(dB)量度单位的幅度谱，即

$$A(\omega) = 20\lg A(\omega) \tag{6.6}$$

对数谱实质上是加权幅度谱，对强信号给予小的加权，对弱信号给予大的加权。

3. 细化技术

细化技术，就是局部放大的方法。故障信号往往集中在某一频段内，为提高这段频率区间信号的频率分辨率，以准确确定幅值的大小和特征频率，需要采用细化技术。其实质是选带分析技术，利用频移原理在感兴趣的频带基带内仍采用同样多的谱线数进行分析，从而提高了分辨率。

4. 包络分析

包络分析也是目前故障诊断中常采用的技术，许多故障的振动信号表现为幅度调制，如轴承故障或齿轮表面剥落或损伤会产生周期性的冲击振动信号，一般

其载波信号是由系统的自由振荡信号及各种干扰信号组成，而调制信号即包络线多为故障信号，其频率较低，包络分析就是对信号进行解调分离提取出包络信号，分析它的特征频率和幅度，就能准确可靠地诊断出轴承和齿轮的疲劳、缺齿、剥落等故障。

6.5.3　冷却系统状态监测应用研究

冷却系统是雷达的重要保障系统，具有冷却和环境控制两大功能，一方面对雷达发热电子设备进行冷却，使得电子设备工作在合适的温度；另一方面进行局部环境控制，为设备和人员提供适宜的温度和湿度环境。冷却系统的可靠性直接决定了雷达能否正常开机工作，因此需要对冷却系统进行故障诊断、故障隔离、在线维修的设计。

冷却系统级参数有：供回液流量，供回液温度，供回液压力，冷却液的冰点、离子浓度、pH、颗粒计数等。

冷却部件级参数有：组件/电源冷板温度，阵面内部温度、湿度，漏液检测信号，水泵、风机、压缩机的工作电流，过滤器压差等。

冷却系统状态监测实现框图如图 6.15 所示。

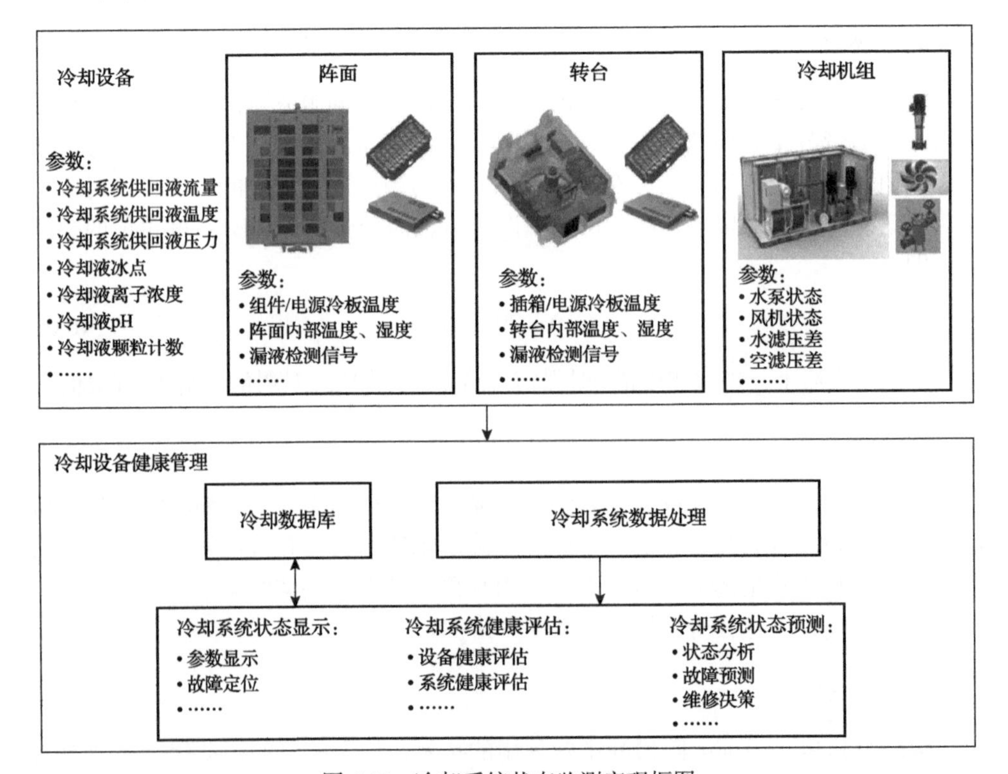

图 6.15　冷却系统状态监测实现框图

通过检测冷却系统的供回液温度、流量、压力，阵面内部温度、湿度，漏液检测信号等，可实现冷却系统的性能评估及故障预测。

以风机、空调、风道静压腔或压缩机、制冷机组、冷却管网、冷却液为主的冷却系统，通过对需要散热的热源设备持续降温，将发热器件的热量带走。通过系统设计，所需的风速、风压、流速、温度等均需要满足一定的要求，才能保证热源设备的可靠性工作。可以通过传感器对进出口流量进行性能的在线监测，也可以通过制冷设备的机械性能进行状态的在线监测。

对制冷设备性能在线监测的实施在很大程度上取决于流量的准确测量，按测量原理对流量测量可以分为力学原理、热学原理、声学原理、电学原理、光学原理、原子物理原理和其他原理[18]。对于流量的测量，过去使用文丘里管、节流孔板和机翼流量计，但这些方法由于现场不易满足测量直管路要求和压损等，人们在寻找其他方法。目前，出于对经济性的考虑，国内外研究人员都在寻找无压损的流量测量方法。

从机械的角度来讲，制冷设备分属旋转机械和流体机械，而机械特性和非稳态流动特性是它的两种重要特性，国内外学者对其机械特性的研究较多并取得了大量的研究成果。就风机而言，非稳态流动包括旋转失速、进口涡流和喘振。对于旋转失速的特性分析，过去主要采用傅里叶方法或短时傅里叶方法，傅里叶分析单一的频率分辨率和缺乏时域信息等缺陷制约了该方法的应用。鉴于小波变换优良的时频特性，近年来小波变换在工程应用领域获得了巨大的发展，目前已经广泛地应用于信号与图像处理、语音分割与合成、机器视觉、故障诊断、雷达分析和流体力学等众多领域[18]。近年来，随着非稳态流动研究的发展，小波分析开始逐步应用于叶轮机械非稳态流动的时频特性分析中。

目前，基于振动信号的制冷设备等旋转机械的状态监测和故障诊断是故障检测、诊断领域应用比较成功的方面。振动信号中包含了丰富的设备状态信息，多种资料显示，大型旋转机械的故障中有 60%～70%是由振动引起的。而从信息论的角度来看，振动信号也具有信息熵最大的特点，所包含的信息量也最多。从实际应用来看，振动信号具有检测方便、适用性广、可以进行非接触测量和多维测量等一系列优点。目前，在生产实际中普遍采用的方法仍然是根据振动的大小和强弱来判断设备状态。但由于全频带上均方根值等对早期故障并不敏感，而早期故障的有效检测对于保障设备的安全、实现预知性视情维修是极为重要的，因此有必要寻找对于故障特别是早期故障敏感的监测参数。

6.6 本 章 小 结

本章概述了相控阵雷达结构健康监测方法，对未来相控阵雷达的健康监测技术进行了系统框架的搭建与介绍，从总体到各级分系统进行了描述，对未来相控阵雷达结构故障预测与健康管理技术进行了规划，对传统雷达结构技术的发展进行了进一步探讨研究。

参 考 文 献

[1] 向熠, 宋南海. 智能化雷达结构研究. 电子机械工程, 2014,(3): 1-3, 15.

[2] 赵中敏, 王茂凡. 大型数控设备故障预测与健康管理视情维修系统. 机床电器, 2011, (6): 4-7.

[3] 刘志, 李磊. 美国故障预测和健康管理技术的军品应用与发展研究. 飞航导弹, 2016, (9): 90-94.

[4] 张晓丽, 梁大开, 芦吉云, 等. 高可靠光纤布拉格光栅传感器网络设计. 中国激光, 2011, 38(1): 1-5.

[5] 徐静. 发展智能结构的关键技术及其应用. 浙江海洋学院学报(自然科学版), 1999, (4): 319-322.

[6] 张宏, 周平. 注水泵机组的状态监测与故障诊断分析. 设备管理与维修, 2005, (S1): 262-266.

[7] 吴键, 袁慎芳. 无线传感器网络节点的设计和实现. 仪器仪表学报, 2006, 27(9): 1120-1124.

[8] 黄红梅, 袁慎芳. 基于 FBG 光谱特性的修补结构中裂纹扩展的研究. 光电子·激光, 2009, 20(10): 1290-1293.

[9] 陈雪峰, 杨志勃, 田绍华, 等. 复合材料结构损伤识别与健康监测展望. 振动、测试与诊断, 2018, 38(1): 1-10.

[10] 庄哲民, 林志强. 基于神经网络的滚动轴承检测. 仪器仪表学报, 2000, 21(1): 73-74, 82.

[11] 陈建平, 董伟, 施晓宽, 等. 冷却塔风机叶片运行状态监测技术研究. 计算机工程与应用, 2012, 48(10): 246-248.

[12] 文小琴, 刘琴琴, 游林儒, 等. 基于可靠性模型及数据融合的冷却风扇健康管理算法. 计算机测量与控制, 2014, 22(8): 2526-2528.

[13] 谢陈磊, 方潜生, 汪小龙, 等. 空调压缩机数据无线采集系统的研究. 电子测量与仪器学报, 2010, 24(2): 195-199.

[14] 罗仁泽, 曹鹏, 代云中, 等. 旋转机械故障诊断理论与实现. 仪表技术与传感器, 2014, (3): 107-110.

[15] 王亮, 吕卫民, 滕克难, 等. 基于数据驱动的装备故障预测技术研究. 计算机测量与控制, 2013, 21(8): 2087-2089, 2105.

[16] 曾捷, 王文娟, 王博, 等. 动静态载荷下光纤光栅传感器敏感特性研究. 南京航空航天大学学报, 2015, 47(3): 397-402.

[17] 张国勇, 于培师, 郭万林. 基于三维断裂理论的结构损伤分布式在线监测系统. 机械工程学报, 2011, 47(10): 31-37.

[18] 侯军虎, 王松岭, 安连锁, 等. 基于参数映射的通风机流量全程测量的实验研究. 中国电机工程学报, 2003, 23(10): 209-214.